赖特与约翰逊的戏剧性碰撞

［美］ 休·霍华德 著

肖礼斌 译

中国建筑工业出版社

图1 弗兰克·劳埃德·赖特，沉思的姿势，古根海姆博物馆施工前不久（《纽约世界电报》与《太阳报》摄影集，国会图书馆/印刷品和照片）

图2 在威斯康星州拉辛市的约翰逊蜡业公司办公室里，可以看到"伟大的工作室"，里面有令人难忘的树状浇注混凝土支撑柱（杰克·鲍彻，HABS，国会图书馆/印刷品和照片）

图3 到1957年秋末，博物馆已经远远高于第五大道的施工围墙（哥特肖-施莱斯纳公司，国会图书馆/印刷品和照片）

图 4 菲利普·约翰逊最重要的作品，玻璃住宅，在康涅狄格州的纽坎南，2006 年记录，在他去世后一年

（卡罗尔·M·海史密斯档案，国会图书馆 / 印刷品和照片）

图 5 与约翰逊落在地上的房子不同，密斯为艾迪诗·范斯沃思设计的玻璃房子矗立在柱墩上，给人一种漂浮在普莱诺河附近草地上的错觉

（卡罗尔·M·海史密斯档案，国会图书馆 / 印刷品和照片）

赖特与约翰逊的戏剧性碰撞

赖特与约翰逊的
戏剧性碰撞

[美]休·霍华德　著

肖礼斌　译

中国建筑工业出版社

著作权合同登记图字：01–2019–3689 号

图书在版编目（CIP）数据

赖特与约翰逊的戏剧性碰撞 / [美] 休·霍华德著；肖礼斌译 .—北京：中国建筑工业出版社，2019.9

书名原文：Architecture's Odd Couple: Frank Lloyd Wright and Philip Johnson

ISBN 978–7–112–24012–8

Ⅰ.①赖… Ⅱ.①休… ②肖… Ⅲ.①佛兰克·劳埃德·赖特（1867–1959）—建筑艺术—研究 ②菲利普·约翰逊（1906–2005）—建筑艺术—研究 Ⅳ.① TU–867.12

中国版本图书馆 CIP 数据核字（2020）第 095725 号

ARCHITECTURE'S ODD COUPLE: FRANK LLOYD WRIGHT AND PHILIP JOHNSON
by HUGH HOWARD

Copyright © 2016 BY HUGH HOWARD

This edition arranged with BRANDT & HOCHMAN LITERARY AGENTS, INC. through BIG APPLE AGENCY, INC., LABUAN, MALAYSIA.

Simplified Chinese edition copyright © 2021 CHINA ARCHITECTURE & BUILDING PRESS

All rights reserved.

责任编辑：段　宁　费海玲
责任校对：张惠雯

赖特与约翰逊的戏剧性碰撞

[美] 休·霍华德　著

肖礼斌　译

*

中国建筑工业出版社出版、发行（北京海淀三里河路9号）

各地新华书店、建筑书店经销

北京点击世代文化传媒有限公司制版

北京中科印刷有限公司印刷

*

开本：850毫米×1168毫米　1/32　印张：11¼　字数：250千字

2021年1月第一版　2021年1月第一次印刷

定价：59.00 元

ISBN 978–7–112–24012–8

（33226）

版权所有　翻印必究

如有印装质量问题，可寄本社图书出版中心退换

（邮政编码 100037）

献给 E.L.H.

每个人都知道自己在很大程度上是对方的镜像，这一认识只是让彼此更容易喜欢对方和不信任对方。

——弗朗茨·舒尔茨

《菲利普·约翰逊：生活与工作》（1994 年）

目　录

前　言

大师和艺术家

没有建筑就没有文化。

——弗兰克·劳埃德·赖特

1955 年 9 月 20 日……纽黑文市，康涅狄格州……联合车站

　　一位身着披风、头戴绅士帽的男士步下火车。他扫视了一下站台，没有看到一个人举手欢迎他的到来，也没有人走上前来致以诚挚的问候。

这是意料之外的。

弗兰克·劳埃德·赖特的面孔已经登上了《时代》杂志的封面。曼哈顿的出租司机一眼就能认出他，并且仔细聆听他说的每一句话。人们普遍认为，艾恩·兰德（Ayn Rand）的畅销小说《源头》（*The Fountainhead*）的主人公，原形就是赖特先生。最近，在流行电视秀《和年长的智慧男对话》（*Conversations with Elder Wise Men*）节目中，NBC 已经把他的黑白头像传播到了美国的千家万户。在一个名声需要慢慢累积的年代，直言不讳的意见和吸引大众眼球的天赋使赖特成为建筑师里的唯一。在美国人的晚餐

桌边，他的名字得到了广泛的认同。

然而，在纽黑文市的这一天，尽管已经被预订为耶鲁"观点"（Perspectives）系列讲座首场活动的主讲嘉宾，88 岁高龄的赖特却只能独自从铁道旁走开。

没有学徒伺候着他，像在威斯康星州斯普林格林的家——塔里埃森（建于 1911 年），或者在亚利桑那州斯科茨代尔的冬季使用的学校兼建筑实践基地——西塔里埃森（建于 1937 年）那样。在他最新的居住地，广场饭店二层的套房（不可避免地，被叫作东塔里埃森），他的到来会让一个，或两个，或五个助手站起来，帮他拿行李，以寻求大师的认同。

就在去年，几个街区外的这所高等学府授予他美术荣誉博士学位。但是，从纽黑文火车站走出的时候，赖特似乎成了被遗忘的人。114 房间的 609 个座位，由于斯特拉茨康纳大厅晚上九点举办的活动，都被预订出去了，而活动的组织者，《耶鲁每日新闻》（Yale Daily News）和耶鲁广播公司，料定会有一个非常热闹的场面。他们乐意看到仿佛只能站着的拥挤人群。

而赖特走进巨大的候车大厅时还是孤身一人。在别的日子，他可能会停下来批评联合车站，卡斯·吉尔伯特（Cass Gilbert）晚期的古典美术风格作品。某些人称之为"城市的前厅"（Vestibule of the City），空间明亮，35 英尺（约 1066.8cm。1 英尺 ≈ 30.48cm。以下不再换算。——编者注）高的抛光白色石灰岩墙壁上，排列着十扇高耸的半圆窗，窗中，正午的阳光倾泻而下。当然，赖特是不会赞同的；他已经花了几十年的时间，来谴责在当代建筑中应用罗马和希腊的细部。在一个合适的观众面前，他会挥动橡胶头的手杖，指出这种使用来自戴克里先时代开窗法的虚伪，两千年过去了，太老了。但是，似乎没有人知道或在意他必须说出来的话。

赖特满腔怒火，决心采取解决方法。

他故意朝售票窗口走去。如果没有人想费事儿来接他，他就没有必要留下来。他只需登上下一趟南下的火车，回曼哈顿去。

在下决心的那一刻，赖特先生也知道要责备谁了。那就是菲利普·约翰逊，他在纽黑文最熟识的人。毕竟，几个月前，在另一所常春藤学校——哈佛大学，像以前一样——这个年轻人残酷地公开宣称赖特是"19世纪最伟大的建筑师"。[1]

————

在这个特别的9月的日子，49岁的菲利普·科特尤·约翰逊自驾到纽黑文去，在学期上课时间，他通常每周这样自驾两次。

几年前，他在附近的康涅狄格州纽坎南建立了业务基地，工作室设在主街89号的二层。他和一个小而机动的工作团队共用建筑办公室，这个团队由一两个绘图员和一个兼职秘书组成。虽然俯瞰着村镇繁忙的主路口，约翰逊的经营场所却是一丝不苟的，它的特点是"绝对秩序"（Absolute Order）。所有的零碎物品，从图纸到绘图铅笔，都被收纳在壁橱和抽屉里。[2]

约翰逊喜欢纽坎南，《假日》（Holiday）杂志称它是一个"传统、秀丽、旅行轿车的小镇"。[3]往西南驱车一小时便能到达曼哈顿的便利，让他能继续时有时无地，在最亲密的朋友阿尔弗雷德·巴尔的支持下，进行现代艺术博物馆（MoMA）的策展工作。在那里，1932年，约翰逊第一次策划的展览《现代建筑：国际展》（*Modern Architecture: International Exhibition*）已经建立了他的声誉。那次展览也导致了他第一次——相当成问题的——和弗兰克·劳埃德·赖特的交锋。

虽然，约翰逊的建筑业务现在显示出真实的信号，精力无穷的他都忙不过来了，但是，在刚刚过去的五年里，纽坎南给他提供了离开曼哈顿的喘息之机，以及进入另外一个职业的起点，因为纽黑文和它的著名学府就是一条轻松惬意奔向东方的曲线道路，沿着水岸，俯瞰长岛海峡。

在耶鲁，约翰逊作为纽约策展人和做纽坎南建筑师的工作，相比他作教书匠的角色，处于次要地位。在大学的组织架构里，他已经找到了一个不太专业的职位，在建筑学院担任驻校评论家。与 MoMA 一样，他不从耶鲁拿工资。由于经济上的独立，约翰逊可以没有任何需求以得到这些工作，并且他也陶醉于这种相伴而来的独立感。

他乐于谈论设计与建筑，他对建筑的乐趣极富感染力。约翰逊有一个快速点燃的评论头脑，而且，虽然他尊重纽黑文的讲堂和设计工作室的行为准则，但是他的坦率和幽默也意味着，他的警句式的腔调会吓到甚至冒犯别人。对于学生来说，他偶尔不恰当的言论和尖锐的批判性评估只会提高他的地位。他能，也确实说了他喜欢说的话，作为他在耶鲁最聪明的学生之一，罗伯特·A. M. 斯特恩（Robert A. M. Stern）说，"他对其他评论家周边的圈子品头论足"。[4]

约翰逊最喜欢闲谈和逗乐，耶鲁建筑学院的中立区域适合他。虽然他在哈佛大学获得了建筑学学位，但是他很难和哈佛设计研究生院结成联盟。在战争期间获得建筑学学位时，约翰逊明显躲着建筑系主任沃尔特·格罗皮乌斯（Walter Gropius。他们在个人交往和职业生涯中都没有关联；约翰逊承认，既不喜欢这个人，也不喜欢他的作品。）他在剑桥郡（哈佛大学所在地——译者注）结交了导师和朋友，但是他们中的许多人，包括格罗皮乌斯在包豪斯的老同事马歇尔·布劳耶（Marcel Breuer），已经在纽约建立了和平时期的业务。他们中的几个，包括布劳耶和约翰·M.约翰森（John M. Johansen），已经建了在纽坎南的家。在一个本来是以隔板建筑为主的新英格兰小镇，和约翰逊一起，他们这一伙人已经建起了一个现代主义者的堡垒。他们建造钢与玻璃的房子，没有装饰，几何形式。

虽然耶鲁大学的课程仍停留在哈佛大学的阴影下（当时，耶鲁大学只能授学士学位），但是约翰逊认识到，新兴的人才会很快把耶鲁带到最前沿。正式编制的教师包括建筑师路易斯·康和青年建筑历史学家文森特·斯库利（Vincent Scully）。R. 巴克明斯特·富勒（R. Buckminster Fuller）是许多重要的建筑思想家之一，定期到学校发表评论。（"没有人像他那样让孩子们从他手上吃东西。"约翰逊评论道。）[5]（约翰逊的评论针对赖特手把手的教学方式。——译者注）但是让赖特来领导一个晚间论坛是个妙招。

耶鲁大学对约翰逊不错。就在之前的1月份，他的作品展在耶鲁大学美术馆举办，展出了模型、壁画大小的照片和他的作品的幻灯片。一个学生刚刚从耶鲁大学建筑学院毕业，在约翰逊的办公室作助手。他布置的这个小小的展览，对约翰逊来说，是一次快乐的角色反转，通常约翰逊是策展的，而不是被策展的。展览的中心是他最有名的，在某些人看来，也是最臭名昭著的设计作品。

那个附近的住所，是他为自己建造的，回纽坎南时使用，已经成为战后被谈论最多的住宅。这个特别的玻璃住宅构想完成于1949年，惊世骇俗，其墙体是四分之一英寸（6.35mm。1英寸 = 2.54cm。以下不再换算。——编者注）厚的平板玻璃。该住宅只有一个房间，开放式平面布局，唯一的例外是穿出屋面的砖筒，里面围合的是卫生间。这个地方吸引了好奇的人，有的是请来的，有的是不请自来。约翰逊喜欢这种关注，即使是这个住宅成为笑柄的时候，就如它经常遭遇的那样。《纽约客》（The New Yorker）在一幅漫画里表示了对它的蔑视，而《纽约太阳报》（New York Sun）的专栏认为，住在那里"就像住在梅西百货的橱窗里。"[6]约翰逊只是像柴郡猫那样咧嘴笑了笑。

他欢迎纽约的朋友们周末到纽坎南来，也把玻璃住宅当作耶鲁建筑课程非正式的组成部分。每逢周日，他组织了连续的研讨建筑未来的专家会。参加者包括耶鲁的教员，比如保罗·鲁道夫（Paul Rudolph）、路易斯·康和乔治·豪（George Howe）；还有邻居，比如布劳耶和约翰森；以及其他杰出的建筑界好友，比如埃罗·沙里宁（Eero Saarinen）、贝聿铭和爱德华·拉华比·巴恩斯（Edward Larrabee Barnes）。著名的英国建筑历史学家尼古拉斯·佩夫斯纳（Nicolaus Pevsner）前来参观，并且一直待到透过玻璃住宅的 I 形框架结构的整幅玻璃看夕阳西下。

这些人争论和批评彼此的作品。对学生来说，参观约翰逊在纽坎南的家就是一次独特的实地考察，不但让他们见识了备受争议的玻璃住宅，而且让他们接触到了约翰逊的人脉圈，包括建筑师、记者、评论员、博物馆的专家。

弗兰克·劳埃德·赖特已经参观了玻璃住宅。20世纪50年代初期，两个康涅狄格州的设计任务，其中有一个在纽坎南，已经把塔里埃森的大师带到了这个社区。他很难让自己喜欢约翰逊异乎寻常的住宅。就像他批评古典风格建筑，比如吉尔伯特（Gilbert）的纽黑文火车站，赖特照样狠批国际风格的钢与玻璃建筑。虽然多年来他都在批评钢与玻璃建筑是"平胸"，但是他还一直不遗余力地寻找新的方式来表达他的反对意见。

最近的一次参观，赖特没有事先通知就到了玻璃住宅。他本来准备好了重启一场唇枪舌剑，他与约翰逊交流时经常以此为特征，却发现主人不在家。不过，赖特不打算让约翰逊的缺席阻止他打开开场白。女仆会接招的。

一进入玻璃住宅，他就领略到了空旷且缺乏装饰的室内，葱郁的室外景观一览无遗。他装出一副被他所看到的东西惊讶到的样子，好像之前根本没有穿过一道从地到顶的玻璃门。

受过良好训练的女仆——即使是在研究生院读书的时候，约翰逊也雇用了家仆——等待着这位绅士的反应。赖特不得不说：

"我不知道，我是该脱下帽子，还是戴着它。"

他的话让女仆不知道该说些什么——她不了解交战规则，她突然发现，自己陷入了唇枪舌剑的交叉火力之中。然而，赖特还没结束战斗。

"我是在室内？"他露出一副假天真的样子问道，"还是在室外？"

过了一会儿，不知所措的女仆恢复了镇静——毕竟，她是被雇来照料纽坎南最负盛名的奇异建筑的，以前也遇到过困惑的访客。她问这位年迈的客人，他是谁，以及她能为他做什么。

"哦，"他漫不经心地说道，"只是另一个愚蠢的客户。我想要约翰逊先生为我建一栋住宅——玻璃住宅。"[7]

她及时向约翰逊报告了这次遭遇。留给他做的事儿就是想清楚，如何特别地考量他和赖特的友谊。几个月后，在他述说这个故事的时候，他讲得很高兴，称赖特的机智"美妙绝伦"。约翰逊一点也不知道，"戴帽还是脱帽"的典故会成为他的住宅的公众史里不可磨灭的插曲。

然而，他深知，这件事到了赖特那里，唯一可以等待和臆测的事情就是接下来他还会说什么。

————

迟来的大学生接待团阻止了赖特登上南下的火车。他们一个劲儿地道歉，哄劝着晚上首屈一指、引人注目的大师。虽然还在犹豫，但是赖特还是像往常一样容易被年轻人搞定。他同意留在纽黑文。

这些未来的建筑师护送客人来到塔福特酒店。这大概是纽黑文口碑最好的接待设施，但是赖特抱怨酒店设计得不好。相对于他的年龄，他的步伐令人惊讶得轻快，他穿过大厅时，踢开了为他准备的垫脚凳。最后，接待人员设法把他安顿在酒店第六层的一个房间里。

片刻之后，当到了该出发去参加晚上活动的约定时间时，一个年轻人从大厅打来电话。

"我不能做演讲，"赖特宣布，"我要乘坐七点十分的火车回去。"[8]

来人以焦急的口吻恳求说，观众在礼堂和广播中等着呢。

停顿了一下后，赖特问道："会电视转播吗？"

"不确定，"来人告诉他。然而，客人再一次心软了，很快就下了大厅，大步走出电梯。大学报纸第二天报道，他"舞着手杖，卷起披风，穿过格林……在他走的时候，踢开了路上的鸽子。"他的陪同人员在后面跟着。

这就是赖特的性格：他喜欢被关注。他乐于挑起事端，做点儿和说点儿意想不到的事情。他总是这样。而耶鲁大学，这个既熟悉又不相干的地方，是上演一场小秀的最佳场所。他根本没有想过他的周围是朋友，但是今晚，他将与耶鲁大学的年轻热情的研究美国建筑的学者文森特·斯库利教授分享舞台——然而就在两年前，这个人在出版物中利用赖特来支撑其国际风格的狭隘观点。另一个演讲者是卡罗尔·L. V. 米克斯（Carroll L. V. Meeks），一个倾向古典建筑的教员。虽然赖特的家庭座右铭——"真理与全世界为敌"——总是行之有效的，但是在所有夜晚里的这么一个晚上，他的感情还是受到了伤害，他认为，他的周围都是敌人。另一个计划和他同台演讲的人是菲利普·约翰逊。

一旦进入 WYBC（设在耶鲁大学校园里的一个广播站。——译者注）的驻地亨德里克斯大厅里，他的引导员尽力让他在工作室里接受演讲前的采访时，感到舒适。他脱下他的披风和帽子——但是后来他发现约翰逊来了。晚上的活动一开始，这个年轻人就准备对赖特致以敬意，但是现在，主持人有他想说的话。就像操作战舰到位的船长，赖特转向约翰逊，然后停在不远的位置。

斯库利教授也在场，他记得赖特那"洪亮清晰的嗓音"。[9] 约翰逊后来想知道赖特是在对他说话还是眷顾他们旁边的人，但赖特的举止——另一个在场的人记得那是一种热情——似乎所有人都听到了。[10] 他的话使约翰逊大为震惊，就像冰镇苏打水威士忌扔到了脸上。

"菲利普，"赖特假装惊讶地喊道，"我以为你死了！"

困惑的约翰逊走过来，但是赖特还没有结束。"想想看，"他若有所思地说，"小菲尔，都这么大了，一个建筑师，竟会这样建自己的房子，敞开了，在雨里面。"

对此，约翰逊没有回应。

————

这个晚上是属于赖特的。据报道，超过两千人被关在门外面，而大厅里的观众全神贯注，在"一种毕恭毕敬的氛围"[11] 里聆听着。

当赖特描述他的建筑构想的时候，他声称，正如他经常做的那样，他的设计实现了"《独立宣言》伟大而崇高的承诺"。

他提出了自己的建筑哲学。他是一个伟大的世俗传教士，他的信仰基于他所说的"有机建筑"，他为耶鲁观众定义这种建筑哲学为"其有精神意义，其为整体，于其中，同一联系存在于部分和整体之间，就如存在于整体和部分之间，其由斯建成，且建成于斯。"

他解释说，自然必须是有机建筑的基础，他通过人名援引了塞缪尔·泰勒·柯勒律治（Samuel Taylor Coleridge），亨利·戴维·梭罗（Henry David Thoreau）和"美国真正的诗人和歌者"——沃尔特·惠特曼（Walt Whitman）。"我们将变得伟大，由于认识到，像自然那样研究和表达自然：建筑的真实不是四堵墙体，而是生活于斯的空间。"

1955 年 9 月 20 日，友敌弗兰克·劳埃德·赖特和菲利普·约翰逊在耶鲁大学
（奥斯汀·库珀，《耶鲁日报》）

　　这位老人讲话时显得越来越年轻了。他批判现代建筑、大学和教会。年轻的听众已然为之倾倒，他用一句忠告结束讲话："万事万物，道义唯一：绝对，让我们做自己。"

　　观众报以雷鸣般的掌声。

　　菲利普·约翰逊结束了晚上的演讲。他称赞赖特是"美国最伟大的在世建筑师"。他称赖特的作品是不可效仿的，而西塔里埃森是"充满诗意的作品"。出席的人在深深感动的同时，都记住了这首赞歌（约翰逊自己，不带有明显的讽刺意味，将其描述为一篇"悼词"）。但是，赖特听到这些甜言蜜语，就当是约翰逊曾认为赖特作品过时落伍而不理会所表达的歉意，他决定还要说句最后的话。

当约翰逊结束的时候，赖特回答说，"太好了，菲尔，"声音大到足以让观众听见，"现在你改邪归正了。"

————

引用他们的名字是为了总结 20 世纪的建筑。首先是大师弗兰克·劳埃德·赖特（1867～1959 年）和他的产生世界影响的地方特色的草原式风格。许久之后，菲利普·约翰逊（1906～2005 年）一系列的对那些各不相同的模式，比如国际式、后现代和解构主义的倡议，在千年之交，使得艺术家成为建筑界最主要的发言人。戴着黑框圆眼镜的这个人成为美国建筑界无处不在的一张脸。

以前所未有的方式，这两个人把建筑放在了文化的中心。

他们有交集的那些年——从首次相识的 1931 年到赖特去世的 1959 年——两个人阴阳互补，爱恨相杀，正负相克，给建筑以方向。两人的共同特征体现为一种独特的价值：虽然他们都活过了九十岁，但是似乎都从来没有停止表达自己的意见。他们的话可能是带刺的、诙谐的、自我吹捧的、迎合大众的，或是有远见的，然而，在一个行业中，智慧的言论绝少平庸，他们的声明总是具有煽动性。两个人的话可能都是专横的，激励的，有趣的，琐碎的，或深刻的，但是各自又都有其人格魅力和表率作用，使之成为好的榜样。他们经常交谈和谈论彼此，他们的共同遗产等于一个建筑界的大杂烩，自我推销，打破常规的机智风趣，和无拘无束的自我意识。

他们都深深致力于建筑事业，但是两个人又有天壤之别，分道扬镳于年龄、地域（赖特经常表达他不喜欢约翰逊的故乡，曼哈顿），以及性取向（赖特承认讨厌"主宰艺术世界的同性恋者"）。[12]

他们都有难以安分的创造力；在各自跨越数十载的专业实践中，生产的作品集是折中的和可变的，而他们的作品之间几无重叠。也许最重要的是，他们被巨大的品位差异隔开，赖特是未经改革的浪漫主义者，而约翰逊是对经典带有持久爱好的现代主义者。

然而，在他们有交集的三十年间，他们建造了两个最受尊敬和最富争议的世纪住宅，赖特的流水别墅和约翰逊的玻璃住宅，两者都凭自己的能力赋予建筑以个性。两个人争夺曼哈顿的灵魂，当时，第五大道的通天塔，赖特的古根海姆博物馆（落成于1959年），设定其俯瞰中央公园的位置，而约翰逊（和密斯·凡·德·罗）的西格拉姆大厦早一年落成，直达中城的天空。在20世纪城市建筑三角系中，这两座建筑是关键的坐标。

赖特是个巨人；可以肯定的是，约翰逊是个次要些的建筑师。然而，他们是彼此必不可少的陪衬，同时，当他们的事业发生碰撞时，两人职业上都会出现显而易见的转变。约翰逊坦承，在他接近五十岁的时候，赖特质疑评论家兼策展人约翰逊致力于建筑实践，告诉他，"菲利普，你必须做出选择。"当赖特开始在瀑布上建造他的房子时，诡秘地告诉一个年轻的学徒说，"我们要在他们自己的游戏里打败国际主义者。"[13] 恰如碰撞的原子、粒子一样，约翰逊和赖特改变了彼此的道路。

他们的驱动力到了这样的程度，以至于菲利普·约翰逊会说——但只有在塔里埃森的大师去世之后——赖特"改变了我的一生"。[14] 赖特，以其自以为是居高临下的地位，直截了当地质疑玻璃住宅，"这是菲利普？……这是建筑吗？"[15] 然而，两人还是一起改变了他们时代的建筑艺术。

第一部分

思 想 交 汇

第一章

两次对话

任何时候设计一栋新建筑，设计一种新风格的重大责任，几乎没有几个人能轻松自由地承担；只有对于最伟大的米开朗琪罗们或赖特们来说，这种任务才不会太沉重。

——菲利普·约翰逊

第一节

1927年1月……广场饭店……"爱默生的质量"[1]的思想

虽然这两位卷发的男士看起来有点儿像父子，但是他们第一次看到对方是在寒冷的冬日。建筑师促成了这次会面，因为他很清楚，他能利用他能得到的一切帮助。弗兰克·劳埃德·赖特承认自己只有57岁，但其实他已经59岁了，他正在努力将自己的幻灯片颠倒过来，以至晦涩不清。

"你的笔看起来在指明方向，"赖特在上个8月给他的午餐同伴刘易斯·芒福德的信中写到。在 H.L. 蒙辰（H.L.Menchens）编辑的拥有广泛读者的杂志《美国信使》里，赖特找到芒福德的文章，感觉到作者可能是个志趣相投的人。这个年轻人已经以敬

弗兰克·劳埃德·赖特在 59 岁时看起来惊人的年轻

（国会图书馆／印刷品和照片）

仰的笔调书写了赖特的导师，路易斯·沙利文，赞颂他"尝试走
向新颖且充满活力的建筑。"² 赖特写信建议，两人有朝一日可以
"在一起'走一走和聊一聊'"。³

　　芒福德立即做出了回应。"很高兴收到您的信；因为我已经不
止一次地想给您写信了；这给了我机会。"⁴ 尽管赖特公开宣称，
因为不断增加的摩天楼和雾霾，他对城市特别是纽约普遍反感，
但在入住广场饭店这个他喜欢的住所（马路对面的中央公园提供
了些许帮助）后，他发出了午餐邀请。他邀请芒福德和他一起，
去十九层的城堡式酒店，俯瞰第 59 街和第五大道。

　　刘易斯·芒福德的上唇留有修剪整齐的胡子；31 岁时，他的头发依然又密又黑。他信心十足，热切的目光暗示他理智之严谨和原则之坚定。芒福德不断增长的出版作品清单标志着他是一位令人敬畏的文化评论家，他涉猎了相当广阔的领域，借用凡·威克·布鲁克斯（Van Wyck Brooks）的话，称之为"可用的历史"。虽然芒福德经常写文学作品 [他高度赞扬爱默生（Emerson），并致力于赫尔曼·梅尔维尔（Herman Melville）的传记]，但他对美国建筑的思考已经开始引起人们的注意，正如这些思考，在未来半个世纪里，倍受关注一样。

两个人一起吃饭时发现，他们都赞赏芒福德所说的"最庞大的都市经常不具备那种根深蒂固的高贵"（赖特本能地不信任城市，芒福德认为它非人性）。芒福德像赖特一样，质疑古典细部的广泛应用，如罗马的柱子、山墙和穹顶，在世纪之交成了司空见惯的东西。芒福德把这种做法斥之为"帝国门面"。当"古典风格……与我们自己的日子面对面"时，他在他的专著《美国建筑，棍棒和石头》（1924 年）中写道："它几乎没有什么可表达的，而且它表达得很糟，只要有人耐心地检查一下（它的）移花接木的样式……就会自己发现。"[5]

芒福德写了这些话，然而在这些话里，赖特发现了他自己有机建筑的精神，在 1914 年，他定义它为"一种由内向外生长出来并与其所在环境和谐共处的建筑，不同于那种无中生有的东西。"[6]

赖特年近古稀之时，还顶着一头狮子鬃毛般灰白的头发，梳向脑后以露出额顶。像往常一样，在芒福德注视和聆听时，赖特都假定自己是《旧约》先知的角色，准备传授智慧。正如芒福德所说："一个人面对赖特，即使在半个小时之内，也能感觉到他的天赋异禀导致的内在自信。"[7]

建成的设计作品已经为赖特赢得了美国建筑界幕后操纵者的地位；然而，尽管国内外广泛赞赏他的工作，他的个人生活似乎是一系列无休止的倒霉事儿。几乎他们一坐下，赖特就坦率地讲述了部分可怕的遭遇。

芒福德已经知道了故事的大部分内容，因为全美国的报纸以不堪的细节详述了赖特的出轨情节。在 19 世纪的最后十年和 20 世纪的最初十年，他已经确立了自己是美国最受敬仰的建筑师。他改变了橡树园的街景特点，橡树园在芝加哥外部，是他的第二故乡，是他的草原式住宅大概二十来个案例落成的地方。然后，意外地，在 1909 年，他不辞而别，抛弃了他的妻子凯蒂和他们的六个孩子。他已经把他的郊区生活看作是一条"封闭的道路"，他觉得不得不这么做，后来他极其笨拙地解释说，"是为了测试对自由的信仰"。[8]他和梅玛·切尼（Mamah Cheney），一个橡树园客户的妻子，一起逃到欧洲。赖特原本希望，静静地写一本专注于他的建筑的书，但是几天之内，《芝加哥论坛报》（*Chicago Tribune*）的头版就刊登了在柏林旅馆登记为赖特先生和太太的这对情人的新闻。

一年后回到美国，颜面尽失的赖特悄悄地开始在威斯康星州斯普林格林建造一座房子，声称是他母亲的家。地段在山谷中，那里是他孩童时代过暑假的农场，由他母亲的几个姓劳埃德·琼斯（Lloyd Jones）的兄弟在耕作。尽管两个人都还没有离婚，但他把切尼夫人搬到新家来，把新家起名为塔里埃森（Talley-ESS-in）赖特再次激起了义愤。然后，仿佛本着神圣报应的精神，一个疯狂的男仆在1914年8月放火烧了这个家。切尼夫人，她的两个年幼的孩子，以及其他四个人，都试图逃离这个地狱，却被挥着斧头的男仆谋杀了。

在芝加哥为一个项目奔忙的赖特回来把梅玛埋葬在一个没有标记的坟墓里。"缘何标记此处？"他解释说，"凄凉终于此亦始于此。"[9]

1927年他们共用午餐后，赖特和芒福德都没注意到，对方吃了些什么。但是在他的自传中，芒福德确实记录了他们在广场饭店里谈了些什么。"不久，他也敞开叙述了他的第二段婚姻，一位比他年长些的女士，把他从凄凉中拯救出来，事实上，在塔里埃森的残酷大屠杀之后，他恢复了正常的生活。"[10]

在塔里埃森大火后的几个月里，米里亚姆·诺埃尔（Miriam Noel）找到赖特，陪在他身边，安慰他。十年来，他们共度家庭生活。赖特的国际声誉渐渐增长，当时，他的《瓦斯穆特作品集》（*Wasmuth Portfolio*）在德国出版，包含了100幅其作品的版画图片，在欧洲赢得了广泛的赞誉。1916～1922年间，赖特经常出差，去监督他的东京帝国饭店设计的建造。他在加州南部设计玛雅风格的住宅，将模制混凝土砌块，融入他自己发明的技艺中。

在第一任妻子凯蒂最终同意离婚后，赖特和诺埃尔结婚了，但是，这对新婚的合法夫妻之间的关系却迅速恶化了。诺埃尔在1924年5月，合法结合不到一年，出走了；这时赖特才明白，她日益古怪的行为，在某种程度上，是她对吗啡上瘾的结果。但是诺埃尔证明，她还没有准备结束和赖特在一起的生活。在赖特遇到并爱上年轻许多的奥吉安娜·艾万诺夫娜·拉佐威奇·凡·辛珍堡（Olgivanna Ianovna Lazovich von Hinzenberg），并在 1925 年初把她安置在塔里埃森后，诺埃尔伺机报复。奥吉安娜和她八岁大的女儿斯威特拉娜（Svetlana）一起来的，这个女儿是她第一次婚姻的孩子。那年十二月，奥吉安娜生了另一个女儿，赖特的第七个也是最后一个孩子，他们给她起名叫艾万诺夫娜·拉佐威奇·劳埃德·赖特（Iovanna Lazovich Lloyd Wright）。

在广场饭店的那个中午，芒福德听了一堆牢骚。诺埃尔一直在追赖特。赖特可能会因为违反了《曼恩法案》被逮捕，由于他运送奥吉安娜跨越了州界（1910 年美国立法禁止以任何"不道德的目的"在州际之间运送未婚妇女）。他还可能会被债主从塔里埃森赶出来。当他们两个在交谈时，赖特承认他需要钱；那就是他到城里来的原因。他们吃饭时，他告诉芒福德他"走在纽约街头，手里拽着帽子。"[11] 他随身带着他希望出售的购于远东的，日本版画。在他去东京的旅途中，他对东方文物的收藏在过去已被证明了是一个稳定的利润来源，因为大都会博物馆成为他最好的顾客之一。

芒福德对他面前的这个人大为惊叹。赖特对社会习俗的蔑视似乎从来没有给他带来负担，在芒福德的眼里，他经济上的忧虑似乎也没有给他带来负担。"他生命中的悲剧没有，"芒福德说，"……腐蚀他的精神或削弱他的能量：他的脸颊没有皱纹，他的气息充满自信，真的是朝气蓬勃。"[12]

然而，对那些当时认识他们的人来说，刘易斯·芒福德和弗兰克·劳埃德·赖特看起来是坐在相反的载体上，前者在上升，后者则显示出一个正在坠落的星星逐渐暗淡的所有迹象。在他的第一封信里，赖特向芒福德承认了在"读我的'讣告'"[13]时的不安。国外的评论家可能会称赞他，但是他几乎得不到任何设计任务——而这让他担心。他想要清退自己的创作生涯已经结束的想法；因为他会很快写信给菲斯克·金贝尔（Fiske Kimball），费城艺术博物馆的总监和新出版的调查《美国建筑》（*American Architecture*）的作者，"（我）想，以马克·吐温的风格，关于我死亡的报道大大地言过其实了。"[14]

芒福德发现和赖特在一起心旷神怡，赖特的直接的方法就是让人没有戒心。后来，他在赖特去世多年之后回忆道："赖特和我从来没有像第一次试探性的午餐那样友好和放松。"然而，就在他们谈话的时候，芒福德听出了另一个男人的动机。这位建筑师希望新的门在他面前打开。他需要年轻人的帮助，而不是反驳或确认他曾经是多么伟大。他想要经营新的事业。而芒福德明白，赖特希望招募他为门徒，成为一个根据赖特先生的说法帮助他宣讲建筑本源的人。

当他们分开时，他们的午餐没有达成任何大买卖，而芒福德后来回忆说："赖特不能理解，我不愿意放弃我的职业，而成为一个有幸效力于他的才华的作家。"[15]然而，一种宝贵的熟识关系已经建立起来了，并且，一种时有时无、断断续续的通信联系持续了许多年。但是，其他的握手、其他的引介和对话，也会随之而来。

芒福德将为赖特联络的关系之一是年轻的菲利普·约翰逊，当时他还在哈佛。接下来就是赖特和约翰逊的事儿了，芒福德只在一旁就近观察，他们将在20世纪中叶美国建筑的发展进程中，形成千丝万缕的联系。

第二节

1929 年 6 月 16 日……韦尔斯利学院，麻省……结识阿尔弗雷德·巴尔

持续一生的联系可能只是一时的结果。偶然的火花照亮了交互的激情，永恒的友谊开始了。这事恰好发生在韦尔斯利学院 1929 年 6 月的毕业日。

西奥德特·约翰逊（Theodate Johnson）站在新校友中间。她热爱音乐，怀着追求歌唱事业的野心，而这位高大帅气的女士["一个拥有炽热双眸的黑发女人"，作曲家维吉尔·汤姆森（Virgil Thomson）很快就注意到了]，将开启一段不温不火的独唱生涯，接下来的几年里，在伦敦和纽约，以歌剧的模式进行表演。[16] 然而，那个下午确立的持久关系把西奥德特唯一的哥哥和韦尔斯利学院新来的著名艺术教授联系在一起。这种联系将持续 52 年，直到菲利普·约翰逊为他的挚友阿尔弗雷德·H. 小巴尔（Alfred H. Barr Jr.）作悼词结束。

巴尔就是个学霸。1926 年，作为一个攻读博士的哈佛大学的研究生，他接受了韦尔斯利学院提出的教授意大利绘画的两个学期课程的聘书。他选择这份工作，而不是其他的在奥伯龙和史密斯的初级教授职位，原因在于，波士顿地区的学校同意他开发一个关于现代绘画的研讨班。当时很少几所大学授予艺术史学位（韦尔斯利学院声称其为第一所，也就在一两年前）。没有学校提供后印象派艺术的学期课程。"我按我喜欢的方式去教书，"巴尔后来解释说。[17]

相比之下，菲利普·约翰逊，比巴尔小 5 岁，离他的 23 岁生日还差一个月，还是一个业余爱好者。虽然还在攻读古典文学和哲学学士学位，但是为了从黑色抑郁中恢复过来，约翰逊已经两度要求从哈佛休学（其波士顿神经科医生的诊断是躁郁精神疾病，这是一个过时的词，现在被称为轻度双相型精神障碍，医生说这缘于约翰逊的同性恋）。[18]约翰逊已经从青春期口吃症里走出来了，给人的印象是他的智慧，是他们中的一位当代杰出哲学家。

阿尔弗雷德·诺斯·怀特海（Alfred North Whitehead）教授和他的机智且彬彬有礼的学生以朋友相处，甚至欢迎他到家里来就餐。然而，当怀特海建议约翰逊考虑加入哈佛法学院恢复他的哲学思考时，约翰逊认为这个建议就是一个稍加掩饰的暗示，暗示他应该去追求另一个领域。（怀特海从来没有让学生不及格，给了约翰逊一个 B，约翰逊想起来没有怨恨，"意味着同样的事情。"）[19]约翰逊接受了这个暗示，在他的大学宿舍的套房里，放了一架大钢琴，考虑成为一个音乐会钢琴家。他善于交际，确实天赋异禀，但显然心不在焉，很大程度上仍然在寻找他的方向。

年轻的巴尔教授的教育道路几乎完全不一样。他阅读了亨利·亚当斯的《蒙特·圣米歇尔山与沙特尔》（*Mont-Saint-Michel and Charters*），一个男生通往艺术史的心智被打开，在 16 岁就入学普林斯顿后，他的爱好此时有了具体的形式。作为长老会牧师的儿子和孙子，他继承了一些他们的新教徒精神。他听不到教堂和宗教仪式的召唤，却在大学时向一个朋友坦承，他选择"向美丽打开（我的）灵魂之窗"。[20]

在 20 岁和 21 岁获得学士和硕士学位后，他决定学习现代艺术。对于他同时代的人来说，这看起来就是个堂吉诃德式的追求。第一次世界大战后，公众对新事物没有什么兴趣，事实上学术界也没有人认为，这是一门正规的学习课程。他在哈佛的福格博物馆策划的一个小展览遭遇的主要是批判的狂笑，而艺术家的代表，梵高和塞尚被《波士顿先驱报》（Boston Herald）贬斥为"疯狂的呆子"和"视力不好的穷画家"。展览还让巴尔受到另一家波士顿报纸的羞辱，该报纸大力挖苦他是"剑桥郡和韦尔斯利的极其摩登的巴尔先生"。[21]

霍默·约翰逊（Homer Johnson）夫人自己是韦尔斯利学院的毕业生，还是校友会的主席，她把她的儿子介绍给了阿尔弗雷德·巴尔。当巴尔前来对约翰逊心爱的妹妹致以毕业祝贺时，随之而来的两个男人之间的谈话，很快就把母亲和妹妹排除在外了。

几分钟后，约翰逊发现，巴尔教授占领了他想要探索的领域。在约翰逊于上个夏季访问雅典时，看到帕提农神庙，他感动得落泪，对建筑漫不经心的兴趣变得浓厚起来。最近，这个年轻的古典学者对古代建筑的爱好让位于其对新式建筑不断增长的迷恋。约翰逊在《艺术》（Arts）杂志上看到的一篇文章，由另一个二十来岁的哈佛人亨利-罗素·希区柯克撰写，震撼到了他："我兴奋得几乎在发抖。"[22]

这篇文章关注的是 J. J. P. 奥德（J. J. P. Oud）的建筑作品。希区柯克把奥德描述成荷兰建筑界的领军人物，他认为，奥德的作品受到了立体主义和饱受争议的赖特先生的影响。希区柯克表现出超常敏锐的感觉，描述他所认为的历史趋势，他把 1922 年确定为"对当代建筑非常重要的年份"，因为，正如希区柯克指出的，不仅奥德，还有瑞士出生的建筑师勒·柯布西耶和德国的沃尔特·格罗皮乌斯，在那一年创作出了全新的作品。虽然他们的建筑在许多细节上不同，但是这三个欧洲人共享了一个革命性的概念，这个概念让希区柯克和他的易受影响的读者菲利普·约翰逊行动起来了。"建筑应该杜绝单纯为了装饰而引入的构件，"希区柯克写道，"用工程的手段解决建造问题之外，不应该增加别的东西。"[23] 这个清除诸如帕提农神庙的柱子和檐口等构件的概念，对于约翰逊来说，就是顿悟，他承认，此概念具有惊人的清晰性、正确性和鲜明性，还有对其时代的适用性。

与约翰逊刚刚转变到现代主义的立场不同，阿尔弗雷德·巴尔已经披上了"传道者"的外衣，就如他赋予他自己的新角色。[24] 他在韦尔斯利学院开设的关于 20 世纪艺术的课程，"现代绘画的传统和革新"，第一次推出于 1927 年，采取了他所描述的"一条通往当代艺术的康庄大道"。"艺术 305"的课程概述承诺该课程不仅会考察"与历史关联的当代绘画"，而且会结合"美学理论和现代文明"[25] 来进行这个考察。

当涉及教学大纲时，这位教授的品位没有局限于绘画，而是扩展到图形艺术、戏剧、音乐、商业和装饰艺术以及文学。巴尔把全班分为他称之为"学科"的小组。每个学生小组考察一个当代设计的分支（如家具、芭蕾舞、汽车，或电影院），然后作为一个整体向全班报告。另一项作业要求，在附近的"5 & 10"商店，每一个学生花一美元购买设计精美的现代商品，然后，他们可以向同学们展示这个商品，就像"建设性的舞台"。[26] 作为一个小组，这个班也去看演出并聆听德彪西（Debussy）、理查德·施特劳斯

（Richard Strauss）和美国爵士乐的录音。

巴尔关于现代性的旁征博引的入门课程也涉及建筑。他邀请亨利-罗素·希区柯克到他的班上来演讲，后来希区柯克到哈佛攻读他的硕士学位。在给"艺术305"的学生作他的第一次演讲之前，希区柯克从来没有讲过课，然而，巴尔简单地解释道，"我觉得，罗素脑子里有货。"[27] 希区柯克特别强调作家、画家和建筑师查尔斯-爱德华·让纳雷-格里斯（Charles-Édouard Jeanneret-Gris）的作品。这位作家、画家和建筑师在工作时叫勒·柯布西耶，他对水平带型窗的嗜好很快出现在别人的设计中。柯布西耶离经叛道的说法"住宅是居住的机器"引起了广泛的讨论，不仅在巴尔先生的教室里，而且在艺术界更广阔的领域里。[28]

巴尔和学院的年轻女士们坐着波士顿到奥尔巴尼的火车，从郊区到麻省首府，沿途停靠，欣赏由第一个享誉世界的美国建筑师亨利·霍布森·理查德森（Henry Hobson Richardson，1838～1886年）设计的火车站。这些建筑物，以理查德森的风格，大多用石头和砖建造而成，力求在精神上是罗马风建筑，但却几乎不用装饰。就像希区柯克不久后写的，H. H. 理查德森"似乎单枪匹马创造了美国建筑"。[29]

巴尔先生波士顿实地考察的最后一站既不是博物馆，也不是建筑丰碑。相反，韦尔斯利学院的年轻女士们参观了一个刚刚落成的制造厂，剑桥郡的 NECCO 工厂。巴尔写道，这座建筑的特点是"在装饰意图上的最大经济性和在平面及立面上对功能必要性的清楚表达"。[30] 巴尔解释，其意图和功能之纯净赋予该工厂以一种新的美感。

对巴尔不吐不快的内容感兴趣的人，远远超出了参加这门课的年轻女士们。别的教授坐进来了。腼腆的巴尔先生以深沉的思想而闻名；有一次，在讲课时，他突然沉默了。他本来在大声朗诵列宁演讲里的句子；长时间的沉默之后，他只是抬起头，看着他的学生，抱歉地笑笑，说，"对不起，我被迷住了。"[31] 弗兰克·克劳宁希尔德（Frank Crowninshield）是被广泛阅读的《名利场》的编辑，他捕捉到了巴尔的风向，同时，出版了一期，内容是巴尔为他的新学生设计的现代艺术问卷。该问卷列举了 50 个人物及运动，向读者问道，"下面与现代艺术表达有关的每一个名字的意义是什么？"[32] 答案合起来就是一部巴尔认为的"现代表达"的名人录。

九位艺术家做的这个清单，包括亨利·马蒂斯（Henri Matisse），美国人约翰·马林（Jhon Marin），立体派艺术家弗尔南德·莱热（Fernand Léger）和雕塑家阿里斯蒂德·马约尔（Aristide Maillol）。作家有充分的代表，包括詹姆斯·乔伊斯（James Joyce），让·科克托（Jean Cocteau）和诗人希尔达·杜利特尔（H. D.），也有主要的评论家罗杰·弗莱（Roger Fry）和吉尔伯特·塞兹（Gilbert Seldes）；还有剧作家路伊吉·皮兰德娄（Luigi Pirandello）和尤金·奥尼尔（Eugene O'Neill's）的剧本《毛猿》（*The Hairy Ape*）；电影《卡里加里博士的小屋》（*the Cabinet of Dr. Caligari*）；甚至橱窗（萨克斯第五大道）。弗兰克·劳埃德·赖特也在这五十人之列，巴尔确认他是"意识到现代形式是现代结构的表达的第一批伟大的美国建筑师之一"。同时进入名单的还有戴眼镜的瑞士人勒·柯布西耶，他在巴尔的名单上担负双重身份，既是画家，也是建筑师。

在这个暮春的下午，韦尔斯利学院 1929 年毕业典礼上，巴尔和约翰逊的谈话不久就由寒暄进展到高格调的知识探讨。据在场的人回忆，两位男士谈了两个多小时。他们看着不是最配对：英俊的约翰逊一如既往的衣冠楚楚，其硬朗的下巴有深凹的沟纹，看起来准备跳到他的时尚绝伦的汽车方向盘后面去。迟钝的巴尔，其小而孩子气的特征被厚厚的圆眼镜部分地掩盖起来了，显得严肃而智慧。这个说话温和的知识分子，下巴后缩，大多时候被看到的状态，是用书盖着鼻子或在绘画前安静地沉思，而不是在乡间开车。

在他的《名利场》问卷中，巴尔描述一位现代艺术收藏家"无拘无束"。在 6 月的那一天，他找到了一个信徒，这个信徒分享了感受，现代主义的到来是一种解放；而对约翰逊来说，他在那天被介绍给巴尔，对其以后整个人生的影响日益突出。在几十年后，回忆他们的谈话时，约翰逊援引了撒乌耳（Saul）的圣经故事，这个 1 世纪的犹太人，曾经是基督徒迫害者，后来皈依并传布新的信仰，不断地创建教会并且撰写了《新约》(the New Testament) 的重要章节。约翰逊回忆他和巴尔的相遇，就像是"撒乌耳和保罗的经历"。

约翰逊对新事物的新品位引起了巴尔的注意。在外向健谈的约翰逊身上，天性内向的巴尔看到了共同的兴趣点。在接下来的超过四分之三个世纪的时间里，约翰逊经常要和采访者、客户和其他人进行交谈，每次他都表现出了绝对专注于当时谈话的天赋，至少为了讨论的目的，他采纳别人的观点。作为他的老朋友，建筑评论家艾达·路易丝·赫克斯特布尔（Ada Louise Huxtable）后来说，"他对每个人都以其自己的方式进行反馈"。[33] 虽然约翰逊只学到了极少的课堂知识——他在哈佛大学只注册了三门美术课程，而且其中两门没能完成——但是这种不足似乎无关大碍。两人都明白，除了韦尔斯利学院巴尔的新课程，大多数大学的总课程表里，新艺术都没有占得一席之地。这一缺失激起了他们的兴趣，甚至在他们交谈时，约翰逊也认识到他可以分享巴尔的使命。

他们就像公交车站的两个陌生人，一个人有伞，一个人没伞，约翰逊自己走到了巴尔的伞下。似乎对旁边人聊天的声音充耳不闻，他们突然显得孤立；其他人都停下来，看看发生了什么。约翰逊后来提供了一个简要的总结，关于他们在韦尔斯利学院的亲密交谈："1929 年，我遇到了阿尔弗雷德·巴尔，这是后来每一件事情的起源。"[34]

第二章

图谋东山再起

我的讣告都具有那种特质，让我想要起来进行战斗。

——弗兰克·劳埃德·赖特

第一节

斯普林格林，威斯康星州……亚力克的来访

在 20 世纪 20 年代中期，由于一个他从未解释的冲动，弗兰克·劳埃德·赖特开始认真经营在纽约的人脉关系。他一般不信任城市，尤其是纽约——在愤怒的时候，他称这个他接下来开始了解的地方是一个"该死的、已死的和垂死的城市"[1]。然而，赖特也认识到，曼哈顿的活力和快速繁荣可能符合他的需要。

也许，他还接受了一个新朋友发出的挑战，一个独特的纽约人，名叫亚历山大·伍尔科特（Alexander Woollcott，1887—1943 年），这个戏剧界人士调侃道，"直到死在纽约，你才活在纽约。"

在威斯康星州麦迪逊市，伍尔科特要作一个风趣而犀利的演讲。伍尔科特得知塔里埃森距麦迪逊只有 50 英里（约 80467.2m。

1 英里 ≈ 1609.344m。以下不再换算。——编者注）远时，1925
年 4 月 20 日，他这个"叮当兄"的身影毫无准备就出现在了赖
特庄园。（叮当兄和叮当弟是刘易斯·卡罗尔童话作品里的虚构
人物，本书作者认为其脖子粗、眉毛浓、头顶秃的形象与伍尔科
特相似。——译者注）那个时候，《纽约世界》（*New York World*）
或许是最活跃的报纸，其工作人员都景仰伍尔科特，因为他的语
言尖锐（他将洛杉矶描述为"寻找一个城市的七片郊区"），因为
他是一个有资历的戏剧评论家，并且因为他是纽约智慧大咖群里
的中心角色。这些智慧大咖在阿尔冈昆酒店的玫瑰厅里围着圆
桌共进午餐。他跻身于他的好伙伴哈普·马克思（Harpo Marx）、

亚力克·伍尔科特，穿着和性格，约 1939 年
（卡尔·范·韦克滕，国会图书馆 / 印刷品和照片）

剧作家乔治·S. 考夫曼（George S. Kaufman）和查理·卓别林之中。隔夜，赖特将成为"亚力克"的朋友，"亚力克"是作家给自己起的时尚名。两位男士互访并保持频繁的通信，直到将近20年后伍尔科特的早逝。

伍尔科特有松弛的大脸庞，肥厚的双下巴，且戴着厚厚的眼镜，第一次造访斯普林格林时，他的视角比一些记者更惺惺相惜。他向赖特吐露说，年少时期的大部分时间里，他居住在新泽西州法兰克斯，一栋85个房间的住宅里。这栋无序蔓延的建筑物只是有规模的大房子，建造于19世纪40年代的社会主义社区，容纳法国社会改革家夏尔·博立叶（Charles Fourier）的150个追随者。在火灾毁了社区赖以支撑的罐头厂之后，大多数的信徒离开了，但是，巴克林的家人——包括亚力克的母亲，弗朗西斯·伍尔科特（Frances Woollcott）[奈·巴克林（née Bucklin）]——仍待在以前的公社里。在亚力克的孩提时代，弗朗西斯和她的五个孩子（亚力克是最小的一个）在法兰克斯找到了庇护所，和其他大约五十个亲戚住在一起。就如一位表亲挖苦道，出生于伦敦的沃尔特·伍尔科特是一个不可靠的丈夫，经常不在身边的父亲，一而再地出现在妻子的生活里，似乎"主要为了繁殖后代"[2]。

赖特自己父亲的情况并没有特别的不同。虽然1867年6月8日出生于威斯康星州，但是赖特在爱荷华、罗德岛和麻省度过了他第一个十年的大部分时光，当时他的直系亲属跟着威廉·凯利·赖特。威廉·赖特曾经一度是律师、牧师、教师和乐师，从一个职位到另一个职位。到威廉·赖特1884年离开家回到他的第一任妻子身边的时候，妹妹玛丽·简（通常称为简）和玛格丽特·埃伦（玛金尔）出生了。安娜·劳埃德·琼斯·赖特永远疏远了她的丈夫，把她的孩子安置回娘家的怀抱里，她家位于从斯普林格林镇横跨威斯康星河的海伦娜山谷中。

1845年，当第一批劳埃德·琼斯家族的人从威尔士来到这里，家族就在山侧农庄里建立了一个联系紧密的社区。虔诚且勤劳的家庭在如此崇高的敬意中自给自足，以至于左邻右舍都认为该地指的就是"全能上帝庇护下琼斯家族的山谷"（成年的弗兰克·劳埃德·赖特不加掩饰地带着他的傲慢来了）。11岁时，赖特开始在农场过暑期，和他的粗壮且留着胡须的舅舅们一起肩并肩劳动。他挤牛奶，收割谷物，以及照料马匹，他"学着忍受连续劳动的循环往复的日子"[3]。然而，赖特在1926年开始撰写的自传中回忆，他的"梦想在循环往复的日子里或外都不受干扰"[4]。探索森林和田野的赤脚男孩的回忆，后来在建筑师的脑海里积聚起来，成为他对有机建筑哲学的灵感，自然世界的美丽、肥沃和秩序告诉了他有机建筑的哲学。他在塔里埃森的住宅就是一种体现。

1927年，赖特请伍尔科特阅读1932年以《自传》（*An Autobiography*）为名出版的书的早期稿件。伍尔科特拒绝了。他解释道，"自我保护的原始本能"让他制订了一个规矩，"从不看任何人的手稿，除了我自己的，带着恶心和迷恋的混杂心情我盯着它，从黎明到黄昏"。[5]然而，在造访塔里埃森时，伍尔科特把他所看到的一切都吸收了。

在第一次造访时，伍尔科特只在房子里待了两个小时，就注意到，它长得"像在山顶的藤蔓"和"拾取其色彩自周边的红色雪松、白色桦树，以及黄色砂岩。"[6]他发现那里就是一个在发展制造中的社区，打一开始，赖特设想塔里埃森就不仅是一个永久的住所，他的宽敞区域，在前面；工作室的一翼包括办公室、绘图室和模型制作室，在中间；为学徒和农场工人使用的小屋，在后面。外围放置车库、谷仓和其他农用建筑。根据赖特的说法，塔里埃森"是一个完整之生活单元，皆求真于合宜、舒适和美观，自家猪至业主"。[7]

伍尔科特以更诗意的方式来看它，写塔里埃森是"不同于世界上所有其他住宅……它是赖特和这个世界里的赖特之流的特有天赋——清新自然的建造，似乎我们都刚刚走出伊甸园，没有先例压制我们。"[8]

在这个纽约人离开的当天下午，塔里埃森一家人坐下来吃饭。然而，从桌边站起来时，赖特发现，黄昏的天空映衬出浓烟——而且，那浓烟从他卧室的窗户滚滚而出。

再次，房子着火了。

赖特帮着灭火，站"在冒烟的屋顶上，脚烧伤了，肺灼痛了，头发和眉毛燎没了。"[9]恰好一场猛烈的雷阵雨倾盆而泻，扑灭了大火。火灾由电话线路的电故障引起，摧毁了生活区，毁掉了无数赖特旅行时收集的日本文物。这栋房子，一个装着油漆屏风、木版画、枕头和桌子上刺绣织物的宝库，成了烟熏火燎的废墟。在废墟中，赖特发现了"部分唐朝的煅烧大理石头像……而华丽的明代陶器，由于大火的烈度，变成了青铜的颜色。"[10]

赖特几乎没有什么设计任务，立即知道他想做什么。"我再次投入到工作中去，为了建一个比以前更好的，因为，从建另外那两栋中，我已经学习到了。"[11] 几年之后，当伍尔科特在出版物中讲述这个故事的时候，"一个新的塔里埃森给同一座小山戴上了皇冠"[12]。

第二节

大约 1890 年及之后……成长起来的赖特

在1925 年火灾重建后，这栋房子是其以前的两栋原版，和其设计师回到橡树园后的草原式住宅，明确无误的后裔。因为在他之前，没有人这样做过，赖特设计出了一种建筑风格，这种建筑看起来，就像是，从种植它们的土壤中，生长出来的本土植物群。

19 岁时，只在威斯康星大学经过了两个学期的工程训练，1887 年初，在芝加哥，赖特加入了约瑟夫·莱曼·锡尔斯比（Joseph Lyman Silsbee）的建筑事务所。他得到锡尔斯比的注意是前一年，在劳埃德·琼斯家族位于山侧的统一教堂的建设中（一张现存的 1886 年的透视效果图上，带有"F. L. 赖特，制图人"的签名）。就像他的本科学习，他在锡尔斯比事务所逗留的时间很短；不到一年之后，赖特离开，去为另一位芝加哥建筑师路易斯·沙利文工作。

在赖特加入事务所时，沙利文自己只有 31 岁，但是，他已经是一位成功的建筑师，曾受训于麻省理工学院和巴黎美术学院。赖特待在阿德勒和沙利文公司的五年间，坐在通向沙利文办公室的前室里，他跟丹克马尔·阿德勒（Dankmar Adler）学习了工程学，并且掌握了生物形态的细节设计。赖特起草的叶子和藤蔓，让他自己得意于成为"一支大师手中的好铅笔"。

由于安全电梯（内战时代的新发明）和通过贝塞麦炼钢法批量生产的钢立柱，建筑变得越来越高。内部钢骨架结束了高层建筑的实际限制，即传统的承重砌体墙，它与高度成比例地增厚，消耗了宝贵的楼面空间的同时，也限制了窗户的尺寸。沙利文的高楼——他被称为"摩天大楼之父"——把朴实无华的几何形式和精巧繁复的应用装饰结合在一起。他的建筑是比以前高了很多的版本，得益于对建筑基座、主体、巨拱和冠顶的高度原创性的处理手法。因为其三维的表面装饰，沙利文的办公楼和剧场也容易辨认，其中不少依据赖特的图纸建成，这些图纸区分了饰带、檐口和拱肩。

然而，恰恰是赖特对于锡尔斯比青睐的木瓦风格（The Shingle Style）模式的工作知识，最明显地体现在赖特在1889年结婚后为自己设计的第一所住宅上。这栋面向森林大道的房子将容纳建筑师、他的妻子凯瑟琳，以及最终他们的六个孩子，出生于1890年到1903年之间。它有平实的瓦覆，简单的体量，极少的剪裁，和简洁的山墙屋顶轮廓线，所有这些都与当时装饰华丽的维多利亚风格分道扬镳。[13]

待在阿德勒和沙利文公司期间，赖特承担了住宅设计的任务。沙利文对设计住宅没有兴趣，高兴地把这些任务交给其首席绘图员。在设计的住宅里，其中有两个是沙利文自己的。年轻的赖特证明能熟练地采用任何需求的模式，如早期作品有安妮女王时代风格、都铎风格，甚至有荷兰殖民风格，虽然细节很快被公认是独一无二的赖特风格。好的口碑意味着更多的任务，其中一些是他独立于阿德勒和沙利文公司之外得到的（赖特称这些工作是"私活"）。然而，当亲爱的师傅沙利文在1893年得知了赖特这些私底下的行为，赖特热爱的大师把这个既是其朋友又是青睐有加的徒弟的人从公司开除出去了。

赖特认识到，他突然离开阿德勒和沙利文公司是一个机会。看看他在19世纪末20世纪初的设计作品的合集，就可以发现，他的想象力在芝加哥周边的郊区平原起作用了。1898年，赖特在他的木瓦风格住宅上扩建出八角形的工作室，于此，赖特和才华横溢的合作者，如沃尔特·伯利·格里芬（Walter Burley Griffin）、玛利恩（Marion Mahony）和其他人，完成的设计作品超过一百个。

他的新风格压抑屋顶轮廓线，喜欢平缓低调的斜脊屋面，甚至是平屋顶。宽且悬挑的屋檐，把草原式住宅的低矮部分，都笼罩在阴影之下，正如它们后来广为人知的那样。砖的色调和纹理与沉稳厚实的草原土壤相匹配，强化了住宅固着于土地的性格，而其内部空间的开放式布局，促进了以前隔离的生活空间之间的流动。巨大的壁炉把房子锚定在基地上。赖特把他从沙利文那里学到的装饰语汇风格化，设计了基于植物、树木和其他视觉线索的艺术玻璃窗，将自然抽象为清晰的虹彩玻璃的几何图案。

不像受过较好教育的沙利文，赖特自豪地捕捉其灵感，于他看到的东西，而不是他学到的东西；就像亨利-罗素·希区柯克后来说，"从未在20世纪80年代的美国建筑学院读过书，他从来没有很多必须丢掉的东西。"[14] 在19世纪90年代，赖特实际上放弃了在美术学院学习的机会，芝加哥建筑师丹尼尔·伯纳姆提供了这个机会。赖特越来越少地关注建成环境的传统，因其徒有维多利亚风格的亮丽外壳。他的水平住宅拥抱着厚重粗糙的泥土，传递一种庇护的感觉，避开炎炎烈日和呼啸吹过广袤草原的猎猎狂风。他也帮着重新思考办公塔楼，在布法罗的拉尔金管理大楼（1903 年）中，以及重新思考朝拜之家，在橡树园的统一教堂（1904 年）中。

塔里埃森是有点区别的草原式住宅。在他饱受争议地离开橡树园之后，再从欧洲回来的时候，赖特开始设计这所住宅。他以前的家留给了凯瑟琳和孩子们，其演进的、家和工作室组合的模式后来广为人知。在那里，他已经仔细地把家庭生活和工作分开；在塔里埃森，他要尝试一种新的范式，基于他认识到，他的生命就是建筑。

在佛罗伦萨北部的一个山城菲耶索莱，赖特待过一段时间，他发现，在他回到熟悉的劳埃德·琼斯家族的地形时（他总是特别强调他所谓的"新鲜的眼睛"），他的祖先在威斯康星州的土地让他想起了托斯卡纳。不像他在芝加哥郊区的作品，那里他的客户希望赖特住宅把他们和邻居区分开来，他给自己建了一栋乡村住宅，孤立地站着。

在《自传》中，赖特称塔里埃森是一个"自然的住宅"。它坐落在一道山脊的前端，俯瞰着周围绵延起伏的农地。在赖特的指导下，其墙体的沙色石灰岩开采自附近的另一座山，以类似于沉积岩中分层的方式叠砌起来；他想让该住宅看起来似乎建立在一处自然地露出地面的岩层上。它不是一栋基于经典的或其他熟悉的建筑先例的传统住宅。对于这个问题，他自己的草原式风格住宅要求被注视，不同于此，赖特的塔里埃森坐在那里就像德鲁伊吟游诗人和先知相结合的一种意象，并以之命名。"我在威斯康星州南部为自己建了一个家——一栋石头、木头和灰泥的建筑……恰如我外祖父土地的一部分，如岩石，如树木，如山峦。"[15] 这是一个骄傲的地方，当然，一个自信的堡垒，设法体现劳埃德·琼斯家族的座右铭："真理与全世界为敌。"然而，如亚力克·伍尔科特所理解，塔里埃森也征求"乡村的参与"[16]。

第三节
纽约，纽约……赖特的新朋友

显然被塔里埃森打动了——他发现这个地方"难以言表地抚慰人心"——伍尔科特对他所谓的赖特名声的"悬殊"感到好奇。"这是一个美国土著，在海外被誉为我们时代建筑界杰出的创作天才——一个其图纸被欧洲的每一个学生钻研和学习的艺术家。"[17]

亚历山大·伍尔科特了解一些出名的诀窍。排除困难，这位文质彬彬的胖子已经使自己成为一个名人，也许是美国最有名的幽默作家和薪酬最高的杂志作家。在大战期间写发自前线的急件之后（伍尔科特中士的稿件，列兵哈罗德·罗斯编辑，发表在《星条旗》上），伍尔科特花了几年的时间，在纽约写戏剧评论，结交文化界和戏剧界的朋友——而且树敌不少。虽然，伍尔科特曾经描述他"看起来像不诚实的阿贝·林肯",但是,罗斯在创办了《纽约客》之后,雇用了他的老战友,为他的杂志写作。伍尔科特很快有了自己的专栏,标题是"呐喊与嘀咕",他定期扼要地介绍朋友,包括诺埃尔·科沃德(Noël Coward)、凯瑟琳·科内尔(Katharine Cornell)、鲁思·德雷珀(Ruth Draper)和百老汇最杰出的夫妇:阿尔弗雷德·伦特(Alfred Lunt)与他的妻子林恩·方坦(Lynn Fontanne)。

伍尔科特写的关于赖特的概述,发表在1930年7月19日的《纽约客》(New Yorker)上。当时,为这个建筑师重振职业生涯,伍尔科特贡献了一分力量,寻求"再次"激发这个他被称为"现代建筑之父"的人的内心"兴趣"。虽然,伍尔科特分享了赖特的某些服饰喜好(伍尔科特常常在曼哈顿被看到穿着长风衣,戴着绅士帽,拿着手杖),但是,对赖特来说,更重要的是伍尔科特说的话。作家告诉他的众多读者,该建筑师"在日本几乎被奉为圣人"。那句话从伍尔科特的打字机里打印出来,无异于是一种戏弄。伍尔科特听到它就知道这是个好故事,而且,他忍不住讲了一个关于东京帝国饭店的故事:

"建一个美丽且宽敞的宫殿是(赖特的)任务,该建筑谦逊地遵循日本所有的民俗和传统,从中得到设计思路。"进一步的挑战是"发现并表达承受地震的秘密"。当地震发生时,赖特成功了。根据最初的报道,饭店在1923年9月1日的大地震中倒塌了,但是,10天后传到美国的文字说明,赖特的高超的工程技术占了上风(实际上,他设计的结构漂浮于混凝土基础之上)。尽管地震造成十万人死亡,东京四分之三的住宅倒塌,但是帝国饭店还屹立着，被改成了一个幸存者的避难所。赖特的日本客户对他说，它是"您的天才纪念碑"。

把赖特置于阴影之中20年的争议——通奸和离婚，破产的威胁，暴力死亡和塔里埃森的两次大火灾——无疑让那些古板的美国中西部人反感。但不是伍尔科特，他不理会"肮脏的丑闻"，因为"只要一位杰出且势必轰动一时的人物给了黄色报纸半点机会，它们就能够营造出无知和恶意的指控以及所有那些丑陋的流氓行径。"一次调侃时，伍尔科特补充说，"赖特给了它们一点机会，又给了它们半点机会。"[18]

在少数几个习惯于直呼建筑师名字的人中（而不是称作赖特先生），伍尔科特对他这个来自中西部的朋友非常大方，借钱给一个1928年的计划。通过该计划，一个叫赖特股份有限公司的空壳公司使建筑师摆脱了严重的财务困境。在威斯康星银行提出取消抵押品赎回权后，该公司购买了塔里埃森的所有权。数年后，因为伍尔科特的善意和亲切的话语，赖特加倍偿还他。他送给伍尔科特一套日本歌川广重（Hiroshige）大师的版画。[19]收到它们之后，莫名其妙不知所措的伍尔科特——一个朋友看到"闲置在书桌文件夹里的"版画后，告诉他，这些是无价之宝——写信给赖特。按自己的个性，他以即时的方式说，"我已经确定，我无法充分表达对您赠给我这些版画的谢意，所以，我就不硬要这么做了。"[20]

赖特很高兴有伍尔科特的陪伴。有一次，在纽约开往芝加哥的卧铺车厢里，同行的乘客报告说，两个中年男子轮流弹奏一个手提箱大小的手风琴：赖特和伍尔科特用诙谐的歌曲互相取悦对方。[21] 尽管赖特成长于一个绝对禁酒的家庭，喝酒类似于道德犯罪，在伍尔科特给他拿来一瓶布什米尔斯爱尔兰威士忌时，他还是尝到了一两杯酒的滋味（"孩子们，你们有你们的青春，而我有这个，"后来，他挥舞着酒瓶，对塔里埃森的学徒说）。[22]

最重要的是，伍尔科特帮助赖特再度辉煌。1929 年 10 月，黑色星期二的崩盘已经暗示了，赖特仅存的几个项目会戛然而止，即便如此，伍尔科特还是告诉他的读者，1930 年，在普林斯顿有赖特的系列讲座，以及在纽约建筑联合会，有他的作品展。部分缘于伍尔科特的激励，赖特转手写作，来补充他的收入；很快，他向伍尔科特吹嘘，他越过建筑出版社，到了《自由》杂志，并且已经挣了 2500 美元。[23]

赖特的所有劳动——在绘图桌边，在讲台后，手里拿着钢笔——企图告诉全世界，他的天赋还没有僵化。伍尔科特在《纽约客》的证明书以一份背书结束，再次使用了"天才"这个字眼。"如果这本杂志的编辑分派我，去费力地把'天才'这个字眼，用在唯一一个活着的美国人身上，我会把它省下来，给弗兰克·劳埃德·赖特。"[24]

新的十年以来，伍尔科特不是说这个字眼的赖特在纽约的唯一朋友。"你具有影响力的日子刚刚开始，"1930 年，刘易斯·芒福德向赖特保证说，"在伟大事业的开始，我向你致敬！"[25] 但他不只是在 63 岁的赖特耳边，说些甜言蜜语：在他 1931 年出版的著作《棕色年代》（The Brown Decades）中，芒福德提醒他的读者，赖特的重要性："随着赖特建筑的发展……美国的现代建筑诞生了。"[26] 芒福德的学识为赖特，在美国建筑师的名人堂中，分配了一个至关重要的位置，和 H. H. 理查德森（H. H. Richardson）及路易斯·沙利文在一起。在建筑学文本中，时至今日，芒福德的观点仍保持不变。

一些这样的论调也传到菲利普·约翰逊的不愿接受的耳朵里。这些论调来自芒福德，或许，与来自另一个权威意义不同。约翰逊后来说起芒福德，并非完全开玩笑地说，如果他早年没有遇到芒福德的作品，他可能会成为一个"擦鞋店职员"。[27]

第三章

欧洲之旅

你看，我真的在做巴尔叫我做的事情。

——菲利普·约翰逊

第一节

19 世纪 20 年代……一个异乡的美国人

菲利普·约翰逊对欧洲大陆并不陌生。在 1918 年到 1919 年的冬天，约翰逊一家已经航行到欧洲。霍默·约翰逊，一位富有的克利夫兰律师，在伍德罗·威尔逊和战争部长牛顿·D.贝克的授意下去那里就职。父亲调查一个发生于刚结束的战争期间在华沙的犹太人大屠杀传闻，而 12 岁的儿子则和他的母亲路易丝一起参观沙特尔圣母主教座堂。

菲利普认为，那一天的经历是他们在法国的数周中的顶峰，高耸的哥特式建筑的形象证实了是他的建筑想象力的一个固定点。在接下来他生命中的 80 年里，他反复——通常是虔诚地——提到沙特尔，说，"我宁愿睡在沙特尔大教堂的正厅里，虽然最近的厕所顺着街道下去还有两个街区远。"[1] 尽管没有家庭的舒适，他还是被教堂的美丽所打动。

1926 年夏天，约翰逊开始了独自出行的英国之旅。在伦敦的商店里，他为自己配置了手套、帽子和手杖。他仍然忠于自己的古典研究，参观了大英博物馆的埃尔金大理石雕。他参观巨石阵时，发现这个地方令人失望。但是，1926 年 7 月 8 日，在他满 20 周岁以后的日子里，约翰逊再次被教堂建筑所打动。"将来有一天，"他给家里写信道，"我要做一次到欧洲的浪漫的建筑朝圣之旅，并享受我生命中的时光。"[2]

第二年，菲利普离开哈佛，以恢复精神的平衡。全家又进行了一次横跨大西洋的旅程。在那一年的冬月里，约翰逊一家人在西西里、意大利、希腊和埃及作了停留。60 年后，为他授权的《传记》，菲利普回想起这次旅行的另一面。在开罗博物馆的一个阴暗角落，和一个博物馆保安，他经历了他的第一次"完满的"接触。

到了 1929 年他下一次出国游历时，对菲利普·约翰逊来说，许多东西已经改变，而不只是他对同性恋的日益接受。他离完成他的学士学位的要求，还差一个学期。他的新导师阿尔弗雷德·巴尔建议，他必须完成学士学位的学习。23 岁时，他仔细思考他作为成年人的未来，但是，与许多他这个年龄段的人不同，他不但拥有法律上成年人的独立，而且不用为金钱发愁。

菲利普在哈佛大学一年级的时候，霍默·约翰逊虽然很有活力，但是决定把他的一部分金融资产分配给他的孩子们。约翰逊的两个姐妹获得了他们父亲某些最可靠的投资的所有权，他在克利夫兰市中心的商业地产。对像霍默·约翰逊这样有产业的人来说，他给菲利普的礼物看起来更具投机性，因为它只包括美国铝业公司的普通股的股票。一位大学朋友曾在几年前给霍默美国铝业的有价证券，以支付其法律服务的报酬。当时，这家羽翼未丰的公司购买了他朋友的电解工艺专利。在从铝矿土中还原铝的过程中，这项技术起到了至关重要的作用。随着 20 世纪 20 年代繁荣时期铝需求的迅速增长，这些股票的价值大幅上涨，使菲利普成为了一个富翁，比他父亲更有钱。即使在大萧条的艰难岁月里，菲利普的持股让他保持好于舒适的生活，因为美国铝业仍然是美国唯一的铝冶炼厂。

有大约一百万美元在支持他——在那个年代，这样一笔钱真是一笔财富——这个年轻的旅行者生活得很好。1929 年，他预定了当时最先进的远洋客轮的行程，不来梅的 SS 号。在前一年它的首航上，它已经夺取了梦寐以求的最快横渡大西洋的蓝丝带（由四个巨大的蒸汽涡轮机驱动，该船的最高速度接近每小时 40 英里）。同时，约翰逊决定买一艘陆地游艇。七月，码头上的围观者看到，一架起重机把一辆汽车吊到不来梅的甲板上。俄亥俄制造的帕卡德旅行车是他终身喜爱的设计精良的豪华轿车的典范。

约翰逊承认，他的思维往往陷于"间断跳跃"，所以，他的欧洲之旅具有不可预知的模式，这并不奇怪。[3] 1929 年 8 月，他在不来梅港登陆，开车到海德堡，在德国乡村周游了几个星期，实现了他三年前许下的诺言，考察罗马风格的大教堂。在德国，他感觉就像在家一样，尤其是因为小时候，从一位很喜欢的家庭女教师那里，他学会了基础的德语。他任由自己去体验艺术和文学。他的信件不时提到近代英语的小说家和欧洲画家，其中有 D. H. 劳伦斯（D. H. Lawrence）、保罗·塞尚（Paul Cézanne）、P. G. 伍德豪斯（P. G. Wodehouse）（"当然是轻阅读"）、瓦西里·康定斯基（Wassily kandinsky）、弗吉尼亚·伍尔芙（Virginia Woolf）（《达洛维夫人》（Mrs. Dalloway）"太精彩了"）和保罗·克利（Paul Klee）。他长了胡子。去伦敦的冲动购物之旅为他罗致了一套昂贵的定制西服，他写信给他的母亲——他最喜欢通信的人，描述了它，他经常向她倾诉心事。量身定制的西服是另一种持续一生的生活方式的早期证据，中意讲究的穿着。在飞回德国之后——空中旅行并不是当时很多游客冒险的交通工具——他继续前往荷兰。在那里，他探索了当时的建筑，并且很快做了报道，"我一直在旅行，相当快，可以肯定，但是游历了整个德国和荷兰，以寻找现代建筑。"[4]

随后，对柏林进行了长时间的参观。约翰逊享用着这个城市闻名遐迩的文化生活，包括歌剧和戏剧、音乐和舞蹈、美术馆和电影院。天黑之后，夜生活包括烂漫的卡巴莱歌舞现场表演，"这是少不更事的菲利普所到过的最开放的地方，"他告诉他的母亲。[5]在这个环境里，非传统的性爱被庆祝，20 世纪 20 年代的欧洲的其他地方都不曾有过。回到美国后，他写信给家里说："我想，如果在柏林卡巴莱歌舞表演的舞台上，它能被讲述，它就能被写在一封给母亲的信里。"[6]虽然 1929 年他才明确承认，但是约翰逊在这个都市，找到了实践压抑多年的性爱的自由。很久以后，在承认他在"Gastfreundlich"（对客人友好的）柏林人中找到了大量男性伴侣时，他表现出不是那么含蓄的样子。[7]

他在国外的那个夏末和秋季的时间——他一直待到11月——

远胜于一次简单的兜风之旅。约翰逊的学术成绩单缺乏任何种类的艺术史调查，所以，他在帕卡德旅行车上的游历，就等于是一次短期的建筑学课程，他的关注点从哥特式转向了现代。他遵循了良好的指导，也就是他得自巴尔的笔记。建筑不是全部，他给家里写信，描述了他在伦敦和诺埃尔·科沃德的相识，报告了这个时髦的英国人建议他剃掉做作的胡子。然而，当他扫视一下各种文化，建筑最多地赢得了他的关注。

在寻求理解建筑的过程中，约翰逊认识到，任何一本书或一场演讲都无法传达对建筑的体验，如参观它所能做到的——在整体环境中注视它，步入其入口，测量其尺度。亲自去看一下，可以在门厅或过道走一走，可以琢磨一下高度，可以吸收一下质感。即使是一张非凡的照片，充其量，捕捉到的只是一个瞬间，而，由于自然光的摇曳，每一座建筑物都有无穷无尽的变化。约翰逊开始怀疑照片，因为照片"凝固了"建筑；他坚持认为，建筑必须去体验，坚决主张，判断一个建筑师的作品必须基于他称之为"行进过程的元素"，靠近体验，在空间中漫步，从入口、房间到房间，至出口。1929 年，在欧洲的几个月里，约翰逊教会了自己看建筑。获得的洞察力形成了他此后一生的思想，导致他最后判定，"建筑只存在于时间之中。"[8]

在曼海姆的一家艺术画廊，约翰逊和一个年轻的美国建筑学学生的道路交叉在一起。约翰·麦克安德鲁（John McAndrew）也是一个哈佛人，有扎实的建筑知识，据约翰逊说，就像他一样，对现代建筑充满激情。两个男人决定结伴旅行，而且很快，他们遇到的一个叫简·鲁登伯格（Jan Ruhtenberg）的瑞典年轻人也加入进来。鲁登伯格同样深陷于对建筑的渴望之中，他曾经是德国建筑师密斯·凡·德·罗的私人学生。密斯的大名，年轻的美国人一直有耳闻，鲁登伯格让他们得以进入想参观的地方。不需要特殊的入场券：就像一个朋友告知的，"在德国你不需要介绍信。在现代艺术展览的地方，人们乐于给你尽可能多的信息。"9

约翰逊的行李箱里，有一台便携式打字机。他打字很快，用这台打字机，他给家里写信。很多是写给他母亲的，而其他的是写给阿尔弗雷德·巴尔的。这些信反映了这个年轻人的生命里的紧张不安，既记载了他和路易丝·约翰逊的分离，也记载了他对现代主义信条的日益熟悉。虽然阿尔弗雷德·巴尔从未用这么多的话来表达，但是他派给约翰逊一个任务，探索他认为是建筑未来的东西，看起来，巴尔先生正在为他的弟子设想一个计划。

第二节

1927—1929 年……目的地：未来

约翰逊的建筑之旅包含了阿尔弗雷德·巴尔本人在几个月前参观的一些有趣的景点。

1927—1928 学年，在离开哈佛大学的研究和韦尔斯利学院的教学的时候，巴尔制定的目标一直是"研究当代欧洲文化……（因为）现代领域很少被美国学者接触。"10 他越来越"羡慕嫉妒恨"，因为，发现在欧洲有比在美国博物馆丰富得多的现代艺术的收藏。11 他花了他在国外的 11 个月中的两个月在俄罗斯。在那里，在许多别的东西中，他看到了构成主义者的作品。构成主义者的多学科的方法把工业材料结合到建筑和艺术中去。但是，在等到给约翰逊制定一个计划时，他特别提到的是他在荷兰和德国德绍看到的东西。

巴尔对现代的偏爱是本能的。在临行前的一份补助金申请中，他写道："我发现，我所生活的世界的艺术更引人入胜和更充满趣味，相比于……即使是意大利 14 世纪的那些瑰宝。"[12] 他意识到了，变化在弥漫开来，不仅是欧洲艺术家，而且是建筑师，都对一个被灾难性的战争和进步的技术而改变的世界，作出了反应。把世界带入战争的贵族阶层正在衰落，而战后欧洲迫切需要为迅速增长的人口建造新的住房。在欧洲大陆的第一站，巴尔认为他看到的建筑，既是那些需求的至关重要的反应，而对他来说同样的重要，也是鲜明的现代建筑。

继 1929 年巴尔的脚步之后，约翰逊预先有了巴尔的建议和读了亨利 - 罗素·希区柯克的著作，作出了与巴尔相同的反应。

与约翰逊和巴尔在家里知道的当代作品不一样的是，这些看到的新建筑似乎是由抽象的形式，由平面、线条和几何体组成的。对称不再占主导地位，而且，模式和比例替代线脚和其他装饰母题，来吸引眼球，并统一建筑物的不同部分，结合成一个整体。一切看起来都朴实而纯净，时髦而实用。对新建筑，巴尔表示，他发现"没有和已死风格的妥协，没有对古典美术风格的改造。"[13] 至于对约翰逊，他承认对无用装饰的新厌恶和对单纯色彩的新口味。[14]

这些建筑和美国当时的建筑不一样，大部分的美国建筑有坡屋顶和装饰性的出挑檐口。这些产品是一条历史长线传承下来的，从希腊神庙到罗马市民建筑。这样的建筑已经在文艺复兴时期重放光芒，然后在 19 世纪晚期，再次被综合利用，特别是在那个时代最著名的建筑训练地，巴黎美术学院。但是在荷兰，巴尔和约翰逊发现，J. J. P. 奥德和其他荷兰人已经采用了平屋顶，并去掉了装饰，取消了虚假的壁柱或柱子以及拱券和额枋。取代了芒福德所谓的"帝国门面"，美国人看到了对结构的忠实表达。不是假装高贵，而是透明。虽然有建筑的外皮，结构还是可以被读出来，就像在最近发明的 X 光机上，骨骼可以被看到。

1929 年 9 月，约翰逊在荷兰看到了奥德的作品，立即宣布奥德是世界上最伟大的建筑师。[15] 约翰逊对一个称之为胡克的两层楼的街道景观，留有极其深刻的印象。它把公寓和玻璃前脸的商铺结合在一起。在充满激情的冲动下，约翰逊敲击着打字机的键盘，把它定性为"现代欧洲的帕提农神庙"[16]。

受到他所看到的东西的启发，他也开始认真思考，而不光只是看，决定要写一本关于建筑的书，要有插图，但是最少的理论。[17] 几天后，他增加了一个愿望：运用新的荷兰的原色色系和形成对比的灰色系，他开始想象，自己是一个设计师，因为他发展了为他父母的家进行翻新的想法。在短短的几周，旅行者约翰逊已假冒了评论家和建筑师，这套装束对他来说是新东西，但很快就意气相投，并且，回过头看，已有先兆。

巴尔对低地国家（指荷兰、比利时、卢森堡三个国家——译者注）的参观已经让他看到了新画家的作品，比如皮特·蒙德里安；在蒙德里安的"几何风格的绝对表达"中，巴尔看到了奥德的建筑。巴尔发现，博物馆里，梵高的油画和伦勃朗、维梅尔的作品放在一起。"在荷兰的博物馆里，"他报告说，"有可能发现，新近发生了什么，在国内……在国际。目前，在美国的博物馆里，两个方面都是不可能的。"[18] 然而，在他旅途的晚些时候的一站，在德国的德绍，巴尔亲身接触到一个模型，目的是以一种甚至更为全面的方式来观看视觉艺术。他也派他的弟子去体验包豪斯。

———

第一次世界大战后的几年，包豪斯以现代主义梵蒂冈的姿态，出现在世人面前。1919 年，国立包豪斯成立于魏玛，然而在1925 年，迁移到了工业城市德绍。在他们首次访问那里，巴尔（在1927 年）和约翰逊（1929 年）热情地接受了一种新的共同的设计哲学。

沃尔特·格罗皮乌斯，新成立的包豪斯学校的创办者和建筑师，是中心人物，但是，他的基础学院包括画家 [这些画家有瓦西里·康定斯基、保罗·克利和莱昂内尔·芬宁格（Lyonel Feininger）] 和其他教员，而不只是马歇尔·布劳耶（Marcel Breuer）。布劳耶既是学校的"工艺大师"，也是家具制作的教师。为了成为美国艺术家芬宁格说的"社会主义大教堂"，包豪斯寻求把手工工艺品（必然受限于数量）的优点，结合到经过改进的可以批量生产的机制产品中去。包豪斯的大师们希望服务于一个广大的社会群体，而不仅是那些能够负担手工匠人制作的劳动密集型产品的有钱阶级。

包豪斯大概可以翻译为"建造的住宅"，这个名字意味着，它的最基础的产品是建筑。"让我们一起，"格罗皮乌斯写道："……

创造未来的新建筑，包含建筑、雕塑、绘画于一体，作为一个将临的新信仰的晶莹象征，从百万手工匠人的手中，最终向天堂升起。"[19] 在包豪斯，艺术家领导的工作室教授排版、绘画、针织、书籍装帧、雕塑和摄影。格罗皮乌斯本人教授木工制作，他相信赋予一系列大量产品以好的设计会改善工人的生活品质。格罗皮乌斯接受了一种自觉的社会学的建筑观点。尤其是，当面临大规模的开发项目时，他相信，设法解决社会的需求是设计的关键。

包豪斯的主楼体现了学校的原则。巴尔把自己的学院，普林斯顿，看作是一个"模仿哥特风格"的地方，他担心的是，美国的建筑学生正在致力于设计"殖民地风格的体育馆和罗马风格的摩天楼"。虽然转炉钢制框架已经意味着，高层建筑的外墙不再需要对建筑起支撑作用——每一层都是独立的，允许幕墙把结构围合起来，因此人们称之为幕墙——但在美国，装饰语汇几乎没有变化。尽管回到世纪之交，有路易斯·沙利文的天赋异禀，巴尔看到，美国的设计还是滞后于技术的发展，因为大部分的新建高层建筑还是装饰着古典或哥特的细部，有些是装饰艺术（Art Deco）风格。然而，这样的房子看起来像是以前建筑的增高版。

相反，包豪斯让世人大开眼界。它是这么一个地方，巴尔说，"在那里，设计的现代问题在现代的环境里得到了实际的解决。"[20]

1929 年 10 月，约翰逊来到德绍，看到包豪斯综合楼的第一眼激发了强烈的奇妙感，这种感觉可与他的早期建筑体验中最强有力的部分相媲美。"我们正陶醉于最终抵达我们的麦加，"在寄给家里的明信片上，他草草写道。[21]

他看到了一种新的建筑语法。格罗皮乌斯的这个建筑——实际上是三个建筑的 L 形组合，让人联想到三个弯曲的强壮手臂，铰接在同一个肩膀上——并没有基于古典基本语法里的柱座、柱身和柱头来进行构思。尤其是，工作室的一翼似乎漂浮在退进去的地下室上方。它就像是格罗皮乌斯悬浮起来的一个巨大的玻璃盒子。

高耸的玻璃墙和水平的条窗把整个建筑围合起来，包括工作室、教室、办公室和学生宿舍。水平钢支撑的外部结构延伸自内部结构。"这是一座宏伟的建筑，"约翰逊给阿尔弗雷德·巴尔写信道，"我认为，在比住宅规模大的建筑种类中，它是我们曾见过的最美建筑。"[22]

在同一封信中，约翰逊检验了一下他的新式评论技巧："包豪斯具有平面的美感和设计的巨大力量。它具有无与伦比的大气和简洁。"虽然精通建筑的语言，但是他感到可以对巴尔施加日益增长的审美影响，测试一下像克制力和完美之光洁体量这样的术语的味道。

旅途接近 11 月末，来自路易丝·约翰逊的一封信到了柏林。在回这封信时，约翰逊宣布了其一生的一个转折。约翰逊夫人写信询问他，是否知道他的教授朋友最近的身份变化。菲利普回答，担任艺术教授仅仅两年后，27 岁的阿尔弗雷德·H. 小巴尔决定离开韦尔斯利学院，并且接受了一个新单位的董事职位。甚至在约翰逊和他母亲往返信件的时候，那项新的冒险事业，纽约现代艺术博物馆，在 1929 年 11 月 8 日的下午开门运营了。股票市场刚刚崩盘，然而巴尔的股票大幅上扬。

约翰逊给他母亲的回信可以被读作是首要原则的宣言。这个曾经的古典学者、钢琴家和哲学家接受了一个新的坐标系来规划其人生。他写信告诉他的母亲，他知道巴尔的任命有几个月了。如果她认为很奇怪她儿子没能阻止巴尔的职业变化，尤其是在接下来的几周里，他写了很多倾诉的回信，那么她只能继续把信读下去。菲利普承认了他的新抱负：

"我宁愿和那座博物馆，特别是巴尔，联系在一起，超过我能想到的任何东西。"[23]

也许是巴尔说得紧张，就像怀特海说的那样，他不是特别具有追求他的新爱好的天资。约翰逊把他的新渴望保留在他自己心里四个月，似乎倾诉他的梦想会有导致其分崩离析的风险。然而，这次这个半吊子富裕男孩确定了一个他能付诸一生的领域。就像阿尔弗雷德·巴尔在得到该新博物馆的职位邀请时所言，"（作为）一个参与者，在这个伟大的计划中，已经让我的脑海里充满了想法和计划。这是我可以付诸一生的东西——毫不吝惜。"[24]

同样，约翰逊开始设想，这个新博物馆可以提供一个平台。在这个平台上，他能够支撑起他的东西。而且，他的表现——无论采取的具体形式是什么——肯定要关注建筑。

第二部分

MoMA时期

第四章

新博物馆

美国人，或者至少是东海岸的美国人，理所当然地认为，其公共博物馆应该对现代艺术漠不关心。

——阿尔弗雷德·H.巴尔

第一节

1929年5月……西54街10号……设想一个博物馆

　　一位女士创办了现代艺术博物馆。阿比·格林讷·奥尔德里奇·洛克菲勒（Abigail Greene Aldrich Rockefeller）是博物馆的教母。她在自己家族是个继承人，同时，她嫁给了小约翰·D.洛克菲勒（John D. Rookefeller Jr.），美国首富的独生子。虽然阿比·洛克菲勒的丈夫更倾向于传统艺术和建筑——同时期他宠爱的项目是复原殖民地时期风格的威廉斯堡——但是他帮洛克菲勒夫人认购了她喜欢的收藏。

　　在MoMA，洛克菲勒夫人邀请了她的朋友玛丽·奎因·沙利文（Mary Quinn Sullivan）加盟，她以前是艺术教师，嫁给了一个利润丰厚的纽约执业律师；还邀请了利利·P.布利斯（Lillie P.

Bliss）小姐，一个富有的纺织经纪人和制造商的千金。几位女士都收藏艺术品；在20世纪20年代后期，她们拥有了德加（Degas）、雷诺阿（Renoir）、塞尚（Cézanne）、修拉（Seurat）、马蒂斯（Matisse）、毕加索、图卢兹-洛特雷克（Toulouse-Lautrec）、雷东（Redon）、梵高（Van Gogh）、莫迪利亚尼（Modigliani）、布拉克（Braque）和其他艺术家的绘画作品。三位女士意识到，美国的博物馆很少展出她喜欢的这些艺术家。她们决定在纽约创建一个博物馆。这个博物馆，简单地说，会"展出现代流派的艺术作品"。[1]

她们清楚那个时代的社会规范，要求一位男士来主持董事会，就接洽了布法罗的奥尔布赖特美术馆前主席A. 康格·古德伊尔（A. Conger Goodyear）。他以自己曾经是军人的姿态（古德伊尔在第一次世界大战中是位上校），在1929年5月来到洛克菲勒夫人位于西54街的10层楼高的褐石公馆。他完全不知道，将要参加现在回看是新生博物馆的首次行政会议。洛克菲勒宅邸高102英尺，是曼哈顿曾经建造过的最高的私人住所。[2]

古德伊尔当时还是个商人，对经营铁路和木材公司很有经验，已经为奥尔布赖特美术馆策划购买了毕加索的《La Toilette》。他对艺术家的前卫的品位很不爽（这幅油画描绘了一个不加掩饰的裸体女人在镜子前自我欣赏），他在布法罗的朋友们立即表决，让他离开了美术馆的董事会。然而，在纽约那三位女士的眼里，那就等于值得颁发法国军工十字章的工作。在第一次午餐时，她们立即认同了他的举止和为该场合搭配的高贵的灰色着装（此后被他在布法罗的朋友们戏称为"洛克菲勒套装"）。

饭吃到一半，主人问她的朋友沙利文太太和布利斯小姐，"我们是不是要向古德伊尔先生问问我们想好的问题？"被邀请加盟她们的博物馆后，他要求一个星期的时间来好好想想这件事情，但是第二天，他就接受了主席的职位。³

古德伊尔立即在董事会中引入了其他几个现代艺术拥趸，其中有弗兰克·克劳宁希尔德，《名利场》的编辑，和保罗·J.萨克斯（Paul J. Sachs）教授，福格博物馆的董事。萨克斯的哈佛大学的研讨班，"博物馆工作和博物馆问题"（通俗地说，就是该领域知名的"博物馆课程"），已经臭名昭著，因为开始从事博物馆事业的学生人数寥寥无几。萨克斯最近欣赏的学生是阿尔弗雷德·H.巴尔和亨利-罗素·希区柯克，而且萨克斯立即支持巴尔加入了博物馆的董事会。紧跟现代艺术博物馆快速发展的步伐，巴尔在9月初就兑现了他的第一张作为董事的薪水单。

部分地受到包豪斯的多部门运作的启发，巴尔关于新博物馆的初步计划反映了他的观点：它将"扩展到绘画和雕塑的狭窄范围之外，以便囊括不同的部门，分别致力于绘画、版画、摄影、排版、商业和工业设计艺术、建筑学（收集各种项目及设计草图）、舞台设计、家具和装饰艺术……（以及）电影资料库。"⁴他在现代艺术博物馆的艺术上采用的扩大范围的方法，相当于他开创性的韦尔斯利课程的科目标题的翻版。

到1929年9月中旬，现代艺术博物馆获得了纽约州授予的临时特许证，并且举办首次展览的计划正在顺利进行。在第五大道和57街的街角，赫克歇尔大厦十二楼，一块场地被租了下来。星期五，11月8日，上午9点，98件塞尚、高更、修拉、梵高和其他后印象派画家的绘画作品，四个星期的展览吸引了惊人的

47000 人。博物馆的展廊刚刚由一个不伦不类的办公空间改造而成，参观人员坐电梯来到这里。由于没有保安，新博物馆的人流量让大厦的商户感到不便。[5]

仅仅五个月，三位女士，一位来自布法罗的绅士，以及巴尔先生做得了一个博物馆。

第二节
1930 年冬季……曼哈顿中城……菲普儿和阿弗儿

回到美国，约翰逊进入剑桥郡，计划在春季学期修满他的学士学位要求。他只需要再修一门课程和参加高级考试，所以他的学术时间表不太紧张，允许他经常去曼哈顿旅行。

因为他的博物馆四人团队挤在两间逼仄的办公室里，阿尔弗雷德·巴尔经常在一家街边的中餐馆里找到歇身之地；在去纽约的时候，约翰逊在那里和他会合。1930 年的春天，另一个多次和他们一起交流的食客是玛格丽特·斯科拉里·菲茨莫里斯（Margaret Scolari Fitzmaurice），阿尔弗雷德·巴尔的未婚妻。她有爱尔兰兼意大利的血统和欧洲的成长经历，这种融合让她适合涉猎广泛的对话。这些对话一直在寻求辨别艺术的潮流，特别是欧洲的。她在瓦瑟教意大利语。在 MoMA 的展廊里，仅仅几个月前，1929 年的 11 月份，她遇到了未来的丈夫，当时，一个共同的朋友把巴尔介绍给了"黛西"·斯科拉里。[6]

当他们仨聚到一起，"谈话不可思议地扣人心弦和青春烂漫。一个想法盖过一个想法。菲利普……英俊潇洒，总是热情奔放，勃发出新的想法和希望……他非常难静下心来——他无法坐下来。"[7]约翰逊的动能让他回到剑桥郡后，在房间里装了两个讲台，一个放他的书，一个放他的打字机，因为他喜欢站着学习。[8]黛西看到了成熟的约翰逊的出现，四十年后，她回忆说，"他说话的方式，思考的方式——快速而跳跃——根本没有改变过。"[9]

约翰逊和巴尔之间的艺术纽带日益紧密。随着时间的推移，两个人都会变成一流的传教士，文字的天赋使他们能够赢得他人的观点。但是，在他们友谊开始的几个月里，他们发现，他们未说出口的直觉重叠在一起。他们可以一起看着一幅绘画，在一个语言前的层次上，交流他们的感受（"通过咕噜"，据约翰逊说。）在不同的城市，他们的书信往来也反映了他们的亲密。巴尔有个使用爱称的癖好，他采用的称呼是"亲爱的菲普儿"。至于约翰逊，他的书信以"亲爱的阿弗儿"开始，经常以"爱、菲普儿或菲普儿斯可"结束。

不论是书信往来，还是面对面交流，他们的对话总是关注艺术和建筑，但是巴尔的信心对约翰逊来说意味着一切。"阿尔弗雷德·巴尔相信，我有能力批评和评价这个让他兴趣盎然的建筑梦想，并觉得，我已经做得够好的了。他的意义不仅是朋友，还是我生活中的宗师和方向。"[10]

另一位有时加入巴尔聚会，在56街吃捞面的先生是亨利-罗素·希区柯克，他的红胡子切合他热情洋溢的方式。他可以本着正确的精神，接受一些嘲弄——当巴尔在一个不寻常的苦恼时刻，开他的玩笑,说希区柯克的名字有"遭受了后—洗礼的连字符"时,他就是这样做的。

他的朋友称他为罗素,希区柯克的新英格兰血统可以回溯到五月花号。他在麻省的普利茅斯长大,住在一栋装满传家宝的房子里(他的医生父亲定期增加家里的收藏品,接受早期美国物件来代替出诊费。)作为一个小孩子的希区柯克被回忆说是喜欢积木,而在"一个温柔但不定的年龄",他"开始画房屋平面。"[11]

虽然希区柯克把初期的大学时光,用来攻读建筑学学位,但他的注意力随着哈佛大学的教学重点在于鉴赏而转移。[12]他发现,他最喜欢的只是,让一个物件经过密切的物质的检测,试图了解它的起源和真实性。然而,希区柯克没有研究绘画或雕塑,而是深查细究他的初恋:建筑。不像某些建筑历史学家,他树立了一条终身规则:他坚持,要描写一座建筑,一定要先看到它。他成名于设计,甚至不定期地建造东西,包括为普利茅斯的一个家庭用经典雪松杆件建造的凉棚,以及后来在康涅狄格州法明顿的一个历史悠久的希腊复兴房屋的画廊翼楼,由 MoMA 的一位赞助人拥有。[13]但是到了 1930 年,希区柯克是一位特命教授,撰有两本书的作家,包括一本弗兰克·劳埃德·赖特的传记。传记用法文撰写和出版,这是第一本关于赖特的法文书。

1930 年 4 月,巴尔任命菲利普·约翰逊进入 MoMA 的初级咨询委员会,他获得这个位子,部分缘于他为了实践目的而加入的一个前进的思考小组,在那里,阿弗儿、黛西、罗素和其他人塑造了那座新颖且令人兴奋的博物馆。从那些谈话中,诞生了另一个欧洲建筑游历计划。

第三节

1930 年夏季……跑遍欧洲……设想的展览

约翰逊再次带来了自己的交通工具。作为一个给自己的毕业礼物，他买了一辆崭新的 Cord L-29，一辆活力四射，外形下斜，当年出品的前轮驱动的汽车。在他的敞篷车的行李箱里，他装了一架庞大的德国制造的大画幅相机，用来记录他所看到的东西。

有一次在欧洲，约翰逊遇到了希区柯克和巴尔，关于新建筑的讨论还在继续。但是，巴尔的旅途有别的任务。在约翰逊到达前不久，在巴黎的一个仪式中，"黛西"·斯科拉里已经成了阿尔弗雷德·巴尔太太，这两口子在精神上有超越夫妻的乐趣。"我们没有一分钟的蜜月，"巴尔太太说（她后来最有名的称呼是玛儿尕，阿尔弗雷德给她的爱称。）这对新婚夫妇正在为巴尔策划的展览寻找让 - 巴普蒂斯特 - 卡米耶·柯罗（Jean-Baptiste-Camille Corot）和奥诺雷·杜米埃（Honoré Daurnier）的画作。"我们总是跟打仗似的，"新娘子解释说。[14]

对约翰逊来说，这个夏天就像一本专业旅行手册一样展开：他一直涉猎建筑，更多的建筑。他再次向回到美国的路易斯·约翰逊定期作汇报。在一份披露的那年 8 月的便笺中，他从柏林写道："这是一个奇怪的事实，不是一个夜晚已然流逝，而是我已然有了某个建筑梦。所以它已经融入了我的血液中。"[15]他遇到了勒·柯布西耶，他不喜欢但是形容为天才的一个人。他和 J. J. P. 奥德相处得很好，甚至考虑请他为他的父母设计一个住所。

与此同时，他与希区柯克的工作关系有眉目了。"我和罗素的联系……有点像学徒，"约翰逊承认，"但是我努力奋斗，并且取得了一定的成功，独立坚持了我的判断。我发现，如果我足够大声和积极地反驳，他会开始思考，他的想法确实是错了，然后我们就会达成某种一致意见。"[16] 他们俩一起作调查，不仅访问荷兰和德国，而且访问法国、比利时、瑞典和瑞士。他们如何运用他们的知识的共同愿景，开始浮现出来。

约翰逊前面的夏季旅行，已经激发他考虑写一本书。至于希区柯克，他已经把他们共同的朋友巴尔的批评放在心上。巴尔回顾希区柯克 1929 年出版的《现代建筑》(*Modern Architecture*)时，抱怨说插图"太简陋了……文本的价值至少是三倍数量的插图。"[17] 到 1930 年 6 月，约翰逊和希区柯克独立构思的书籍概念已经合二为一，成为一本共同制作的更精致的书。他们的旅行获得了新的使命感。

开始，他们合作得不错。希区柯克爱交际，讨人喜欢；他喜欢良好的食物、葡萄酒和精美的衣服。但是，他的个人习惯开始让约翰逊感到厌烦。约翰逊发现，他的旅伴听力不好，胡子乱蓬蓬的，咂嘴吃东西的习惯令人作呕。尽管如此，约翰逊丝毫没有低估希区柯克的博学与智慧，他总结说，除了阿尔弗雷德·巴尔之外，希区柯克是"我见过的艺术界最聪明的人。"[18]

当菲利普一到柏林就选择租住自己的宿舍时，双方达成了妥协，罗素很快就回家为下一个学年做准备。但约翰逊，还没有厌倦看建筑物，也没有任何紧急的事务要回美国，所以前往捷克斯洛伐克旅行。难以置信的是，他的旅伴是密斯·凡·德·罗，

简·鲁登伯格帮忙把约翰逊引荐给密斯。虽然密斯似乎对约翰逊
和寻找他的美国游客的感觉是困惑多于好奇，但他还没有看到两年
前他设计的新房子建成的样子，于是两人一起出发前往布尔诺。

在职业生涯的早期，密斯花了大约 20 年的时间，设计传统住
宅，但是在 19 世纪 20 年代中期，他已经彻底转向设计适合他所谓
的"现代时期"[19]的住宅。他以一种理性和功能性的时尚，来运用新
的建筑技术，这种方式很快赢得了约翰逊的全心全意的赞赏。他
总是倾向于把那些他崇拜的人提升到半神的地位——如"最伟大"
和"最优秀"这样的最高级形容词，很容易而且经常从约翰逊的
嘴里蹦出来——他很快就认识到，密斯是他的建筑宙斯。正如约
翰逊在他们的捷克斯洛伐克逗留后说的那样，"密斯是我见过的最
伟大的人……他是一个纯粹的建筑师，并没有混淆太多的理论。"[20]

第四节

1930 年 8 月……布尔诺，捷克斯洛伐克……世界上最好看的住宅

在布尔诺，密斯让菲利普·约翰逊看到了未来。他的一
瞥是片面的，因为那天大雨淋漓，而且那座庞大伸展
的建筑还没有完工。然而，就像一个反复出现的梦，约翰逊第一
次访问格雷特（Grete）和弗里茨·图根哈特（Fritz Tugendhat）
的新家，永远改变了他对人们应该怎样生活的思维方式。到时候，
也会把他自己包括进去。

他青年时期从俄亥俄州就认识的家庭别墅，是确凿无误的经

典风格，方形的柱子布满其庙宇般的门廊。约翰逊家的乡村住宅建于1845年，当时正是希腊复兴的高峰时期，出檐的山墙屋顶、高高的烟囱和隔板的侧墙，19世纪中叶的乡村住宅给人以温暖和围合的保护感。1930年8月，在访问捷克斯洛伐克中部的工业城镇布尔诺时，约翰逊遇到了一座确立了完全不同的新原则的房子。

最明显的对比是开门窗的方式。图根哈特住宅的主要生活空间不是在墙壁上设洞然后装窗户，而是在三面用巨大的玻璃板围合，从地板直到顶棚。（毫不奇怪，一代人之后，图根哈特住宅被称为第一座玻璃住宅。）[21]

这种玻璃实现的不仅仅是把元素挡在外面；密斯的设计欢迎把室外元素引入——不仅是视觉上的。南面的四块主要平板玻璃窗中的两个大约有10英尺高，16英尺宽，八分之三英寸厚，可以伸入地下室，以汽车动力窗的方式开启墙体的整个构件。玻璃意味着房子里的生活将在周围环境之间进行不断的对话，这些环境是像公园一样的风景，以及干净而简单的室内，这是弗里茨·图根哈特从童年时期家里记忆的维多利亚时代的"小装饰品和蕾丝花边"的剪裁。[22] 据说，密斯的第一个房子装修设计只包括一件"家具"，一件德国艺术家威廉·勒姆布吕克的女性躯干石膏模型。

格雷特的父母给这对夫妇提供了一块半英亩（约2023m²。1英亩≈4046.86m²。以下不再换算。——编者注）的土地，毗邻他们自己的巨大的城中公馆，承诺承担他们后院花园里的新房子的建设费用。[23] 1928年，图根哈特家委托在柏林的密斯来设计这所房子。他于9月份抵达布尔诺，查看斜坡的草地，陡峭上升到上面的边界，面向施瓦茨费尔德加斯，一条安静的居住街道。几个月后，在一年最后一天的下午，这对夫妇参观了密斯在柏林的工作室，查看了他提出的设计。

他们的马拉松会议一直持续到1929年到来的钟声敲响了。"他谈论自己建筑的方式给我们的感觉是，我们正在与一位真正的艺术家打交道，"格雷特回忆说。[24] 客户需要几个小时，来吸收建筑师在纸上渲染的空前设计。仅仅一年半后，约翰逊参观这座建筑时，他意识到图根哈特住宅，与他度过若干夏季的俄亥俄州木结构住宅不同，是另一种基本方式。"当时"，格雷特·图根哈特解释说，"还没有用钢结构建造的私人住宅，所以难怪我们非常惊讶。"[25]

在他们一起的日子里，约翰逊和密斯不会立即建立融洽关系。密斯比约翰逊年长20岁，毫无疑问，年轻人的热情使之欣喜，但他们不得不依赖约翰逊的德语（密斯几乎不会说英语），无论他们的建筑品位如何兼容，他们的个人差异还是很多的。约翰逊发现，密斯彬彬有礼却固执；至于密斯，他发现，这位充满激情的年轻美国人有点令人费解。约翰逊需要时间，来克服密斯敬而远之的态度。（约翰逊的解释是："后来，我发现，他需要的是杜松子酒。"）[26]

作为石匠的儿子，玛丽亚·路德维希·迈克尔·密斯在一个下层中产阶级家庭长大。年轻时，他学会了建筑技艺，在建筑工地上，开始是一个跑腿的。早在他在纸上画图之前，他就对砖和灰浆有了亲身体验的了解。"那是真的在建房子，"他回忆道，"不是纸上的建筑。"[27] 与享有特权的约翰逊不同，密斯在十几岁时上贸易学校，在家具设计公司当学徒，21岁时成为彼得·贝伦斯事务所的绘图员。彼得·贝伦斯（Peter Behrens）是柏林的建筑师，他也会帮助训练勒·柯布西耶和沃尔特·格罗皮乌斯。在第一次世界大战期间，密斯在德国军队的工程兵团服役后，改了名字——加上他母亲的娘家姓，并私自采用了荷兰贵族的姓氏"凡·德"——并离开了新古典设计的训练。

他虽然穿着职业阶层的服饰，但是，因为一张牛头犬的脸和一支永远存在的雪茄，约翰逊逐渐了解的这个人有着明确无误的体态特征。作为狂热的摄影师，弗里茨·图根哈特捕捉到了，站在他家花园外墙底部的两位来访者。虽然只是一个轮廓，但密斯胸膛宽厚的身影还是吸引了观众的注意。

密斯选择把房子建在山脊顶上。房子的街道立面朝北，看起来像一个单层建筑，由一排水平的盒子和露台空间组成，一端有一个车库，但是没有明显的入口。施工进展缓慢，到1929年10月，这所房子不过是一个巨大的攀登架，角铁拴接在一起的十字形柱子支撑着水平工字梁。1930年8月，在约翰逊访问时，随着施工进展良好，这位年轻的美国人发现，入口立面相当于建筑师的手法——但是，相反方向的立面确实俘获了约翰逊的想象力。

利用下山一侧的土地，密斯将建筑嵌入斜坡中，使得南立面高大且宽阔，由两层楼组成，位于基座式地下室的上部。建筑呈现为几何形式。一条水平玻璃带贯穿整个建筑物，正对着房子的中间层的主要房间，夹在下面高大地下室未经修饰的白色条带和上面宽敞的阁楼之间。地下室层容纳了技术配套空间，包括锅炉房、储煤室和装有窗户下降设备的"机房"。卧室位于最上层。然而，在55英尺长的玻璃墙后面，可以看到最主要的空间，包括餐厅和客厅区域，还有办公室、图书馆和一个封闭的玻璃"冬季花园"，一个全年繁衍生息的温室。

图根哈特住宅是反传统的。外幕墙不承担荷载。荷载施加于由镀铬护套覆盖的钢支撑栅格上，抛光成镜面装饰；它们是有效的竖向结构柱，位于建筑物内部，柱间间隔大约 16 英尺。（在密斯的平面图上，图案类似于多米诺骨牌上的圆点，周边没有圆点。）这种独特的构造方式也意味着结构支撑不需要内墙，留下一块空白的画布。约翰逊抓住了它的意义："起居楼层的平面第一次像密斯所希望的那样，完全开放。"[28]

来自美国的游客所遇到的基本上不间断的内部空间，并非完全前所未有；它的灵感来自弗兰克·劳埃德·赖特的草原式别墅的开放平面，草原式别墅因其 1910 年出版的《瓦斯穆特作品集》（*Wasmuth Portfolio*）而广为人知。但是，钢骨架允许密斯在赖特的开放式设计理念的基础上，扩展新的自由度，在以前赖特的开放式设计中，不同的内部空间相互流动。没有结构墙意味着，建筑师可以以任何自选的方式定义空间。正如约翰逊很快观察到的，密斯设计的平面"有好的抽象绘画的品质。"[29]

只用了两个由豪华材料制成的独立隔墙——一个是由蜜黄缟玛瑙制成的从地面顶到顶棚的二维平板，另一个是由马萨木制成的 U 形分隔墙——密斯设法在大约 2500 平方英尺（约 232m²。1 平方英尺 ≈ 0.09m²。以下不再换算。——编者注）的矩形区域内，创造出一种分区的感觉。在这里，约翰逊遇到了密斯·凡·德·罗令人难忘地（并且反复地）阐明的一个原则的典型例子：少即是多。据密斯说："我最早是对菲利普·约翰逊说的。"[30]

约翰逊看得越仔细，就越清楚地看到，密斯精细入微地规划了这些空间。他没有用石膏墙隔开区域，而只是建议房间划分；

没有房间，而有可识别的区域，并且实际上没有门。钢琴靠墙摆放，定义了音乐"房间"。与马萨木墙一起，一个固定在地板上的圆形餐桌建立起了它的空间，这个空间在玻璃外墙的一侧完全敞开。

一块方形的天然羊毛地毯限定了客厅的座位区域，配有玻璃面的咖啡桌和六把密斯设计的悬臂式铬合金软垫椅子。这个岛既是周围环境的一部分，又与周围环境分开（据说，众所周知，约翰逊称之为"木筏"。）[31] 那片缟玛瑙，大概有一块平板玻璃那么大，把图书馆和书房屏蔽在后面。虽然它的空间被剥离成基本的要素，但图根哈特住宅并没有流露出功能；相反，感觉是一股不间断的流动。房子里的每一个元素都是一个提纯的版本。石灰岩、油毡（当时是奢侈品）的地板表面，山东丝绸的从地面到顶棚通高的窗帘，都为整体组合增加了灰阶。

密斯定位房子的想法是让景色像一张风光墙纸，循昼夜而轮换，随季节而变化，眼前的景观荫蔽在一棵大柳树下，透过一道树墙，古城在山脚下隐约可见。简单的形式，丰富的材料，精确的比例，严格的家具摆放——所有这些加在一起，形成了一种看似简单的样子，密斯本人将其描述为 Beinahe Nichts（"几乎什么也没有"）。

虽然菲利普·约翰逊当时不可能知道，在大约 20 年后的构思和执行过程中，他会肆意借鉴图根哈特住宅，但是他当场就知道，他所看到的是重要的。他热情地写信给希区柯克，"它就像帕提农神庙。"他很快承认它的精妙，另外，甚至可能是新事物的震撼。"从照片上看不见任何东西，"他警告说。"这是三维的东西，在二维照片上根本看不见。"

"毫无疑问，这是世界上最好看的住宅。"[32]

第五章

发出邀请

我们在博物馆的一次谈话开始时，赖特先生宣布："我是一个很难相处的人。"我们同意，但我们仍然相信，他是最伟大的活着的建筑师。

——阿尔弗雷德·巴尔

第一节

1931 年……东 52 街 424 号……密斯的美国朋友

成为建筑雪崩的隐喻雪球可以说是在 1931 年的一个冬日已经开始滚动。1 月 17 日，菲利普·约翰逊召集了一次午宴，宴会的背景确立了主持人为小型聚会所想要的精确语调。

在去年秋天返回纽约时，约翰逊入住于比尔特莫尔酒店。在他乘船横渡大西洋的一周里，他比以往任何时候都更加确信，他不会仅仅满足于看到他所欣赏的新设计；他希望过这种新模式的生活。虽然他在心智上的独立感日益增强，但是他还没有摆脱把他和路易丝·约翰逊捆在一起的束缚，黛西·巴尔还记得，他经常打电话给他的精神科医生进行咨询。在聘请密斯·凡·德·罗翻修他在曼哈顿的第一个永久住所之前，他会咨询他的母亲。该住所是位于东 52 街 424 号的一套公寓。

密斯的设计合作人（和情妇）莉莉·瑞克（Lilly Reich）来帮助执行委托，约翰逊第一次德国旅行结识的朋友简·鲁登伯格也越过大西洋，到纽约安装专门为公寓设计的书架和橱柜。[1]在这个新完成的空间里，MoMA 的一群人聚在一起，讨论"建筑展"[2]的萌芽。

在那年 1 月中午敲约翰逊门的人中，有阿尔弗雷德·巴尔和博物馆受托人斯蒂芬·克拉克（Stephen Clark），他是著名的收藏家，也是辛格缝纫机公司创始人的有钱的孙子。三个中心人物和秘书艾伦·布莱克本（Alan Blackburn）一起坐在带有 MR 印记的椅子上。约翰逊在国外时敞开了钱包，虽然他试图购买柯布西耶的原作失败了，但是他带回了密斯·凡·德·罗设计的家具，包括一张躺椅，还有一幅皮特·蒙德里安的画。与图根哈特住宅一样，一块长方形的地毯限定了座位区域的范围，在那里进行讨论，约翰逊的宝贝三角钢琴超过人的肩膀，占据了主房间的另一部分。约翰逊的"展示公寓"，正如他所说的，是图根哈特住宅的缩影。

阿尔弗雷德·巴尔没有走很远来开会：约翰逊的朋友住在同一栋楼里。作为一名部长儿子变成的博物馆董事，以及一名多语种的欧洲侨民，巴尔夫妇拥有的资金有限，所以他们在楼下的深耕细作不如约翰逊的公寓令人印象深刻。由于巴尔夫妇的起步公寓设有一个娱乐空间，配有两张好用的桥牌桌和四张折叠椅，他们经常利用约翰逊家提供的舒适条件，那里的服务由约翰逊的德国管家提供。[3]当鲁道夫用不太通俗的英语宣布"晚餐准备好了"[4]时，黛西觉得很有趣。

在一月份的会议前几个星期，巴尔和约翰逊持续不断地谈论建筑，亨利－罗素·希区柯克从康涅狄格州中城教书的卫斯理大学，定期过来参加会谈。巴尔主持了这次讨论。由于他对罗素1929年出版的《现代建筑》一书的标题不满意，他鼓励希区柯克采取更具争议性的方法。[5]

巴尔对过去十年的建筑的解读是尖锐的。在那段时间里，他相信，"一些进步的建筑师已经汇合在一起，形成了一种真正的新风格，正迅速传播到世界各地。"巴尔感受到了一股巨大的变革浪潮，有重大历史先例。他很快就会写道，这种新风格"与希腊、拜占庭或哥特式风格一样，具有根本上的原创性。"[6]

这些年轻人的谈话很明智，这些夜晚很欢乐，尽管聚在一起的亲密朋友不能对一切都达成一致。希区柯克承认密斯的室内"不是我的菜"，而约翰逊自信地坚持说，"对我来说，它就是它，（无可替代）。"[7]巴尔太太是第一个认识到这些谈话的真正意义的人。"（他们）不停地谈论，建筑应该是什么，"她很久以后回想，"他们想扭转潮流。"[8]

促成1931年1月午餐的计划有必然的形式。阿尔弗雷德·巴尔的博物馆将是向公众展示新建筑的场所，巴尔将担任编剧。亨利－罗素·希区柯克的著作带来了必要的学术严谨，因此他要将新兴的欧洲建筑编成规范，该建筑迄今为止由有限数量的建筑物组成，其中大多数是三个人参观过的。约翰逊说："我们比其他任何人都拥有巨大的优势，因为我们所看到的比任何人都多，而且我们没有任何民族偏见。"[9] 作为新建筑在美国的主要代言人，巴尔、希区柯克和约翰逊相信，向美国公众展示他们的新信条的时候已经到来。

菲利普·约翰逊的任命拓展了他们的领域。除了他和阿尔弗雷德的友谊，24 岁的约翰逊没有任何真正的资格。他缺乏像希区柯克那样的学术地位，在博物馆里只是一个名义上的角色，担任初级咨询委员会的成员。然而，从他认识巴尔 18 个月里，约翰逊已经让自己成为一个对当代设计有说服力的批评家。他署名的关于现代欧洲建筑的文章和论文，已经开始出现在《艺术》和其他杂志上。他对写书、画一些平面和立面草图，以及雇用密斯和瑞克的雅爱，都激发了他的胃口，要做正确的角色。就像他向阿尔弗雷德·巴尔承认时所说，"我最想做的事情是要有影响力"。[10]

约翰逊的雄心勃勃、金钱充沛，以及信心十足，最终促成了一份三页的初步备忘录，名为《现代艺术博物馆的建筑展计划》（The Proposed Architecture Exhibition of the Museum of Modern Art），该备忘录于 12 月份提交给了 MoMA 的主席 A. 康格·古德伊尔。[11] 巴尔毫不掩饰他支持这份计划，在他的画廊里展示"世界上最杰出的建筑师"。这份文件提出了人名，被引用的 9 位建筑师包括约翰逊个人万神殿中最基本的成员（密斯·凡·德·罗、沃尔特·格罗皮乌斯和 J. J. P. 奥德），以及希区柯克最钦佩的设计师勒·柯布西耶。博物馆受托人坚持欧洲人和美国人要均衡，看到名单也包括弗兰克·劳埃德·赖特，松了一口气。有了这份参展人的名单，古德伊尔给展览开了绿灯。

当 1 月份的讨论在约翰逊的公寓召开时，甚至连椅子都加强了新鲜感。男人们坐进钢皮座椅，与传统的软包家具毫无相似之处。长方形、簇绒的皮垫放在 X 形的铬框架上；这些椅子，在图根哈特住宅中使用过，很快会被广泛认可为 MR 的标志，设计成精确的、风格化的曲线框架。

这是展览小组委员会的第一次会议，有事情要做了。预期的参展者是第一个要关注的事情，而巴尔指定为展览主管的约翰逊，需要介绍信来寻求资金以支付展览的费用。委员会同意向美国铝业公司的负责人写一封重要的信件，约翰逊则通过加入小组委员会和慷慨地为承销作出贡献，来说服他的父亲增加他的影响力。[12] 菲利普离开了午餐会，带着创建供内部传阅的简章的任务。该简章用以争取潜在的参展人。

两个月后，约翰逊的文章《为住而建》(*Built to Live In*) 发表，这篇论文相当于对新建筑的简介。他援引约瑟夫·帕克斯顿（Joseph Paxton）的水晶宫作为"新风格的第一个预言……一个令人惊叹的铁和玻璃结构。"在十几个段落中，约翰逊追溯了独立的美国建筑师的传承，比如 H. H. 理查德森和"首要的弗兰克·劳埃德·赖特"。他写到了北美和欧洲的新建筑，采用了幕墙、平屋顶和玻璃板。"沉重的石头或砖墙，窗户很小，以前是必需的。现在钢柱承担着荷载，将外墙转换成帷幕。这使得钢构架的玻璃墙、金属或瓷砖的轻质墙成为可能，在某些情况下，甚至完全没有墙。平屋顶已经变得实用了。"这个论断是对三人智囊团长达数百小时的谈话的总结，他们的结论是，许多建筑师在多个国家的不同努力，塑造了约翰逊所谓的新风格。约翰逊的文字附有照片，包括包豪斯、柯布西耶的湖畔别墅，和赖特的罗比住宅

（1909 年）的照片。罗比住宅是位于芝加哥的、令人难忘的草原式风格建筑。

这种模式不会是"希腊神庙变成了银行，哥特式教堂变成了办公大楼，或者更糟糕的是，变成了一座半隐蔽的建筑物和奇妙细节的'现代'大杂烩"（后者对艺术装饰风格建筑，如新的克莱斯勒大厦和帝国大厦，进行了毫不掩饰的批评）。相反，约翰逊认为，"现代建筑师的建筑，要揭示建造、平面和材料的美。"[13]

在巴尔的指导下，约翰逊和希区柯克提议收集有关新建筑物的早期观测资料，就好像它们是在田野里采集的野花一样，陈设在一个单一的容器里。在实践中，准备这样的展示来代表新方式并不容易——然而原因是他们都没有预料到的。

第二节
西 57 街……让古板的人感到意外

天赐良机和三月月中日（即三月十五日，因刺杀凯撒大帝而得名。——译者注）一起拜访了菲利普·约翰逊：他很快就为即将到来的 MoMA 秀策划了一场旋风式的彩排。

纽约古板的建筑联盟是该城市建筑师的会员组织。在其第 50 周年庆典上，联盟决定扩大其现有作品年度展览的规模。这个联盟的展览被设置在大中央宫，一个巨大的大厅，建造在服务于大中央车站的铁路线上，联盟的展览将体现这个机构。正如一位评论员所说，"50 年过去了，建筑联盟已经成为一种习惯。这一切看起来多么习惯。柱子和山墙，山墙和柱子，图片散落在大墙上……然后在楼上的摊位里，有人想要出售架空车库门。"[14]

联盟受到各种商业利益的束缚，并不热衷于风格的转变。但约翰逊抓住机会，开始向公众展示新的设计理念。他听到联盟组织者拒绝了几位用新风格进行工作的建筑师时，他看到了一个引发小争议的机会。

借用法国印象派画家的先例，约翰逊和阿尔弗雷德·巴尔设计了他们自己的，对立的《被拒绝者的沙龙》（*Salon Des Refusés*）。它被称作《被拒绝的建筑师》（*Rejected Architects*），它将以美国工作的年轻设计师为特色。也许其中最著名的是阿尔弗雷德·克劳斯，在《被拒绝的建筑师》，她的代表作是北卡罗来纳州派因赫斯特的乡村别墅设计方案（客户是路易斯·约翰逊，听从她儿子的建议）。朱利安·利维（Julien Levy）本人即将开设一家专门从事欧洲先进艺术的艺术画廊。利维的父亲是纽约房地产的一位巨头。通过利维的努力，约翰逊争取到了利维父亲所拥有的店面。从西 57 街 171 号的北面，展览的位置可以远眺卡内基音乐厅。

这个小型展览 4 月 21 日开幕，展期只有两个星期，但是《被拒绝的建筑师》给巴尔和约翰逊提供了展示他们想法的公共论坛。虽然，没有一位作者得到认可，但是，对于那些浏览了展览所附传单的会心的读者来说，现代艺术博物馆的先生们的确凿语气是显而易见的。新风格的特征被列出来了：展示中的建筑师依赖于功能而非对称，强调灵活、轻便和简洁。"装饰品没有位置，"小册子解释说，"因为在工业时代，手工装饰是不可行的。这种风格的美在于体积和表面的自由组合，门窗等要素的调整，以及机器加工表面的完美。"[15]

约翰逊也将他对宣传的天生直觉用于展示。为了引起人们对这个小展览的注意,约翰逊聘请身着三明治板的人们,在有巨大的托斯卡纳门廊的大中央宫门前的人行道上散步。路人被邀请穿过展区:"看看真正的被联盟拒绝的现代建筑。"

《被拒绝的建筑师》只吸引了不多的出席者,但纽约媒体进行了关注。据《泰晤士报》(Times)报道,"如果(《被拒绝的建筑师》)的设计被纳入,中央宫里的大型展览将会受益匪浅。"[16]《布鲁克林鹰》(Brooklyn Eagle)更进一步,嘲笑联盟对"无关紧要的感伤雕塑和浮雕,檐口和虚假立面"[17]的奉献。约翰逊非常高兴,几个星期后,在《创意艺术》(Creative Art)杂志上,他发表了一篇署名的文章。

他好像树立他的旗帜一样,做了一个宣告。他声称,这个展览已经把"国际风格,可能被这样称呼,第一次正式介绍给这个国家。"[18]他喜欢的建筑有了新名字——国际风格,巴尔造的词——而且,约翰逊对其铺开一个展览的能力有了新的信心。

第三节

完成名册

小册子《为住而建》有助于说服全国各地的其他博物馆,安置更大规模的拟订的 MoMA 展览,并为这种权益进行支付(其中包括费城、克利夫兰、芝加哥、哈特福德、洛杉矶和剑桥郡）。凭借 MoMA 及其支持者（包括霍默·约翰逊、艾比·洛克菲勒和斯蒂芬·克拉克）承诺的其他资金，约翰逊可以开始为 MoMA 的展览募集人才。

当然，他想要展示路德维西·密斯·凡·德·罗的设计，但是约翰逊也想要密斯自己来布置这个展览。约翰逊已经说服霍默和路易斯·约翰逊，聘请 J. J. P. 奥德来为他们设计一栋乡间别墅，目的是为了 MoMA 的展廊里展示一个模型。由于约翰逊最初的研究范围包括一部分工业住宅，所以他需要一名在那个领域的导游，在那个领域，他自己的知识有点不堪。他已经写信给刘易斯·芒福德，芒福德同意为这个目录写一篇论文。

当《被拒绝的建筑师》展览聚在一起时，约翰逊已经回到了芒福德身边，请他写点别的东西：一封介绍信。建筑界的新手约翰逊并不认识弗兰克·劳埃德·赖特，尽管他已经把赖特当作普罗米修斯式的人物，他的早期创新已经启迪了欧洲人。约翰逊向 MoMA 受托人承诺，他可以请到赖特，并且知道，芒福德是不多的当代著名作家之一，他在书中赞美过赖特，约翰逊征求了他的帮助。不久，通过美国邮局，从他在长岛市的家，芒福德心甘情愿寄给塔里埃森的大师一封信。

"现代艺术博物馆将举办一次建筑展览，组织这次展览的年轻人菲利普·约翰逊希望，您能在展览中得到充分的代表。他还……还很年轻，"芒福德写道，"但我想，你注意一下他是值得的。"[19]

约翰逊随着芒福德的信，放了自己的一封信，一道发送出去了。非常不吉利的是，那天是四月愚人节。约翰逊明确表达了他的目的，并解释说，委员会想要赖特的作品由一个模型来代表。[20]

赖特的回答很及时，但很委婉。他解释说，他的许多图纸、450 张照片和 6 个作品模型被提交到其他地方进行夏季巡展去了。"6 个欧洲国家政府已经邀请了这次展览，"他吹嘘道，"并承担了在欧洲主要城市运输和展览的所有费用。"[21]

但是赖特也发出了邀请——很多次中的第一次——请约翰逊去塔里埃森。"也许我能做些什么，"赖特写道，"而我想见，还是不想见——。"那就是赖特的方式：他喜欢面对面去了解人，最好，以自己的名义，在自己的地方，那儿可以炫耀自己的作品。

甚至在收到赖特的不那么全心全意的回应之前，约翰逊和希区柯克就对赖特持有强烈的保留意见。约翰逊曾明确地对芒福德说，"（赖特）今天对国际小组不值一提。"[22] 约翰逊对欧洲人的迷恋使他对美国人视而不见，像其他许多人一样，他认为，赖特早已过了他的巅峰期。约翰逊也不喜欢赖特对应用装饰的喜爱，他的沙利文式饰带和艺术玻璃窗。

约翰逊以及他最崇拜的新风格建筑师，赞同一位脾气暴躁的奥地利马克思主义建筑师阿道夫·卢斯（Adolf Loos）在他 1908 年的文章《装饰与罪恶》（Ornament und Verbrechen）中所阐述的学说。卢斯的标题似乎没有点出要旨，正文点出来了："文化的演变就等同于从实用物品中去除装饰。"在他最近接受的建筑教育里，约翰逊如获真经而认同的是：装饰是过时的，不管这些装饰是不是古典的细节（三竖线花纹装饰、葱花装饰线、柱子和壁柱）；还是刚刚完工的帝国大厦的那种艺术装饰风格的精雕细琢；或者赖特最近的所谓纹理砌块的模式，在 20 世纪 20 年代早期设计的洛杉矶的几所住宅中，他采用了这种模式。

至于赖特，他本能地不信任约翰逊和新的"纽约男孩"。部分是他的本性：他是那么的自我，以至于他认为，每个人的才华都不如他自己。他也对任何人，无论是评论家、报纸人还是建筑师，都持谨慎态度。他怀疑，他们对自己的作品并不完全热衷，亨利-罗素·希区柯克也属于这一类。

确实，1928 年，希区柯克曾在《艺术学报》（*Cahiers d'Arts*）的文章中，将赖特描述为"也许是 20 世纪前 25 年最伟大的美国（建筑师）。"[23] 然而，希区柯克赞扬了赖特的早期事业，并试图将他埋葬在同一篇简短的文章中 [以及 1929 年出版的《现代建筑：浪漫主义和重新融合》（*Modern Architecture: Romanticism and Reintegration*）一书中]，将赖特降格为"先驱"和"老式浪漫主义者"[24]。不出所料，这样的概括引起了赖特的愤怒，促使他在给芒福德的一封信中，给希区柯克贴上"傻瓜"的标签。[25]

当得知约翰逊的兴趣时，赖特不仅写信给约翰逊，还写信给芒福德："约翰逊显然是希区柯克正在推动的小团体的一个成员……（而且）这不是一个非常有才华的团体……他们正在寻求开始一个狭隘的运动，因为他们别无选择，只能都相似地工作和思考……他们可能和其他的天生模拟器一起成功。"赖特给他们贴上"强硬的宣传者"的标签。[26]

然而，不管他对约翰逊和希区柯克的动机有何怀疑，关于有些人如何看待他，让他痛苦的新警钟出现在 12 月份，广受欢迎的《名利场》上的一篇文章再次贬低他。"（赖特）是一位比他的建筑物更为人所知的建筑师，"一位年轻的评论家约翰·库什曼·菲斯特雷（John Cushman Fistere）宣布，他将在未来几年编辑《女士之家杂志》（*Ladies' Home Journal*）。由于不满足于他巧妙的措辞转变，菲斯特雷进一步贬低了赖特，称他为"年迈的个人主义者"，并且，为了加重侮辱，称雷蒙德·胡德（Raymond Hood），一个赖特厌恶其作品的人，是个更好的建筑师。[27] 面对这样的贬低，赖特很清楚，他能够从一些有利的宣传中受益，不管其来源如何。

这位老战士也有很强烈的直觉，正如他告诉芒福德时所说，"有些有趣的战斗在我们前面。——我乐盼其来。"[28] 赖特永远不会羞于争吵。

第四节

1931 年 5 月……塔里埃森……争取支持的赖特

虽然约翰逊在 1931 年春天去了中西部，但他没有把对塔里埃森的访问，列入日程表。他对赖特编了个借口，解释说，他不知道斯普林格林距芝加哥有多远。赖特也明白了隐含的信息：他绝不是菲利普的最优先考虑。虽然约翰逊的高度奉承足以令人听得高兴 ["（一个）展览没有您，会像哈姆雷特没有丹麦王子"]，但是这并没有愚弄到赖特。[29]

约翰逊 5 月份写信时，提出了具体的要求，要求一栋乡村别墅的原创设计。约翰逊想，再多一点奉承也未必不合时宜，所以补充道："我不能不感觉到，您对现代住宅设计的巨大贡献怎么强调都不过分。"[30]

两周后，信心十足的菲利普·约翰逊启程去了欧洲，留下他的秘书，去向赖特和其他美国建筑师索要照片、传记信息，以及建成作品的清单。策展人约翰逊、希区柯克和阿尔弗雷德·巴尔一起亲自去游说欧洲的参展人。他们认为，美国那边的事情尽在掌握。赖特曾写信说，模型正在制作中，虽然模型的确切性质——它是否是一个乡间别墅？新的还是旧的？——仍未指明。

那时，赖特和约翰逊都不知道，接下来的几个月会如此火花四射，他们第一次扮演了 20 世纪建筑的火石和铁片的角色。

第六章

赖特 vs. 约翰逊

我只不过是日历而已。

——弗兰克·劳埃德·赖特

1931～1932 年……组织建筑师

赖特先生——约翰逊像大多数人一样，以他的敬意向这个人致辞——在他自己的时代做了很多事情。约翰逊的其他参展人似乎知道了截止日期的重要性，但展览总监菲利普·约翰逊却难以从赖特那里，得到哪怕一张照片。

约翰逊在国外的夏天开始于海牙与 J. J. P. 奥德的会晤。奥德参展的特色设计是霍默和路易斯·约翰逊住宅的模型。该住宅位于北卡罗来纳州派因赫斯特，是一座度假别墅（从未建造）。设计包括一个游泳池和网球场，以及一个带有网球拍基底形态的戏剧性高架阳光房。约翰逊到德国后，会见了沃尔特·格罗皮乌斯。他们一致认为，德绍包豪斯总部的模型很适合 MoMA 的展览。与此同时，希区柯克拜访了勒·柯布西耶，委托制作他的萨伏伊别墅模型。该建筑在塞纳河畔的波西刚刚落成。萨伏伊别墅建在一个方形平面上，其主要居住空间位于第二层，悬挑在支撑墩上。与图根哈特住宅一样，萨沃伊别墅用钢支撑的柱网。这意味着，外墙不承重。在屋顶平台上，一个日光浴室的圆柱形墙就像一个巨大的轮船烟囱。勒·柯布西耶的设计是一个鲜明的几何练习，似乎体现了他的"居住的机器"的概念。

凭借大师柯布西耶、格罗皮乌斯和奥德的作品，约翰逊可以宣称，在三个关键前沿，取得了卓越的进展。

约翰逊、巴尔和希区柯克在柏林的到访将被密斯铭记为"入侵"。几个美国人希望，密斯能够被说服，专门为展览会设计一栋房子，但是，当他们参观他的工作室后，密斯表现出不情愿，对约翰逊的一系列敦促置若罔闻。最后，阿尔弗雷德·巴尔提出了一个解决方案。"为什么不请他来展览布尔诺住宅呢，"他写信给约翰逊，"既然它是这种风格里最大、最豪华的私人住宅？"[1]各方很快都同意选择图根哈特住宅，激励约翰逊前往捷克斯洛伐克，进行再次访问。到了8月15日，他打电报回家，在字里行间很容易读出他的轻松感：模型初具规模，几乎完成了……感觉工作几乎完成了。[2]

4个月后，在1931年12月，赖特将要考验约翰逊洋洋得意的信心。

————

夏天的时候，赖特对展览的承诺已经变成了实际行动，当时，他自费把两个大箱子送到纽约，里面装满了图纸和照片。赖特一直热衷于成为众人关注的焦点，但很快他就不高兴地得知，除了一个模型之外，只有6张海报大小的照片代表他数量庞大的作品。

他拒绝承认，自己只是一个团体展览的参展人，尽管看过《为住而建》的招展说明书，里面包含了一些图片，有欧洲人格罗皮乌斯、密斯和奥德的建筑物，也有在美国工作的一些建筑师的作品，他们有些在美国出生，另一些是移民。也许赖特说服自己参加展览，是因为他期望，自己作为其中最有名的人物身份可以保证，他的作品能使欧洲人的东西黯然失色，美国公众对这些欧洲人所知甚少。不管赖特怎么想，约翰逊有理由担心，几个月后，当树叶飘落时，没有货运公司从塔里埃森运来模型。

赖特已经去里约热内卢参加一个评选，但他的秘书卡尔·詹森在 11 月写信，向约翰逊确认，两个模型，一个是剧院，一个是住宅，接近完成。在 12 月 1 日官方截止日期前，赖特是唯一一个未能交付模型的参展人，此时，气愤的约翰逊写了一封措辞严厉的信。他表示，自己更喜欢住宅而不是剧院，并补充说："模型绝对必须在 12 月 30 日之前从塔里埃森出发。"[3]

虽然新年有了另一个承诺，但模型没有到。这一次，约翰逊了解到三个模型准备就绪。一个模型是前面提到的剧院，第二个（第一次）确定为在台地上的住宅，最后一个是加油站。[4]

焦虑的约翰逊面对目录上的最后期限，他还需要一个赖特项目的照片。展览会的日程安排看起来紧张得没有可能了，离开幕只有两个星期了。在 1 月 18 日的新闻发布会还没有照片到达时，他致电赖特，要求用特快专递方式寄出台地上的住宅的照片和平面。

赖特的回复——一封火爆的电报——使事情变得出乎意料的更糟："我的道路太漫长也太孤独，以至于作为一个现代建筑师，我无法向我的人民做这个迟来的鞠躬。"他明确否认了展览中另

外两位建筑师，雷蒙德·胡德和他的前门徒理查德·诺伊特拉
（Richard Neutra），认为他们是"自吹自擂的业余爱好者和高强度
的推销员"。然后他扔出了重磅炸弹："不要痛苦，也不要遗憾，
只是最后，和蔼可亲地把我从你的推广中扔出去吧。"[5]

震惊的约翰逊意识到，赖特退出了展览。

———

随后的信——抬头"我亲爱的菲利普"和落款"你真诚的，
弗兰克·劳埃德·赖特"——这是对仔细阅读的回报。也许比赖
特和约翰逊在近 30 年的交往中互换的许多信件中的任何一封都
长，1932 年 1 月 19 日的由大约 650 个单词组成的通信，单方面
设置了他们相识的条件。

赖特以承认自己是"一个不妥协的自我主义者"[6]开始。

然后——以及后来——约翰逊很难表示异议。即使约翰逊处
于有利地位（毕竟，他是展览总监），赖特还是利用了他的一种
平衡力，他的建筑作品。他会走到一旁，他说，让"游行队伍和
花车走过去。"

接下来，他摘清了对这个问题的责任，将责任归咎于约翰逊。
他指责约翰逊，在开始时，没有说清楚展览的性质。我们只能想
象约翰逊的反应，但肯定——删除了咒骂——他想到了招展说明
书，一开始就向赖特展示了，而且计划基本没有改变过。但赖特
拒绝把任何一个失误看成是他的。

继续往下，这位自称有远见卓识的人断言自己："从建筑学的
角度讲，我发现自己现在是一个流离失所的人。如果我再继续工
作 5 年，我会再次有块领地，我确信。"

　　约翰逊嘲笑了吗？很可能他这么做了，因为他相信，赖特的事业已夕阳西下。然而，赖特不太可能的预测后来被证明是正确的。到了1938年，仅仅6年后，赖特将与他在宾夕法尼亚瀑布上建造的房子，一起登上《时代》杂志的封面。他用前从未有的方式"再次有块领地"，这一次，在最顶端，不仅在建筑界，而且作为一个真正的名人，远远超出了建筑师通常的界限。

　　谈到眼前的情况，赖特在1932年1月19日的信中谈到了个人意见："我认为，让我支持一群经过精心挑选、处于折中主义不同阶段的人，和他们一起周游全国，实在是太危险了。"

　　希区柯克和约翰逊本人也是下一个攻击的目标："宣传在我们国家是一种恶习。高强度的推销是一种诅咒。我至少可以在意我自己的事业……并且不与那些对我而言声名狼藉的方法的声名狼藉的例子竞争或合作，那些方法只会给我们的未来建筑带来'国际风格'"。

　　他指出，这种新风格仅仅是"剪纸风格"，注定要消退。

　　赖特的信是对约翰逊以及展览想法的让人难堪的否定。赖特甚至还补充强调了自己的正直，他解释说，"加入你们的行列"将是"背叛我自己的建筑和行为原则……我至少不会出卖！"

　　约翰逊读了赖特有力的修辞之旅，里面夹杂着诡计、蔑视、夸张和自我辩解。在那之前，约翰逊曾想象，他处于个人状态和公共领域建筑的变革时刻的边缘；在读赖特的话语时，约翰逊的感觉一定是自由坠落。他离负责MoMA新近空置的画廊以布置展览还有一周的时间，而这个展览与以往任何举办的都不一样。现在看起来，他必须在没有赖特的情况下做这个展览，尽管受到委托人的指控，这个展览仍然会少一个"先驱"。来自威斯康星州中部的强西风，看起来，快要把约翰逊的雄心壮志，像纸牌屋一样吹散了。

　　但赖特还没有完全结束。他加了一个一定会被理解为不真诚的邀请的结尾段落："相信我，菲利普，我很抱歉。请代我向罗素·希区柯克问好，我期待着明年夏初在塔里埃森见到你们俩——还有你们的妻子。如果你们现在还没有得到她们，那么到时候你们就有了吗？"

　　最后用一个同性恋的嘲弄——希区柯克和约翰逊有相同的性取向已经不是什么秘密了——赖特为建筑界的天生冤家确立了模板。就像一只狗和一只猫被迫同居一样，赖特和约翰逊之后会围着对方转，寻找共存的方式。

第七章

展览必须继续

建筑永远是一组真实的纪念碑，而不是模糊的理论文集。

——菲利普·约翰逊和亨利-罗素·希区柯克

第一节

现代艺术博物馆……收拾碎片

幸运的是，对于暴跳如雷的菲利普·约翰逊，刘易斯·芒福德斡旋了一个暂时的和平。在收到赖特写给约翰逊的信的复印件，以及一封给芒福德的封面说明，其中赖特滔滔不绝地反对纳入诺伊特拉和胡德，芒福德在1月21日给建筑师发了电报：

> 您缺席现代博物馆建筑展将是一场灾难。请重新考虑您的拒绝。我不关心任何代表博物馆的东西，但我对您自己的地位和影响感兴趣，我们需要您，而且不能没有您……

深情的

刘易斯

同一天，赖特回话了。他连线了芒福德：好吧，刘易斯，你真诚的友谊使我相信，我会留在纽约的展览里。

在给约翰逊发出改变主意的电报后，赖特的"孩子们"装箱并运送了模型。

几天后，当它到达纽约时，热情洋溢的约翰逊确认了它的到来："非常兴奋，为台地上的别墅。一个最宏伟的项目。我希望您能建成它。"[1]

MoMA 之前的展览在前一周结束了，因此，为了完成《现代建筑：国际展》（*Modern Architechture: International Exhibition*）在博物馆 5 个展室的布展，约翰逊疯狂地度过了 4 天。约翰逊带着一名员工 [他捐出了自己的时间，支付了秘书的工资。秘书刚刚毕业于韦尔斯利，名叫欧内斯廷·范特（Ernestine Fantl）]。约翰逊扮演了注册员的角色，管理模型和照片的流动；也是团队成员，拆箱子；还是设计师，布置展览和悬挂照片（从德国，密斯已经拒绝了约翰逊提出的设计这个展览的请求）。约翰逊甚至画出了平面图来搭配这些图片。

阿尔弗雷德·巴尔也作出了贡献。以约翰逊描述的"围绕房间的装饰带"来布置这些照片，与巴尔的绘画布置模式相似。巴尔不喜欢传统的绘画"往天上挂"，这种模式是一幅绘画挂在另一幅的上面。取而代之的是，他把所有的画都挂在眼睛的高度。[2]到私下预展的晚上，展览布置好了，但是，约翰逊的紧张情绪带来了沉重的代价。由于工作累得自己筋疲力尽，约翰逊不在 2 月 9 日戴着白色领带的人群之中。在濒临崩溃的边缘，他住进了东区的一家诊所，在那里，他调理了几个晚上。[3]

第二节

现代建筑：国际展……布展

菲利普·约翰逊承担了一项艰巨的任务。建筑简直不能很好地巡展；不像交响乐、小说和绘画——它们是可移动的体验——建筑物，由于有特定的场地，不能从一个城市或大陆搬到另一个去。因此，约翰逊的目标是，在博物馆的墙壁内捕捉一种全新的建筑方式的经验，这可不是小任务。

《现代建筑：国际展》将是博物馆第一个馆址的最后一场展览，因为现代艺术博物馆打算搬到 53 街较大的空间去。但是对于戴着策展人帽子的菲利普·约翰逊而言，位于第五大道和第 57 街西南角的赫克歇尔大厦并不是特别的物业。它建于 1921 年，有法国文艺复兴时期的细节。赫克歇尔大厦建起来成为一座塔楼，上部是铜金字塔屋顶，塔尖上有一个雄鸡风向标。虽然它很漂亮，但 25 层高的办公大楼，与约翰逊想要传达的剥除装饰、实用的审美风格，毫无共同之处。

在半高的位置，MoMA 的空间大概占了第十二楼层的一半。在 1929 年刚刚起步的博物馆获得约 4000 平方英尺的办公空间租约后，巴尔监督了一次翻修，包括拆除壁柱和其他建筑细节。在四个展室的角上增加了倒角墙面，以更好地展示绘画。米色蒙克的布料衬贴在墙壁上，使得空间成为用于展览艺术的白板，并于 1932 年 2 月 9 日至 3 月 23 日期间，用于展览建筑。

约翰逊让展室加了一间小一点的入口房间，作为一个国际风格的案例。二月份参观博物馆的游客，在第一个房间里，遇到了一个住宅项目的模型。这是乔治·豪（George Howe）和威廉·莱斯卡泽（William Lescaze）的作品。他们是费城储蓄基金协会大楼的设计师（随附的该大楼的图片悬挂在附近，这是第一座国际风格的摩天大楼）。格罗皮乌斯的包豪斯模型占据了一整个房间，一对侧面的展室是展览的住宅区域和来自世界各地的各种建筑图像，约翰逊和希区柯克已经确认了它们是国际风格的代表。

最后一个也是最大的展室，大约有 15 英尺乘 40 英尺那么大，把展览推到高潮，里面容纳了 4 个大别墅，每个别墅都有仆人宿舍。它们是奥德的派因赫斯特住宅、勒·柯布西耶的萨伏伊别墅、路德维西·密斯·凡·德·罗的图根哈特住宅，以及赖特的台地上的别墅。在这里，和其他展室一样，墙上挂着摄影照片，底部齐腰。

在展览目录的前言中，阿尔弗雷德·巴尔总结了他和他的同事构思的国际风格的原则。[4] 巴尔解释说，现代的建筑师再也不能把建筑物看成"砖石结构……重重地坐落在地上"。相反，建筑师必须"依据体积（进行思考）——由平面或表面包围的空间——而不是块体和实体。"

巴尔继续说，现代建筑师应该遵循规律性和灵活性的原则。巴尔警告说，对称性虽然是古典主义和文艺复兴时期建筑师必不可少的概念，但它已经成为一种"武断的惯例"。他建议，由熟练地使用垂直或水平重复（例如，带状或堆叠的平屋顶或窗户），以及反映建筑用途的实用主义的不对称，来取代它的地位。最后，装饰，像对称一样，不再被需要，它的位置由"精细的比例"和"技术的完美"来取代。

总而言之，巴尔为当代建筑师开的处方是依据体积而不是块体来进行思考；忘记装饰和对称；而相反，让规律性、灵活性、比例和完美来指导他或她的设计。而且，如果巴尔的话显得教条主义，他建议博物馆参观者仔细看看展出的模型和照片。

约翰逊的布展具有精心组合的统一性。这些照片大部分高约3英尺，为了分别观看而间隔较大，桌面上的模型与墙壁保持适当的距离，以便从各个方向进行查看。在6周展期中，有数量可观的33000人登上了赫克谢尔大厦的电梯，来观看《现代建筑：国际展》，但是人数没有打破纪录。令组织者失望的是，这场展览似乎不太可能引发一场巨大而直接的变革浪潮。

评论界默默地接受了。《国家报》(Nation)的一位评论员致函，并勉强赞同展览对国内建筑的重视。"我们可以肯定，或多或少，像这样的房子是城市周边的人会建造的……新式样吸引有现代品位的贵族。"⁵刘易斯·芒福德，现在作为《纽约客》杂志的建筑专栏作家，发表了一篇表扬信（在承认与展览有少量联系之后）。芒福德写道，这次展览"不应该错过"，因为"目前纽约最好的建筑是菲利普·约翰逊先生以如此清晰和智慧安排好的模型和照片。"⁶不出所料，古典美术风格的建筑师并不那么热衷；正如威廉·亚当斯·德拉诺在 MoMA 举办的一次研讨会上所问，"人类经过几个世纪的努力，形成一种文化，配得上他在动物王国中的地位之后，这是人类的终结吗？相比昆虫、蚂蚁和毛毛虫，没有更好，也没有更差。"⁷

约翰逊在写给 J. J. P. 奥德的一封信中，总结了这些闲言碎语。在展览被装箱运到下一个地点费城艺术博物馆之前不久，他把信寄给了奥德。"我可以肯定地说，没有一条对展览的真正的批判性的评论。大部分评论家只是从目录中做摘录，或者，如果他们从根本上反对现代建筑，他们也只是说，展览会使他们不高兴。"[8]

对于 1932 年的《纽约客》来说，《现代建筑：国际展》只不过是一次好奇而已。对用钢和玻璃制成的平屋顶住宅的本质上的陌生感——而且，这些住宅已经为展览中的位置感到骄傲——这让一些人感到迷失了方向，甚至有点担心。据《纽约太阳报》（*New York Sun*）报道，图根达特住宅特别引起了在参观展览时"老年女士的恐慌"。"捷克斯洛伐克的房子……凡·德·罗设计的，客厅完全暴露在透明玻璃里，女士们看着它，颤抖地用手裹紧身上的外衣，到处都听到关于金鱼隐私的老俏皮话，道出了看似有些紧张的快乐。"[9] 对于一个习惯于把家当成坚固的盒子的公众来说，作为隐私和安全的个人表达，住在玻璃房子里的前景看起来确实很奇怪。

———

自从班上有了个坏小子，弗兰克·劳埃德·赖特就用自己的方式，抹杀了约翰逊的作业。虽然他的作品是专门为《国际展》设计的，但是赖特拒绝这个标签；他相信"房子本身……可以真正地被称为 20 世纪风格"，[10] 而不是国际风格。

他的灵感首先来自于拟用的场地。他的台地上的房子生长于它的环境，那里有几片平坦的高地，可以看到落基山脉的全景。在 20 世纪 20 年代后期，他曾到亚利桑那州进行了一系列汽车旅行。在那里，他的一些项目要么正在进行施工，要么正在设计阶段。在路上，他观察了吸引他的地形——再次，他为自己的"清新的眼睛"感到自豪。也许比其他任何东西都更引以为豪的是，各种各样的风景激发了他的想象力。当被要求向约翰逊的 MoMA

展览提交设计时，赖特回忆起他穿越科罗拉多州的旅行，那里与中西部形成了惊人的对比。

1930年12月，去丹佛作演讲的旅途中，他对一块场地进行了访问。这次访问浮现在脑海里。赖特和他的妻子奥吉安娜，受到一个名叫乔治·克兰默的富有商人的欢迎，来到他有22间房的家里。它建在市内时髦的山顶社区最高点。在赖特眼里，文艺复兴风格的房子看起来更适合亚平宁山脉，而不是科罗拉多州中部的台地。但是，几个月后，当他收到约翰逊的邀请，要为MoMA展览送展品时，他仍然记得它那公园般的环境、游泳池、马厩和花园。

1932年2月，台地上的住宅模型晚些时候到达了纽约，保持了赖特赖以成名的水平方向的特质。但是这栋住宅不是草原式风格。为了反映"台地的绵延"，他设计了一组宽敞的建筑物，从头到尾延伸了360英尺。双翼从房子的主轴伸出来拥抱花园和两个水体，一个是抬高的游泳池，一个是旁边大得多的在下面的湖。赖特为车库和服务用房设计了一个单独的房子；一个容纳卧室的主要区域；一个有台球室、客厅和屋顶露台的翼楼。一条敞开的"太阳凉廊"延伸到整个房子的长度，是F形平面的主干。

赖特的结构设计要求使用他在1923年开发的混凝土砌块系统（他称之为"纹理砌块建筑"），采用有图案的模制砌块，用钢筋加固。然而，他没有对国际主义者的谈话完全置若罔闻，因为这个新设计简化了外观，使用了更多的素面砌块和少数有图案的砌块。这一变化是其他调整的征兆。赖特把这些调整结合到他在MoMA展览的设计中去。

对于细心的倾听者，赖特1930年在丹佛艺术博物馆的演讲暗示了新思维。"未来的建筑,"他告诉他的听众,"将意味着,玻璃的广泛使用、形式的简化、空间的自由、舒适和效用,"[11] 这种见解与巴尔在《现代建筑:国际展》目录中列举的一些东西惊奇地相似。对于细心的观察者来说,在台地上的住宅设计中,赖特使用悬臂混凝土屋顶板,可能被看作类似于一种密斯·凡·德·罗在 1923 年为乡间别墅做的广为人知的设计。

这个开窗也是发人深省的——虽然不是像密斯的图根哈特住宅那样用巨大的平板玻璃,赖特已经设计了窗墙。他的玻璃墙在房子的上层,有点像楼梯栏杆和踏板,向上和向外,只有朝下的水平窗格开启,允许空气流动,而固定的垂直玻璃将阻止没有遮挡的场地而遭遇的强风。悬挑的混凝土漂浮在上面,空中悬挂着玻璃幕墙。赖特实现了他所说的:台地上的住宅是"建筑学上无穷的新表达,与柱子和门楣相比,它是自由的,恰似与乌龟相比,它是一只有翼的鸟,与卡车相比,它是一架飞机。"[12] 虽然不是一栋获得国际风格认证的房子——赖特没有去掉所有装饰而热衷于光洁且平滑的表面——台地上的平屋顶住宅显示赖特正在改变 MoMA 的方式。

即使约翰逊和希区柯克选择不去理会赖特微妙转变的思维,这位来自塔里埃森的人肯定在倾听更大的国际对话。他采用了 MoMA 人所珍视的一些原则,包括工业材料、玻璃墙和平滑的表面。

赖特决定跟上这股风潮:他明白,房子不仅需要由它的基底来定义,还需要由它升入空中时的形态来定义。他不是皈依者——他从来不是任何人的门徒,甚至不是沙利文的门徒,他坚持说("虽然是学生,但我想我从来不是他的门徒")[13],但是他思索着环顾四周,就像欧洲人认真考虑过他的《瓦斯穆特作品集》一样

[密斯："这位伟大的大师的作品（大约在 1910 年）呈现了一个具有出乎意料的力度、语言的清晰度和令人兴奋的形式丰富性的建筑世界"][14]。欧洲人采纳了他的自由流动的楼层平面；赖特的台地上的住宅比约翰逊和希区柯克能够（或赖特会）承认得更接近欧洲人的国际风格作品。

当然，约翰逊明白，赖特的整个职业生涯都是对传统的建筑观点的进攻，就像朴实的盒子一样；正如希区柯克写赖特，他"是第一个想到，建筑设计要依据三维空间里自由存在的平板，而不是依据封闭的块。"[15]通过台地上的住宅，他给出了信号，要离开装饰，甚至离开一种依据体量思考的意愿，让房子在建起时慢慢长大。但是，约翰逊还是把赖特看作外人，而且，据约翰逊说，台地上的住宅是"赖特的个性和他使房子适应周围环境的技巧的突出例子。"[16]希区柯克总结说，它只是"夸大的浪漫主义的一个引人注目的美学陈述。"[17]对此，赖特怒不可遏。

第三节
来自斯普林格林的信函……与大师沟通

不可避免的，对《国际展》最严厉的批评来自内部。令约翰逊、巴尔和希区柯克惊愕的是——虽然并不一定出乎他们的意料——来自中西部的那位男士，手里拿着语言的弹弓和箭矢，从他们邀请到他们中间的特洛伊木马中爬了出来，发起了攻击。

赖特有充分的理由抨击。两本出版物伴随着展览一起出现。首先出现的是目录，由 MoMA 发表，有一个一样的名字《现代建筑：国际展》。不久跟着出现的是约翰逊和希区柯克从 1930 年夏季开始撰写的独立的著作，发表为《1922 年以来的国际风格》（*The International Style Since 1922*）。这两卷书合在一起，构成了一个宣言的某些内容，并且正如展览所做的，例证了作者已经看到了建筑的未来，把它确定为国际风格。

赖特在建筑史上的地位是潜在争论的关键，《纽约时报》（*New York Times*）和其他报纸也提到了这一信息。赖特的担忧确实已经被意识到了：当在欧洲语境中观察他时，《艺术新闻》（*Art News*）发现他的作品欠缺："在继续思考新模式之后，甚至像弗兰克·劳埃德·赖特这样的现代派的作品也开始显得过载和烦琐。"[18]

在精心编排的目录前言中，阿尔弗雷德·巴尔已经设置了赖特的降级。他形容赖特是"一个充满激情的独立的天才，他的事业是一部具有独创发现和矛盾的历史……（而且）他的作品复杂而丰富，仍然是对他最优秀的年轻的当代人的经典朴素风格的挑战。"简而言之，巴尔说，赖特是"这种风格最重要的来源之一"[19]。至于约翰逊和希区柯克，他们甚至懒得为赖特的作品在《1922 年以来的国际风格》中找个位置；他和他的设计一起被省略了。

赖特认定，他只不过是 MoMA 那群人手中的工具。在他们的展览中，他的地位是老古董和局外人。他对菲利普·约翰逊也这么说："我不再计较了……因为我是个历史人物……（所以）我坚持说，当在现代艺术博物馆的展览闭幕时，与您的推广有关的我的名字的每个痕迹都应该从展览中抹去。"[20] 由于这次展览被预订去美国另外 14 个城市巡展，赖特有望成为一个重要的焦点，约翰逊再次感到，自己身处灾难边缘。

一场安抚赖特的新的争夺战随之发生，接着他又让步了。这次，约翰逊安排在《棚屋》(Shelter) 杂志上发表一篇赖特论文，约翰逊最近投资了这家杂志。即使当赖特的文章出现 (标题为《我为你歌唱》(of Thee I Sing)，这是对欧洲现代主义的肆无忌惮的攻击)，他还有进一步地抱怨，"(我的作品) 在令人反感的盗版照片下，和令人反感的编辑评论一起出现，照片上拍摄的是'台地上的住宅'的受损模型，从一个令人反感的角度，这最好地服务了你们令人反感的宣传。"[21] 此外，赖特还对《我为你歌唱》之前的编辑按语傲慢地把它描述为"澄清"感到恼火。

赖特再次发泄了他的怒气，给了他迄今为止最精彩的爆发。他抨击了整个 MoMA 团队，包括展览中的其他建筑师，但是把最大的责任直接归咎于约翰逊。"简而言之，菲利普，我的国王，你们是一群奇怪的不光彩的人，所有人通过同一根羽毛管笔撒尿，或互相撒尿。我真心很惭愧，在这种情况下，我被打开的襟翼束缚住了。"

赖特把信寄给了约翰逊，但希区柯克先草拟了答复，趁热打铁就写好了。他对赖特"堕落到毋庸理睬的粗俗"表示震惊。希区柯克试图对赖特的一些具体评论作出回应，但是他受伤的感情反复泣血到纸页上。"我必须说，我终于确信，今后没有理由继续和你保持工作关系，"他在信的开头几行写道。在最后几行，他补充说："我现在后悔了，我们曾经开始亲自去了解你。"在中间段落，他亲自参加了撒尿比赛，说："我想，你可以用精神鼓励来安慰自己——这是个骄傲的事儿——米开朗琪罗无法跟人相处——子孙后代已经原谅他了。"[22]

在思考这个事几天之后，约翰逊选择了另一种方法。他压住了火，耸耸肩甩掉了赖特的侮辱，并装出一种更为歉意的语气。他承认，对赖特的来信感到"非常沮丧"，但又补充说，"双方都有许多误会……（而且）我自己也不清楚，在解释您的观点时可能犯了什么错误。"

约翰逊扮演外交官，表达了他们亲自见面协商的愿望。他甚至提议，接受赖特多次去塔里埃森的邀请，以抚慰的口吻承认说，"我像以往一样，强烈地感到，我有很多东西要学，在这次尝试展览的经历之后，更是如此。"[23] 约翰逊的信证明他学到的一个教训：狙击赖特只会进一步激怒他。约翰逊的策展人角色把他搁在中间，有担当调解人的默认责任，因此他的语气温和。

这并不意味着，他改变了他的想法。他没有对赖特说的是，他认为赖特是草原式风格建筑师的基本观点仍然存在。就在周末前，他写信给鹿特丹的奥德，告诉这个荷兰人："把弗兰克·劳埃德·赖特囊括进来，只是出于礼貌和对他过去贡献的认可。"[24]

———

然而，约翰逊却证明了，自己是一个值得尊敬的对手。就好像遵循某种武士法则一样，赖特已经测试了这个年轻人的韧性、灵活性、做一件大而勇敢的事情的能力——而且，约翰逊已经通过了。在他第三次威胁从展览退出之后不久，赖特就发出了邀请。"当然，随时欢迎你到塔里埃森来，"他写信给约翰逊说，"我对这整件事的任何情感都不是直接针对个人的。"[25]

约翰逊接受了赖特的话，同意七月去拜访。这个时间安排意味着，他在赖特首次观看《国际展》后不久到达。

赖特的经济状况使得他无法在二月份去纽约，他错过了在MOMA举办的第一次《国际展》，而是在六月份去了芝加哥的西尔斯，罗巴克大楼（这将是展览的两个非博物馆站之一，另一个在洛杉矶的豪华百货公司布洛克·威尔希尔。）尽管它显然很受欢迎——赖特形容，他必须挤过"拥挤的人群"——但完全可以预见的是，展览本身并没有把他争取过来。像往常一样，他试图提供最后的、最好的好话，他贬低了他在芝加哥看到的"菲尔的展览。约翰逊的巡展'潘趣与朱迪'是为了欧洲现代主义。"26（潘趣与朱迪是木偶剧中的丑角，赖特用来嘲弄约翰逊和希区柯克。——译者注）

6月下旬，约翰逊和希区柯克前往芝加哥，为MoMA的另一个建筑展作研究（《早期现代建筑：芝加哥1870～1910年》(*Early Modern Architecture: Chicago 1870～1910*)，将于下一年1月开展，提出芝加哥，而不是纽约，是摩天大楼的发源地的论点）。尽管在之前的几个月里，狠话风起云涌，这两位东部人还是暂时停止了对三位建筑师研究，他们是芝加哥展览会的主角（H. H. 理查德森、路易斯·沙利文和赖特）。他们向西北方向驱车200英里到达威斯康星州翠绿的海伦娜山谷，度过一个漫长的7月周末。

他们寻找自由伸展的住所，它避免坐落在山的最顶上。约翰逊第一次窥探到赖特的特色"大庇护屋顶"，正如他所说的那样。就像一只难以想象的巨大的鹰的翅膀，缓缓倾斜的屋脊似乎漂浮在山脊的地平线上。然而，当来访者走近时，房子的另一个特色变得更加明显。

就好像弗兰克·劳埃德·赖特曾经的宅邸没有被两场灾难性的大火彻底摧毁一样，它的主人的怪念头又再次来到这个地方：不管他是否活着，赖特从来都不满足于停止改变事物。塔里埃森绝对还是进行中的作品，约翰逊会回忆起这次访问赖特的家，那是一个建筑工地，"没有电话……所有悬臂梁下都是 2 乘 4 的木方，而管道工程还没有施工。"[27]

一旦进去，约翰逊对他看到的东西，惊讶地倍感温暖。"东塔里埃森的客厅感觉非常亲切，"约翰逊说，尽管客厅很大，东西杂乱无章，从绘图桌、椅到大壁炉应有尽有。"房间里人越来越多，"约翰逊回忆道，"而且它一直很亲切。"

约翰逊出乎意料地被看到的一切打动了，他直接问赖特："你到底是怎么做出这个特别的空间的？"

赖特没有给出答案。"他没有任何模糊的想法，"约翰逊回想道，"这是自然而然的，就像莫扎特的音乐对于莫扎特一样。"

赖特只是说："我做它的方式就像牛拉屎。"[28]

在塔里埃森的时间有助于促成赖特 - 约翰逊 - 希区柯克的和解。虽然它的主要主题是摩天大楼的出现，但几个月后，在 MoMA 开幕的芝加哥展览以温斯洛住宅为特色，这是赖特的早期设计，可以被解读为沙利文喜欢的摩天大楼的基座 - 主体 - 顶部方式的压缩版。温斯洛住宅（1892 ~ 1893 年）是赖特第一座独立设计的房子。约翰逊和希区柯克在他们的目录中称赖特为"沙利文的门徒"。赖特很快又拒绝了这一描述。目录的最后一栏写道："离开商业建筑领域，（赖特）创造了一种新的居住建筑风格，深刻地影响了现代建筑的进程。"[29]

希区柯克对赖特的冷淡态度显然已经开始解冻；芒福德甚至在希区柯克自己注意到之前就注意到了，他挖苦地对赖特说："博学的希区柯克……几乎成了您的门徒，尽管您可能更愿意看到，他仍然站在隔离带敌对的一边。"[30]芒福德的便笺可能促使赖特一个月后写信给他，间接地问希区柯克："我们彼此看到对方太少了……？"[31]

这三个人在眺望赖特的庄园时，做了一个奇怪的三重唱。赖特带着约翰逊和希区柯克参观，他们非常钦佩山侧家庭学校（尽管约翰逊也形容它为"一片废墟"）[32]。那个有点邋遢的希区柯克，很少洗澡，他的红胡子蓬乱不堪，穿着一件粉红色的衬衫。[33]主人赖特先生是有名的时髦绅士，戴着一顶由巴黎文多姆广场的帽匠定制的帽子。而年轻而自信的约翰逊则穿着"薰衣草裤、白色鞋子和浅绿衬衫"[34]，这位魅力十足的司仪，提议举办的这个展览，曾经是他们的战场。他说服了董事会继续做，选择了建筑师，并布置了展览。他还压制希区柯克去完成目录的文本（希区柯克的行文可能变得晦涩难懂，而约翰逊有与生俱来的天赋进行轻松而格言式的讲话），而且，约翰逊编辑了手稿。一直以来，他都轻蔑地对待赖特，像个二等公民。

然而，在斯普林格林，他们的分歧似乎被遗忘了，赖特待约翰逊和希区柯克为尊贵的客人。约翰逊说，赖特"始终礼貌，始终慷慨"，但是约翰逊认为，他知道为什么。[35]在那些和他一样热情的人中，赖特允许自己忽略很多东西。"罗素和我吸引他的地方，"约翰逊总结道，"是我们对建筑艺术真感兴趣。"

对约翰逊来说，这次展览是一个通过仪式。他对巴尔说，他的雄心壮志是要有影响力；《国际展》就是这个愿望的实现。约翰逊想要人们注意。18个月前，当他给自己"胡吃海塞"现代主义建筑时，他意识到，建筑是他的交通工具。这是第一次，他欣喜地承认，他了解"任何事情都足够多……让人厌烦。"[36] 显然，他喜欢这种感觉，因为当巴尔给他机会时，他就接手了。

他缺乏经验，正好适合这种环境：没有现成的程序，几乎没有博物馆基础设施，也没有什么期望。画廊甚至缺少警卫。"只是几个人围着桌子，"约翰逊回忆起展览的制作，"1932年的展览是从我的卧室完成的。我刚刚和印刷工谈完，他进来从我手里拿走了东西，目录就是这样做的。我只是旅行并看到了那个东西，然后把它从建筑师的桌子上拿下来。"

"其他什么也没有。"[37]

另一方面，与约翰逊和希区柯克的格斗比赛，把赖特身上表现最好的部分都挖掘出来了。在接下来的几年里，他以一种新的活力，去追求新的创造高度，而激励他的一些功劳，必须归功于约翰逊。这位年长的人对自己与批评家的关系持哲学观点：正如赖特几年前写给费城美术馆馆长菲斯克·金贝尔（Fiske Kimball）的一封信，另一个他认为并不比 MoMA 那群人更与赖特方式相投合的人，"你是一个友好的敌人。他们最终成了最好的朋友。"[38]

1932年7月2日，阿尔弗雷德·巴尔任命约翰逊为博物馆新成立的建筑部主任。约翰逊，这位永动机一样的人，将在两年多的时间里，为他的使命举办展览，在他的主持下，举办了一系列展览，其中包括《机器艺术》（*Machine Art*），这是一组当代机器制造的物品的收藏，使他赢得了纽约报纸的赞誉。（"我们最好的展览人，"《纽约太阳报》报道，"可能是世界上最好的"）。[39] 他被认为是个匆匆忙忙的年轻人。他的同事们回忆起，当他在博物馆里穿行的时候，他在跑，而不是在走。还有 6 场展览要归功于他，然后，他突然在 1934 年 12 月辞职，留下阿尔弗雷德·巴尔以及艺术和建筑，就像那个麻省韦尔斯利的下午，他接纳了他们一样意外。他精力旺盛，要在其他舞台上施展影响力。

甚至在约翰逊离开后，他对赖特的看法保持在 MoMA 时一样好几年；将赖特和沙利文一起称为"半现代"，成为博物馆 20 世纪 30 年代中期的标准术语。但是，约翰逊也用了他自己设计的巧妙的格言，来形容这个和他建立了一种奇怪的共生关系的人。他的话不是赞美的（也不是故意的）；另一个 20 年，约翰逊不会公开发表这些话让赖特听了。但他当时的那些朋友回忆起听他的总结性判断。

约翰逊嘲讽说，赖特是"19 世纪最伟大的建筑师。"

第三部分

亮出敌意

第八章

熊跑溪之岸

我的现代主义建筑的秘方：首先选择一块好的场地。选择一块最难的场地——选择一块没有人想要的场地——但选择一块具有特色的场地：树木，个性，经纪人心目中的某种缺陷。

——弗兰克·劳埃德·赖特，1938 年

第一节

1932 年及以后······赖特的复临

在弗兰克·劳埃德·赖特的复活中，现代艺术博物馆的一名新人发挥了关键作用。这次复活在 1938 年 1 月出人意料地突然达到巅峰。经过多年，变得越来越无足轻重后，在那个月里，赖特六年前的预言成真了，他不再是"一个流离失所的人，从建筑学的角度讲。"

赖特即将彻底地驳回菲利普·约翰逊的低估。他即将战胜亨利-罗素·希区柯克，因为这个历史学家实际上逐渐成为一个门徒。一个由 20 张照片组成的展览将意味着，MoMA 对赖特的迟来的认可。

　　主持展览的约翰·麦克安德鲁，就是菲利普·约翰逊1929年欧洲巡回展出时的旅伴。差不多10年后，他还会拍摄一些照片。这些照片将会在描绘一个特殊住宅的小展览中展出，这些照片将把博物馆的声音加入合唱中，以赞美赖特是建筑界里最有活力的力量。

　　这个展览的主题（以及很多话题）将是史无前例的建筑物，赖特将它，像一座微缩桥一样，悬挂在宾夕法尼亚州西部的一条快速下降的溪流上。

　　麦克安德鲁晚点进入MoMA。1929年8月，阿尔弗雷德·巴尔、古德伊尔主席和洛克菲勒夫人一起创建博物馆时，出生于纽约的麦克安德鲁站在德国博物馆里，盯着看梵高的油画。他以另一位年轻美国人的后面看过去，一旦这两个陌生人放弃了他们"非常糟糕的德语"，他们就达成了一致，这不是一个非常好的梵高。相比之下，据菲利普·约翰逊说，英俊的一头黑发的麦克安德鲁"看起来比他的衣服好得多。"[1]

　　两位年轻的哈佛男士发现，他们有许多相同的朋友，更重要的是，他们都热爱建筑。就像约翰逊几个月前被介绍认识阿尔弗雷德·巴尔一样，他们的谈话令人振奋，据约翰逊说，这两人经常长谈到深夜。作为希区柯克在剑桥郡的同学，麦克安德鲁比约翰逊年长两岁，并且在20岁时获得了学士学位。在继续完成了哈佛建筑研究生院硕士学位所需的3年后，他只剩下论文要完成。

　　那年夏天，两人一起游览德国。约翰逊时尚的帕卡德带他们去了教堂城市（他们一天之内参观了沃尔姆斯、美因茨、达姆施塔特和洛尔施），但大部分时间，他们遵循了巴尔的现代主义路线。"阿尔弗雷德告诉他该去哪里，该看什么，"麦克安德鲁回忆说。[2] 他陪同约翰逊到荷兰和 J. J. P. 奥德会面。他们参观了一座正面由玻璃构成的房子，当时，这对两个人都是一个启示。他们模模糊糊地谈到合作写一本书，这是约翰逊在 1932 年完成的一个设想，尽管那时约翰逊已经决定，让希区柯克作为他的写作伙伴。

在他们 1929 年的旅行中，有节制的麦克安德鲁给约翰逊提供了一个有价值的评论的平衡——正如约翰逊告诉他的母亲，"（麦克安德鲁）和我一样热情，但不那么偏见，也不太容易成为狂热分子。"[3] 凭借他训练有素的建筑眼光，约翰逊的新朋友也带来了约翰逊完全没有的专业技能和知识。他指导约翰逊尝试进行建筑设计，为北卡罗来纳州约翰逊家现有的度假别墅的改造集思广益，勾画草图（麦克安德鲁是一个训练有素的绘图员），并借用纯粹的黄、蓝和红的荷兰色系。

回到美国后，麦克安德鲁走上了一条与约翰逊截然不同的道路，他仍旧处于 MoMA 群体的边缘。在进一步周游墨西哥之后，他在社区建筑师埃玛·额伯里二世（Aymar Embury Ⅱ）的建筑事务所找到了一份工作，专门设计古典艺术模式的乡村住宅和学校。在大萧条初期，当额伯里的事务所工作放缓时，麦克安德鲁签约到黛西·巴尔和希区柯克教过书的瓦萨学院，教授绘图和建筑史。他还为学院设计了一个包豪斯风格的现代主义图书馆空间，它被安置在现有的哥特式建筑内，这是国内第一座本科生专用艺术图书馆。[4]

然后他接受了菲利普·约翰逊在 MoMA 的老工作的任命。

自 1937 年 9 月 1 日生效，他成为 MoMA 的建筑策展人。[5]

约翰·麦克安德鲁很快就证明了，他是比约翰逊更具可塑性的现代主义者，因为，作为博物馆策展人，他的第一次成功展览涉及赖特，这位他昔日朋友的宿敌。这一联系的促成，得益于瓦萨大学毕业生阿琳·伯恩斯坦（Aline Bernstein）[几年后，她与芬兰裔美国建筑师埃罗·沙里宁结婚时，加上了沙里宁的姓]。1937 年秋天，伯恩斯坦帮助麦克安德鲁，进入了她叔叔埃德加的"奇怪的周末之家"。这所房子在匹兹堡郊外，即将完工。

麦克安德鲁对听到的东西很感兴趣。他寄了一封信给埃德加·考夫曼（Edgar Kaufmanns），后者拥有匹兹堡一家以他们名字命名的百货公司。

作为回应，麦克安德鲁收到了回信里埃德加的妻子莉莉安娜（Liliane）的慷慨邀请。她解释说，"熊跑溪不在匹兹堡里面，而是在外面的乡下，"她邀请他去过 11 月的一个周末。[6]

他在那里看到的东西让他组织了这个展览。尽管展览名叫《弗兰克·劳埃德·赖特设计的新建筑，在宾夕法尼亚州的熊跑溪上》（*A New House by Frank Lloyd Wright on Bear Run, Pennsylvania*），但这个展览抓住了建筑的特色，几乎在一夜之间，该建筑成为世界闻名的"流水别墅"。正如麦克安德鲁所记得的那样，"我想，我是外界第一个看到它的人。"[7]

在《现代建筑：国际展》1932 年于 MoMA 开幕之后，赖特没有接到什么大不了的设计任务。就像他向不同的知心朋友承认的，他的财务状况微薄。赖特告诉一位朋友，出生于维也纳的纽约设计师约瑟夫·厄本（Joseph Urban），"乔，我们这里绝望了。"[8]

赖特的画板不仅比以前更加光秃，而且他的文件里，充满了未构建的蓝图。两个被取消的项目尤其令人恼火。为了一个名叫亚历山大·钱德勒的成功开发商，赖特和十五名员工，在1928~1929年间，完成了亚利桑那州圣马科斯沙漠度假村的施工图设计。尽管已经准备好了成本估算，1929年10月29日的股市崩盘结束了建造豪华酒店的任何可能性。

另一个设计任务，是纽约的三座玻璃封闭的公寓楼，布沃里塔楼里的圣马克教堂，促使赖特设计了一个高度原创的结构方案，模仿一棵树的结构，其中跟树干一样的中枢核心，从地下基座或"龙头根"伸展出来，其楼层平面像树枝一样悬臂伸展。1929年10月19日，《纽约时报》发表了一篇关于"形式奇异的建筑"的公告，但是，随之而来的金融困难时期意味着，没有建筑物矗立在曼哈顿东村的三角形工地上。赖特进入MoMA的台地上的住宅，未能带来新的客户，这又是一个失望。

然后，在1932年中期，资源丰富的赖特发起了一个新的不同的冒险。在已经建立了作为讲师、作家和日本版画经销商的替代收入来源之后，这位建筑师决定，重新塑造自己作为教育者的形象。他和奥吉安娜重新启动了他们在1928年首次设想的山侧联合艺术家庭学校的计划。灵感部分来自于她20世纪20年代初在人类和谐发展研究所的经历，在那里，G. I. 葛吉夫用舞蹈使他的追随者达到更高的意识水平。赖特山侧学校最初设想的特色是以艺术为基础的课程，包括绘画、雕塑、陶器、玻璃制品、金属制品、舞蹈、戏剧、历史和哲学，特别强调建筑。

1932年的招生说明书提出了一个新名称：塔里埃森会团。

赖特两口子希望，以每年675美元的学徒费（第二年提高到1100美元），吸引70个"艺术工作者"，参加一个以建筑为重点的教育实验。[9]"作为广泛的、有机的意义上的建筑知识，本质上，不仅是20世纪生命的救赎，而且是"赖特宣称，"……我们文明的未来的重要基础。"[10]该会团与传统的建筑学校没有什么相似之处，不签发学分或学位。这次冒险既是奥吉安娜的创作，也是赖特的创作，音乐、舞蹈、戏剧，甚至灵性主义也是培训的一部分。该会团还旨在自给自足，要求学徒在田地、谷仓、厨房和洗衣房劳动。

塔里埃森庄园上矗立着一座校舍，那是1902年赖特自己设计的，他的姨妈埃伦（内尔）和简·劳埃德·琼斯开办的进步学校。尽管山侧家庭学校以其教育理念闻名全国，它试图将自然世界与课堂教学融为一体，但在1915年，几次家庭挫折之后，年迈的姨妈们关闭了山侧家庭学校，其中包括赖特自己在橡树园的社会耻辱和塔里埃森谋杀案的戏剧环境。这栋废弃建筑的许多艺术玻璃窗被打破了，屋顶漏水，但是学校的砂岩墙和橡木框架仍然完好无损。

新生的第一个项目是修缮山侧家庭学校，随着学徒于1932年10月抵达，工作开始了。以前的体育馆变成了剧院，山侧剧场，用来上演戏剧和看周日晚上的电影。原来的物理实验室和艺术工作室将扩建成5000平方英尺的绘图室。赖特给他的姨妈们建了一座似乎从地下生长出来的平行于地平线的建筑物，这是他最早的草原式建筑之一；新建筑和它里面的学校，既尊重了过去，又给主人增添了活力。

塔里埃森的招生说明书承诺，会有"六位荣誉人物"在场，以助于表达"生活的建筑，或者建筑般的生活"。赖特邀请朋友加入团队，包括刘易斯·芒福德和亚历山大·伍尔科特。两个人都没有同意。他们从经验中知道，赖特想要的不是合作者，而是皈依者，而且他明确表示，会团是他的个人领地。赖特写道，学徒制"很像封建时代的学徒制……那时的学徒是他主人的奴隶；在塔里埃森，学徒是他主人的同志。"

赖特经常谈到民主，但显然，他喜欢被朝臣包围的感觉。最初的30个学徒包括女学徒和男学徒，他们都被递给锤子或铲子；后来才有绘图铅笔和丁字尺。在塔里埃森的主要建筑，体力劳动也要做。在这个自由伸展的赖特住宅的后面，宿舍空间正在建造。

一些学徒待1年或更少的时间，但大多数逗留了2～4年。少数人会称塔里埃森为家，待更长时间，作绘图员，而当赖特的业务在20世纪30年代后期再次变得繁忙时，他们作建筑工地上的工作人员。然而，即使是一些短期游客也会产生持久的影响。1934年秋天，这样一位短期游客加入了，他的名字叫小埃德加·考夫曼（他坚持用小写字母 j 来缩写 junior）。

在24岁的时候，小埃德加没有任何建筑抱负。虽然这个人显然是聪明的——机灵，黑眼睛，头脑直观，敏于提问——但他选择不跟随父亲去耶鲁（老埃德加曾在耶鲁短暂学习过工程），而是花了1927～1928学年，在纽约，向一位私人老师学习素描和绘画。[11] 接下来，他在维也纳的工艺美术学校，注册学习工业设计。随后，他在佛罗伦萨作了3年学徒，与维也纳的肖像画家、印刷师和设计师维克多·哈默一起工作。在伦敦学习装订几个月后，考夫曼回到了美国，因为希特勒巩固了在德国的权力，他担心成为欧洲的犹太人。[12]

矮小且戴眼镜的考夫曼的生活计划仍然不确定。他应该从事艺术或设计事业吗？虽然他的父亲欢迎他进入匹兹堡的家族零售业，小埃德加更喜欢成为一个"未来的画家"，似乎满足于在曼哈顿生活。然后，他间接引介给赖特先生打开了一条不同的道路。

"在欧洲长期学习之后，我感觉与美国的思想和方式脱节了，"考夫曼解释说，"一位朋友推荐了弗兰克·劳埃德·赖特的《自传》；读了之后，我相信，赖特看到了我遗漏的东西。"[13]

在塔里埃森会团的面谈安排好了，仅仅3个星期后，1934年10月15日，小埃德加开始在斯普林格林居住。他很快向他的父母倾诉："我对赖特和塔里埃森越来越热心了。"他在威斯康星州的时间持续不到6个月（同性恋的考夫曼开始感到不受欢迎和不合时宜），但大师对这个年轻人的影响很大。正如考夫曼后来很久写给一位朋友的信所说："我在赖特夫妇手下、在塔里埃森当学徒的经历是我一生中最重要的一件事。"[14]当年轻的考夫曼在赖特的有机精神、激情和远见中找到灵感时，一种子女般的孝顺起作用了。小埃德加被他所说的"赖特天才的力量"[15]迷住了。

当小埃德加的父母亲身体验让他们儿子陶醉的东西时，他们的来访也会产生长期的影响。他们和赖特相处融洽，很快委托建造这座房子，它将重新设定20世纪建筑的轨迹。

第二节

1934～1938 年……新的赞助人

埃德加·乔纳斯·考夫曼（1885～1955 年）不是建筑方面的新手。20 年来，他与匹兹堡社区建筑师本诺·扬森（Benno Janssen），一直保持着卓有成效的关系。1913 年，本诺·扬森在位于第五大道和史密斯菲尔德街的街角的考夫曼旗舰"大商场"的旁边，设计了一栋 13 层的红陶的附属建筑。考夫曼的家位于匹兹堡著名的福克斯查普尔郊区，名叫拉图雷尔，是一座 1925 年扬森设计的、带有 18 个壁炉的陡峭屋顶的盎格鲁 - 诺曼式豪宅，占地 23 英亩，有附属的马厩、狗舍和温室。1928 年，考夫曼尝试了另一种风格，雇用约瑟夫·厄本以艺术装饰风格的方式来更新商场的室内。虽然这个委托从未执行，考夫曼对建筑的胃口仍然是包容一切的，他的思想对新鲜的想法是开放的。

赖特正在寻找一个新的赞助人。他最可靠的客户，达尔文·马丁（Darwin Martin），在 1929 年的崩盘中失去了财产，健康状况很差（他死于 1935 年 12 月）。早些时候，他委托赖特，不仅建造了一系列家庭住宅，还建造了纽约州布法罗市广受赞誉的拉金行政大厦（1904 年 6 月）；那是一个与众不同的办公空间，其中央是 6 层楼高的有天窗的大厅（根据赖特的说法，它的效果是"一个巨大的正在工作的办公家庭"）。[16] 30 多年来，马丁不仅是设计任务和客源引荐的可靠来源，而且是许多好的建议甚至借款的可靠来源（总计约 70000 美元，从未偿还）。

随着塔里埃森会团实验快到 2 岁生日了，赖特让他的学徒们保持忙碌，在施工工地工作的日子和在画室里画画的时间之间轮换交替。但是，绘图主要是复制赖特以前的建筑设计。自5年前华尔街崩盘以来，真正的新设计只出了一个，一栋位于明尼阿波利斯为学院院长马尔科姆·威利（Malcolm Willey）设计的简朴的住宅。1934年初，当威利的施工图纸离开塔里埃森时，赖特对他的绘图总监说，绘图室里的学徒，至少目前来说，将会得到"诗而不是戏剧"[17]。

1934年11月，埃德加和莉莉安娜·考夫曼离开匹兹堡前往塔里埃森时，赖特和"E.J."，赖特信里对考夫曼的称呼，已经通信了好几个月。热心公益的考夫曼认为，赖特也许是重新思考匹兹堡城市性格的一种资源，他在8月份写道，"非常感谢你的来信……（如果）您能访问匹兹堡或纽约市。"[18]赖特回避了这个邀请，找借口说穷困潦倒没有差旅费。"过去几年没有什么建筑值得一提，"他解释说，"我可以通过信函为你做任何事吗？"[19]但尽职调查很快向赖特透露，他的新的通信人在匹兹堡发挥了真正的影响力，与赖特不同，他似乎丝毫没有受到大萧条的影响。相反，当塔里埃森的一位秘书有次访问考夫曼时，他汇报说，该市有大量的联邦资金用于市政项目，考夫曼本人希望，在商场附近的一个小公园里建造一个天文馆，然后，他计划捐给政府。[20]几天后，当赖特得知考夫曼也想为他的行政办公室做一个设计时，很显然，E. J. 可能就是那种赖特作品集里所缺乏的长期客户和睿智商人。赖特寄给他一本关于其作品的书和一封邀请函。

"你的儿子埃德加是个不错的小伙子，"他对考夫曼说，受人尊敬的小埃德加住在斯普林格林，"我希望，您和考夫曼太太有一天能来这里看望我们。"[21] 会面的时机已经成熟。

11月18日，莉莉安娜和E. J. 开始驱车前往塔里埃森。打一开始，赖特和E. J. 就彼此欣赏；他们之间的融洽，甚至对学徒来说，也是显而易见的。与他说话温和的儿子不同，E. J. 性格开朗，交际广泛，善于聊天。他传递了一个户外运动者的活力，一个体格健壮的人，面颊上有一道击剑留下的疤痕。

应赖特的要求，考夫曼向集合的会团成员致辞，他们像往常一样穿着晚礼服参加周日晚宴。主人对这次谈话的详尽报道，稍后刊登在小社区通讯《在塔里埃森》上，称考夫曼夫妇是"匹兹堡的商业王子和王妃"。赖特向考夫曼献殷勤，解释说，他应当可以证明"浪漫还没有从商品推销中退出来，只是因为马可·波罗已经死了。"[22] 莉莉安娜坐在塔里埃森餐厅的高桌旁，立刻开始欣赏奥吉安娜的"勇敢性格"，而E. J. 则从赖特那里得到了第一手资料，他刚起步的以汽车为基础的新型城市的总体规划。[23] 考夫曼对他的所见所闻印象深刻，他当时当地就承诺出资1000美元，为赖特的新城市景观创建一个模型，称之为"广亩城市"（Broadacre City）。

那天晚上，赖特和考夫曼建立了一种专业关系，还有更深层次的友谊和创造性的合作关系，这种关系将持续20年。两个人都不害怕公众的争议（众所周知，考夫曼的情妇们在他的商场里有大量信用额度），他们都把自己看作是社会的塑造者。

E. J. 考夫曼，一位非常成功的商人，在赖特身上看到了一种很少遇到的精神和原创性。赖特的塔里埃森，一个结合了宅邸、城堡、学校和住所的世界，就像他所拥有的那样。然而，考夫曼的主人并不是乡下人；他对城市和文化的看法是胸襟开阔的。相应地，赖特把考夫曼看成一个有影响力和好奇心的人，一个倾听并带着真正的建筑需求而到来的人。一个天文馆和一个新办公室的设计已经摆上桌面，随着时间的流逝，人脉广泛的考夫曼还会为赖特引路的那些公共工程的可能性也越来越大。

　　没有现存的文件能确切指出，在什么时间，E. J. 要求赖特在可能的项目列表中，增加一个周末别墅。然而，在塔里埃森，第一天晚上，当考夫曼夫妇回到他们的卧室时，赖特自然之家房间的窗户，框出了一个月下池塘的景致。为了重塑景观，赖特引导一条春天涨水的溪流，淹没了塔里埃森山脚下低洼的地方。因此，在 11 月的宁静夜里，考夫曼夫妇的睡眠伴随着水翻滚和溅落在陡峭石头上的舒缓之声，于视线之外，于住处之下，如其常常再现于未来岁月里。

———

　　考夫曼发出召唤："现在是你出场的时候了。"[24] 在赖特电报的催促下，1934 年 12 月 4 日，考夫曼从威斯康星州回家后不久，写了一封信。考夫曼的信封里有一张支票，按照要求，是他同意为"广亩城市"模型制作捐款总额中的 250 美元。他再次抓住机会，敦促赖特来东部。

　　为了巩固与新客户的关系，赖特命令他的秘书与考夫曼的秘书协调他的行程。恰好两周后，赖特下了从芝加哥到匹兹堡的宾夕法尼亚火车站的夜班车。12 月 18 日，星期二上午，考夫曼把客人领到一辆等候的车里。他解释说，星期三他们将在匹兹堡开个会，但今天，他们的目的地是费耶特县乡村和一大块树木茂密的地产。考夫曼已经拥有这块地产 16 个月。在那里，他和莉莉安娜已经决定了，他们想建一个周末的家。

1598 英亩的地块崎岖不平，其关键特征是一条水道，名叫熊跑溪。源自树木茂密的月桂岭上山侧的渗水，悄无声息地涌出来，随着陡峭的自然下降线，流进小小的山谷里。当它蜿蜒向西时，轻唱的小水流变成了潺潺的小溪。汇聚成更宽大的约吉奥尼河，它扩大了体量，增加了流速，同时，从沼泽的源头，它下降了超过 1000 英尺，游走了大概 3 英里。然后，在地形的巨大变化中，河床突然消失了。在一个永恒的瞬间，熊跑溪变成了水沫飞溅和水珠奔泻的一道竖墙，水在一串嶙峋的石头上翻滚了大约 40 英尺。

埃德加·考夫曼很了解熊跑溪。在第一次世界大战前的几年里，他把这块地产作为"夏季俱乐部"，租给了他的女员工们，命名为考夫曼营地。到达巴尔的摩和俄亥俄之间的铁路上的熊跑溪车站后，商场里的年轻店员们从游泳、徒步旅行和其他活动中，享受了漫步的会所、舞馆、保龄球馆、木屋、网球场以及周围的树林和水域。1921 年，考夫曼从密歇根州海湾城的阿拉丁公司，订了一间"Readi-Cut"预制木屋，供家人使用。这座大而朴素的木框架建筑建在陡峭的山上，有壁炉，但缺乏电力和室内管道。

这个地方曾经是莉莉安娜、E. J. 和他们的儿子的临时避暑住所，但是在大萧条早期，考夫曼营地已经不再流行，商场职员不再光顾后，E. J. 在 1933 年亲自获得了整个用地的产权。那时，小埃德加出国了，他的父母开始考虑一个全年的周末别墅。1930年，由于附近州公路的铺设，往返熊跑溪庄园的旅行变得更加容易，尽管这也意味着，乡间小道现在交通更加拥挤，已经成为令人不快的噪声和废气的来源。

考夫曼种植了许多松树，并委托对该庄园进行勘测，以记录人工特征和自然特征。这片土地几乎不是原始森林——在19世纪，大片土地被砍伐、开采和采掘——但是考夫曼倾向于保护。他下令移除最近在板栗疫病中死亡的许多树木，并在原地种植挪威云杉树苗。

对赖特和考夫曼来说，1934年12月，驾车前往距离考夫曼的孤立流域以南7英里的俄亥俄派尔小镇，需要2个小时，其中大部分时间伴随着降雪。当他们接近目的地时，降雪变成了一场小雨，但是，就像为了达到最大的影视效果而设计好的一样，两个人到达熊跑溪时，巧遇的是清澈的天空和横跨山谷的彩虹。几年后，E.J.回忆起那一刻，"（赖特）一直很松弛。看到彩虹，他变得活跃起来。他转过身来对我说：'这次旅行一定会有收获的；不管我们旅行时遭遇到了什么，结局是完美的彩虹。'"²⁵

赖特和考夫曼一起探索了这个庄园。因为预制木屋位于陡峭悬崖的边缘，所以被称呼为"悬空屋"，只需要粗略地看一下。但是，赖特不放过任何东西。他们沿着泥土引路，蜿蜒深入庄园的中心，平行有一条小溪，流淌在冰川切口的河床里。透过林冠可以看到天空——硬木树，主要是橡树，因为冬天，已经落光了叶子——但是许多杜鹃、松树、云杉和铁杉树把冬天的风景染成了绿色。

当他们远离"悬空屋"和高速公路时，流水声变得越来越大。两个人沿着一条叫作"阴暗小巷"的泥土小路，走到一块空地上，悬垂着的树枝突然打开，露出他们前面的一座小木桥。狭窄的桁架桥只能容纳一辆车，但景色非常壮观。赖特低头看原始的地质，一道巨大的、不整齐的砂岩踏板的自然阶梯。石头表面下降成陡峭的沟壑，一半遮蔽于奔流的溪水，一半遮蔽于12月的寒冰。

在考虑熊跑溪的新度假别墅时，考夫曼夫妇决定，远离公路，靠近瀑布。"很多的家庭时间，"小埃德加后来解释说，"当然，因此也包括他们客人的时间，都用于在瀑布底部的平坦岩石上晒太阳，在瀑布底下散步，做按摩，滑下水洼，享受快乐……水上运动的戏剧性以及他所制造的噪声的魅力，是每个人都非常欣赏的东西。"26

赖特和E.J.在12月18日和之后进行了会谈，但不同的是，记录良好的"熊跑溪"项目没有提供考夫曼向新建筑师支付费用的任何细节。E.J.可能已经谈到了，家庭对瀑布的喜爱，就像他的儿子后来说的那样。但是，赖特瞬间被吸引到该场地的戏剧性和考夫曼与它的联系。"你喜欢这个瀑布，不是吗？"据报道，赖特那天下午问考夫曼，"为什么不和它亲密地生活在一起，在那里，你可以时刻看到它、听到它、感觉到它？"27

赖特访问匹兹堡的时间很短。他在拉图雷尔过夜，第二天测绘了考夫曼的办公空间。他也在"大商场"停留了一下，但不久，他就回到火车上，前往纽约，最终确定"广亩城市"尚未完成的模型展览的细节。该模型4月15日将在洛克菲勒中心展出。然后，他回到塔里埃森。乘坐20世纪有限公司的火车之旅是和他的朋友亚历山大·伍尔科特一起打发的。

圣诞节过后不久，一封便笺寄到了匹兹堡，给考夫曼，在赖特的信纸上写着："树林里的瀑布之旅一直伴在我左右。"赖特加了一句俏皮话和一句诺言："一个住所已经有了模糊的形象，在头脑中，听小溪的音乐。"但是，几乎9个月过去了，除了赖特之外，任何人都不知道，这个模糊的形象可能是什么。

第三节

1934～1935年……建筑顿悟

为了开始设计，赖特需要一张地形图。他要求在宾夕法尼亚州停留一段时间，1935年1月10日，他写信给考夫曼，问道："我们什么时候才能得到'熊跑溪'的地形图？"二月份，在赖特的又一次催促下，考夫曼最终下令，对桥附近的土地进行详细勘测。地图以不同寻常的细节记录了这块场地，不仅包括了景观的坡度和偏向，还包括了大树的种类。它还记录了所有重要的界定熊跑溪的凸岩和巨石。地图直到3月9日才完成。当地图到达塔里埃森时，赖特的时间已经被别的事儿占满了。

赖特垂死已久的建筑业务突然出现了新生的迹象。1934年12月，达拉斯零售商斯坦利·马库斯（Stanley Marcus）对塔里埃森的一次访问，带来了一个设计任务，沿着"台地上的住宅"长而低的线条，建造一座得克萨斯住宅。考夫曼在匹兹堡的天文馆也需要深思熟虑，"大商场"十楼行政办公室的设计也是如此。在一阵持续的活动喧嚣中，为即将到来的最后期限，会团学徒们专心致志地工作——"广亩城市"12英尺见方的模型必须为它在纽约的首次亮相做好准备——但是熊跑溪的别墅还没有发出任何明显的声音。

4月初，小埃德加和其他几个学徒从亚利桑那州向东开着大篷车，赖特和会团成员逃离了威斯康星州的冬天，来到拉阿先达的临时住所。拉阿先达是赖特的圣马科斯沙漠客户亚历山大·钱德勒的农场综合体。随着"广亩城市"模型的完成，考夫曼配备了第二辆车，一辆漆成切诺基红色（赖特最喜欢的颜色）的卡车，其侧面印有塔里埃森徽章，一把风格化的希腊钥匙，几何方形。尽管堪萨斯州遭遇了令人睁不开眼的沙尘暴，货物还是安全地运到了，"广亩城市"模型4个"6英尺乘6英尺"的部分及时组装起来，以迎接好奇的纽约公众。在《纽约客》中，刘易斯·芒福德将赖特的城市愿景，描述为"一个慷慨的梦想和理性的计划"[28]。《纽约时报》、《建筑实录》（*Architectural Record*）和其他出版物都对赖特关于一个有计划的社区的观念表示赞成。在这个社区里，没有孩子的夫妇至少占据1英亩土地，更大的家庭将被授予更大的土地。

赖特随行的讲座也很受欢迎，但是一参加完纽约的活动，他又赶回威斯康星州。1935年4月27日，他写信给考夫曼，向他的客户保证，他"准备好了开始瀑布别墅的工作"。

两个人也为另一件共同的事情交换了便笺。在洛克菲勒中心协助"广亩"布展后，小埃德加结束了他在会团的学习期。赖特警告过他的父亲，"小伙子有点蔫。他觉得，他在这里和我们在一起的时间就快结束了，对此我深感抱歉。"[29]到5月初，儿子加入了父亲的生意，E.J.向赖特吐露说："在未来的日子里，他会对我有很大的帮助。"[30]

与此同时，赖特又需要钱了。尽管有新的工作和会团，他的财务问题仍然存在。E. J. 会以赖特的日本版画作为抵押借钱给他吗？不，考夫曼写道，建议赖特"找找别的地方帮助你摆脱这个特定时期的困境。"[31] 赖特很快就抱怨"广亩"展览的费用，到6月中旬，"广亩"展览已经打包好，在运往匹兹堡的路上，它将继续在考夫曼的商场展出。

赖特继续许诺周末的住宅，6月15日写信说，"我们正在开始'熊跑溪'的家，一个特别困难的项目……你会很快看到一些我们的图纸。"[32] 与此同时，小埃德加现在在商场任职，他报告说，每天有一千多匹兹堡人观看了这个展览，他的父母很兴奋，期待看到新办公室和乡村别墅的设计。

赖特于6月底返回匹兹堡。他又去看了熊跑溪，但是在接下来的几周里，考夫曼没有收到瀑布别墅的设计。斯普林格林和匹兹堡之间继续在通信，考夫曼在8月份就别墅设计寄去了250美元的定金。然而，一个越来越不耐烦的客户却没有看到任何证据表明，赖特已经受到了熊跑溪的启发，开始在纸上落笔。

––––––

在9月下旬的电话中，E. J. 考夫曼终于开始行动了。

直到那个星期日的早上，熊跑溪上的别墅的创作步伐没有明显的节奏。在密尔沃基的一个零售商会议上，考夫曼完成了他的生意后宣布，我有我的方式。富有，冲动，并习惯让人们服从他的命令——他的商店雇用了大约2500人——考夫曼认为，渲染正在顺利进行。赖特在信中也有同样的暗示。

在考夫曼夫妇出现之前的闲暇年代，赖特成为一位多产的作家，对社会和建筑提出了广泛的见解。在几篇发表的文章中，他解释了他个人的设计方法，为其他建筑从业者提供了处方。1928年在《建筑实录》上发表的一篇文章很典型，其中他指出："在想象中构思建筑，不是在纸上，而是在头脑中，完全彻底——在触及纸之前。在把它交给绘图板之前，让它待在那儿——慢慢地，得到更加明确的形式。"[33]

弗兰克·劳埃德·赖特是一个脑子里有眼睛的建筑师。他没有通过在笔记本上一遍一遍地画草图来发展他的设计；不出意外，没有赖特的草图本留下来。作为一个有伟大想法的信心满满的人，他冒着失去偶尔稍纵即逝的奇思妙想的危险，从不保留他稍后可能查阅的潦草的杂记。大的解决方案，赖特坚信，必须首先出现。细节的积累可能随之而来。

赖特内心是个浪漫的人，相信诗人塞缪尔·泰勒·柯勒律治所说的"次要的想象"（Secondary Imagination）。根据柯勒律治在一个世纪之前的著作，"它溶解、扩散、消散……（次要的想象）努力理想化和统一化。"[34] 柯勒律治声称，他的诗"忽必烈汗"的诗句是在梦中来到他的脑海中的；在服用两粒鸦片几个小时后醒来时，他手里拿着笔，拼命地抄写这些诗句，仿佛来自记忆。虽然柯勒律治的作品可能是瞬间创造力的典型文学范例，但赖特看起来在1935年9月22日上午的顿悟即将成为建筑学的范例。

"快点来，E. J.，"赖特对着手里的电话大声地说，"我们准备好了。"

埃德加·塔菲尔（Edgar Tafel）和鲍勃·莫舍（Bob Mosher），两个在塔里埃森绘图室附近工作的学徒，互相看着对方。据他们所知，并不存在缩略的草图，更不用说立面、平面或效果图了。

赖特和E. J. 就预算问题交换信件已经很久了，虽然赖特很少允许钱来决定任何事情，但是他仍然懂得考夫曼的限制范围。他不太了解客户，但他们已经互相拜访过对方的家，他的熟悉程度已经扩展到足以理解E. J. 和莉莉安娜需要分开的卧室空间（对于富人来说，这在当时并不罕见）。小埃德加是塔里埃森家族的成员；赖特以叫他"北美夜鹰"（Whippoorwill）而闻名（其他学徒认为这是对年轻的同性恋的嘲弄）。赖特给以前的学徒——毕竟，他的帮助使设计委托成为可能——他自己相当独立的房间，在熊跑溪设计的顶层。赖特也知道这房子是为了周末用的。简而言之，他知道客户的需要，也知道房子的计划。

他至少去过用地3次。他在寒冷的12月第一次看到了这条小溪，后来又在温暖的夏季看到了这条小溪。小埃德加在第三次参观中陪着他，记得"赖特花费了一天"，还记得"群山尽情地为他表演——阳光、雨水和冰雹交替；大量土生土长的杜鹃花在盛开；溪水满溢，瀑布雷鸣。"[35]

几个星期前，赖特被告知考夫曼将在威斯康星州；此外，他已经为这个时刻准备了好几个月。当然，在那天早上之前，他的设计已经在他的脑海里呈现出形象。毫无疑问，当他等待他所谓的"可能被称作洞察力的时刻或更多"时，它已经"萌芽"（他的话）了。正如赖特所说的设计过程，"它稍纵即逝，它瞬息即无。它就在这里，你必须快点拿去。"[36]

随着考夫曼那辆大而有力的车轰鸣着驶向塔里埃森——密尔沃基只有120英里远——赖特需要以一种其他人，尤其是考夫曼，能够体验到的方式，呈现他对这个地方的想象。这可不是草原式住宅，虽然它和塔里埃森有共同之处，但不能成为俯视农业景观的堂皇的中西部庄园。虽然它会反映赖特在菲利普·约翰逊称赞的 MoMA 学到的经验，但是考夫曼的熊跑溪别墅将会是一个全新且不同的东西。

———

有时，一个关键的历史日期可以被确定。弗兰克·劳埃德·赖特设计流水别墅的早晨就是其中之一。[37]

埃德加·塔菲尔回忆说，赖特挂断电话后，大步走出办公室，拿起一个凳子，坐在绘图桌旁。鲍勃·莫舍想起了赖特问熊跑溪的地形图。1 个月前，当塔菲尔写信给小埃德加，说房子的设计"在某种程度上是纸面上的"时，他半真半假的说法可能是指重新绘制的场地图。由学徒们干，考夫曼在 3 月份送来的测绘图的扩大和裁剪版，已经把比例从每英尺 1/20 英寸增加到 1/8 英寸。瀑布附近的地形的起伏被标注清楚，以及几块最大的巨石和附近的树木。

众所周知，赖特是私下工作的，有时是在夜深人静的时候，通常是在他自己的房间里，那里有一张绘图桌。他可能已经画了一些考夫曼家的初步草图，塔里埃森的其他人都不知道，但是那些参加 9 月份星期日活动的人的回忆是一致的：他手头没有以前的图纸，当时，他在绘图桌前弯下腰，塔里埃森工作室的斜屋顶就在脑袋上方，并在平面上铺了一张新的纸。他立刻开始画图。

在塔里埃森会团中，仪式是"通过做来学"——和在赖特面前做。塔里埃森教育学要求青年男女，在他的指导下，从事建筑和绘图工作，但是每隔一段时间，大师自己就会以赖特方式，为他的追随者树立榜样。他天生就是一个寻求关注的人，他最喜欢坐在忙碌的塔里埃森绘图室里，旁边有他的学徒，看着，听着，学着。那天早晨，这句话很快就传开了，赖特开始工作了。"他在工作室里，"一个学徒对另一个学徒说，"他坐下来了。"[38]

赖特开始画一张平面图，用正投影法从正上方看房子的构件。凭借半个世纪的经验，赖特优雅而轻松地画着，他的左手在图板上左右移动着丁字尺。使用一把标准的 30°-60°-90° 的绘图三角尺，他按最小角度指向西方放这把三角尺，这意味着沿斜边绘制的线条将很快确定设想的考夫曼住宅的前面和后面。随着三角板的顺时针旋转，赖特可以再次用斜边画出直线形房屋的东墙和西墙。这是最基本的绘图方法，是最初级的绘图员所知道的技术。

最重要的时刻就在眼前，就像越来越多的学徒也在眼前。其他人加入塔菲尔和莫舍中来，更多人跑到工作室里来。"我们都站在他身边，"一个人回忆说。[39]

赖特出乎意料地引领大家：他在纸上的第一条线清楚地表明，这不只是有风景的房子。他的神来之笔就是他的领悟，为了服务这个地方的天才，考夫曼一家应该住在瀑布里和瀑布上，而不是从下面看瀑布。这种巧妙构思与其他人所期望的相反。

用蓝色铅笔，赖特描摹了小溪北岸的蜿蜒的线条，这条线与东北方向大致成 30° 角。它将决定房子基础的前面位置。赖特用红铅笔标明几块不对称放置的石头，从水线向后退，步步抬高到露出地面的岩石上，一直延伸到房屋占地的后部。赖特接着画了一组 4 个支撑墩，垂直于溪流，从前到后扩展到平面上。它们将是在浇筑混凝土的基础上铺设的当地石材的独立墙。这些"支撑物"会像桥下的桥墩一样建起来。

他的铅笔飞快地移动着。赖特一边工作一边说话，语气低沉，既是对他的学生的指导，也是他的思想的全神贯注的表达。

他用硬质 H 级和 B 级铅笔，分别画出浅黑色和深黑色的线条，他又加画了房子的另一层。当他勾画出一层的外边缘时，这也让旁观者吃惊。不只是坐落在基础墙之上，主要内部生活空间打开，面向一个宽阔的露台，伸展到河床的另一边，从而增加了基底平面的尺寸。这个新区域，草图很浅，完全悬挑，没有明显的支撑而悬在熊跑溪上。

赖特称这个抗重力区域为"托盘"，这与他在东京的皇家饭店对悬臂梁的描述相呼应。对他而言，这是一幅脑海中的画面："服务员用手支撑的托盘，"赖特在《自传》中写道，"原则上就是一块悬臂板。"[40]

用卡斯特尔红铅笔，他添加了用于卧室的第二层和第三层，以及更多的露台，像伸出的手臂一样悬在熊跑溪上。"莉莉安娜和 E.J. 将在阳台上喝茶，"塔菲尔记得赖特说，"他们会漫步过桥，溜达到树林里去。"[41] 更多的红线描绘了在房子后部的厨房和浴室的布置，以及一些陈设。赖特开始画了第二张图纸，因为考夫曼从密尔沃基出发的旅程不太可能超过 2 个小时。然而，赖特还找到了时间调整自己的想法，抹去了代表二楼露台前栏杆的线条；不是往回收，而是比楼下的露台再多伸出去 6 英尺。

接下来是剖面图，赖特把房子渲染得好像从上到下沿着南北轴线被断开了似的。这幅图揭示了房子的结构、顶棚高度和其他垂直构件的细节。

正如他说他喜欢做的那样，赖特确实在脑海中走过这些空间，但现在他正在把他的建筑物变成一张张的图纸。他的设计说明描述了壁炉从地板上升起。他计划在附近悬挂一个球形热水壶。"蒸汽会弥漫到大气中，"他解释说，"你会听到嘘嘘声。"[42]

随着莫舍削好铅笔尖，赖特很快转向了第三张图纸，这张图纸是正立面，描绘了一个观察者，从水平方向观察的角度，看到的建筑物的面貌。像其他两张一样，图纸看得出是手工的，具有明显的擦除和修正。然而，一目了然，考夫曼的别墅将没有真正的正立面。

当有人告诉他考夫曼已经到了，赖特站起来，用他最讨人喜欢的方式去问候他的委托人，就像一个贵族问候另一个。"快点来，E.J.，"他邀请道。

看到图纸，考夫曼对房子的位置表示惊讶。他的想法是建造一个"木屋"。起初，他反对道，"我原以为，你会把房子建在瀑布附近，而不是建在瀑布上面。"

赖特解释说："E.J.，我希望，你和瀑布生活在一起，不仅要看瀑布，还要让它成为你生活中不可分割的一部分。"[43]

正如他向考夫曼展示的几张图纸一样，赖特的设计说明从诗意和哲学谈论到材料和纹理。不久，他带考夫曼去塔里埃森餐厅吃午饭；塔菲尔和莫舍留在后面，根据赖特的初步图纸，又多画了两张立面。在赖特回来的时候，他把它们捡起来，好像它们都是他自己画的，并继续为考夫曼展示，他对熊跑溪别墅的憧憬。

赖特先生和他的图纸被证明是有说服力的。一位学徒记得离去的考夫曼说："不要做任何改变。"回到匹兹堡后，客户去了即将开建的工地，轮到他想象那座将悬挂在熊跑溪上面的建筑，用语言和手势，为他儿子展示房间和露台的位置，尽最大努力，向小埃德加解释，那个赖特为他们设想的空前设计。

尽管有许多富有想象力的飞跃，也许，赖特2小时思如泉涌倾泻而出的最引人注目的地方，还是在于——那些托盘，一条通向溪流表面的楼梯，混凝土格架，就像攀登者的岩钉，将房子锚定在房子后面砂岩峭壁的古老岩石上——这些初始的图纸描绘了一座建筑物，在未来几年几乎没有变化，成为建在熊跑溪之上立体的流水别墅。同样重要的是，赖特早上的创意爆发相当于他对有机建筑意味着什么最简单的解释。那个早晨从他脑海中跳出来的房子将使当地的、本土的和自然的建筑的概念，在未来几十年内，立即被数百万人所理解。

———

赖特比歌德更胜一筹。约翰·沃尔夫冈（Johann Wolfgang）（歌德的姓——译者注）有句名言："建筑是凝固的音乐。"在熊跑溪，弗兰克·劳埃德·赖特融化了乐谱。

对会团的下一代新手，他以这种方式描述它："我认为，还没有任何东西，能比得上那种协调，那种对森林、溪流、岩石和所有结构构件，如此安静地结合在一起的宁静的伟大原则的同情表达，以至于你确实听不到任何噪声，尽管那潺潺小溪的歌声就在那里。而你以倾听乡间宁静的方式倾听流水别墅。"[44] 赖特在建筑不景气的岁月里，磨砺了他的修辞技巧，在那期间，他通过写作和讲座来挣钱。"我想，当你看着这个设计时，你会听到瀑布的声音，"他在20世纪50年代早期告诉电视观众。[45]

事实证明，在熊跑溪上的别墅的实际建造比其构思所示要困难得多。对赖特的设计感到欣喜，E. J. 考夫曼想立即进行施工。塔里埃森的绘图人员按时完成了初步设计，并于 10 月 15 日邮寄到了匹兹堡。赖特几天后再次来查看场地。就在 1936 年 1 月施工图纸到达之前，考夫曼下令重新开启该地产上的一个采石场。大块的波茨维尔砂岩被炸药从岩石悬崖的突出部位分离出来，装在马拉的雪橇上，运到不远的工地。但是，考夫曼原本希望，到秋天能建成一个可居住的"山间小屋"，这样的话，施工进度表需要更长的时间。直到 1937 年末，考夫曼才入住流水别墅。

尽管受过工程训练，赖特的结构感还是趋向于靠直觉，而1936 年，因为钢筋混凝土在美国国内建筑中的运用还处于婴儿期，所以还没有手册。当考夫曼对史无前例的设计感到紧张时，他咨询了匹兹堡的工程公司，这带来了一系列的争吵。第一个是莫里斯·诺尔斯，他们审阅了这些设计。在提供了详细的评估之后，他们用结束语来枪毙赖特的设计："在我们看来，没有绝对的安全感，因此我们建议，选择的地址不要用于重要建筑。"[46] 但是随着更多的图纸从塔里埃森传来，考夫曼选择暂时抛开他的顾虑，接受赖特的判断，继续这个项目。

赖特瞧不起"用计算尺的工程师"；他相信自己的直觉。[47]1936 年 6 月 6 日，赖特参观熊跑溪时，回答了他的工地职员鲍勃·莫舍提出的问题。在施工即将开始时，莫舍问："您能告诉我，如何确定一楼的确切基准（标高）吗？"

赖特用手示意建议房屋的地点，吩咐他的金发学徒爬上一块大石头的顶部。莫舍抓着岩石裂缝中的树苗，按照吩咐，努力攀登上了这块 18 英尺高的巨石——这的确是一块独一无二的建设用地。登上岩石顶部后，他转过身来面对赖特，赖特正好站在横跨熊跑溪的桥的上游。

"好吧，鲍比，你已经回答了你自己的问题了，"赖特狡猾地笑着说。它的顶部就是基准，巨石将锚定考夫曼的重要建筑。等到这个被理解了，赖特钻进他的科德汽车，往塔里埃森回家去。

施工完成后，浇筑混凝土平台出现了一系列裂缝。考夫曼再次征求了第二个意见，这次来自梅茨格 - 理查德森公司，该公司专门制造钢筋混凝土。该公司的结构分析得出结论，悬臂梁的应力已经超出了限度，在悬挑下面需要支撑墙墩或立柱。否则，他们警告说，房子将会坍塌。

当他得知考夫曼已经咨询了梅茨格 - 理查德森，而，更糟糕的是，在他不知情的情况下，添加了钢筋来加固一楼的托盘时，赖特异常愤怒。"整个都见鬼去吧，"他写信给 E. J.。他打电报给莫舍，命令他"停止施工，马上回来。"[48] 然而，几天后，他冷静下来，赖特试图让事情回到正轨。他写信给考夫曼："看起来，可以解释一下了。"但是，他的信清楚地表明，他不会道歉。"于我构想之处，我要么是一个建筑大师，要么什么都不是。"他甚至自愿放弃，说："任何人踢开我都不困难。"[49] 但是，作为回应，考夫曼打电报，要求恢复施工。的确，尽管在接下来的几个月里，出现了新的分歧，承包商、工人、客户和建筑师争吵、谈判，并寻求解决意想不到的问题。

这个设计包括许多创新，包括从起居室通过舱口下降到河床的楼梯；它有助于保持房子凉爽，并增强了流水别墅根植于其水域的感觉。实际上，这种独特结构的每个构件都必须制造。开窗的方式，包括窗墙（横跨整个客厅的南面）和一列 17 个成对的、在后边的 3 层通高的窗子，所有这些窗子都在拐角处开启。赖特发送给特拉华州威尔明顿市的杜邦公司一个陶罐，用来配色；他希望杜邦公司的窗框、内架和其他构件的颜色都是他最喜欢的色调，切诺基红。

出现了更多的混凝土裂缝（就像未来几十年一样）。[50] 因为相信赖特胜于工程师，考夫曼做到了心平气和，但施工进展缓慢。单台搅拌机带有一个旋转的滚筒和容纳大约 2 立方英尺（约 0.056m³。1 立方英尺 ≈ 0.028m³。以下不再换算。——编者注）的水泥生产混凝土。一次一批，将浓稠的混合物倒入手推车中，然后倾倒或铲入准备填充的空格中。尽管用钢和混凝土做房子的水平构件，流水别墅还是一个手工制作的房子。1936 ~ 1937 年的冬天，施工放缓了，在此期间铺设了石板地面。

当时间到了安装室内装修面层时——1937 年 4 月中旬，房子完工了——箱包和家具开始运达，一切都是按照塔里埃森的图纸做的。木料是黑胡桃，采自更远处的阿巴拉契亚山脉，一种在河床上苗壮成长的硬木。

这所房子和别的房子完全不同；甚至在赖特的变幻莫测的想象中，流水别墅也没有明确的先例，在未来的几十年里，赖特也不会再建造任何像它那样的建筑。在一些小的方面，设计类似于其他赖特的房子，特别是晚期草原式风格的多处悬挑的大风别墅，以及赖特最个性化的建筑塔里埃森，它记录了他与景观的持续互动。[51] 然而，流水别墅更进一步，房子大约有一半是露台（外部空间 2445 平方英尺，内部空间 2885 平方英尺）。由于悬挑，托盘似乎悬浮在溪流之上，没有明显的重心。

找不到两个角度它看起来很像。它仿佛由古人建造而成，石作由黏合石头而制成；它获得了钢筋混凝土新技术的广泛赞誉。赖特谈了很多年"打破盒子"，而在流水别墅，悬挑的露台从几个角度遍地开花，可以说流水别墅就像一张巨大的梳妆台，抽屉从三面随意伸展。赖特没有建造一个盒子；他建造了一道脊梁，前后两侧基本上没有传统的墙壁，只有窗户的图案。对于那些想要承认这一点的人来说——赖特永远不会在他们中间——对密斯的图根哈特住宅的借鉴是显然的。菲利普·约翰逊爱上了图根哈特住宅，并于 1932 年把它与赖特的台地上的住宅，放在 MoMA 的同一间屋子里。虽然不确定是原型，但是图根哈特住宅必然是同类。

在不同寻常的程度上，一单张流水别墅的图纸就可以代表赖特的宾夕法尼亚杰作，这是语言难以形容的。这张图纸不是匆忙完成的，就像 9 月 22 日那些更加熟练工种般的图纸那样。赖特最喜欢的绘图员是一个名叫约翰·豪的学徒。只要赖特还活着，他就会留在塔里埃森，回忆起 1935 ~ 1936 年冬天考夫曼住宅最后一张图纸被完成时的那个特别的日子。

"我记得有一天早上赖特先生兴致勃勃地工作，"豪写道，"他穿着浴袍，坐在书房兼卧室的火炉边的桌子旁。"[52]

他在画透视图。虽然这种图纸对建筑工人来说没什么用处（它们都是变形的），但是在与不熟悉将正字法图纸（平面图和立面图）翻译成想象图的人交流时，透视图是非常宝贵的。透视图模拟人眼看到的东西。图中的一些构件看起来更近，另一些构件看起来更远，这意味着在二维平面上令人惊讶地非常接近地表达了三维结构。

豪看着赖特画。"我从工作室拿来了布置图，拿了一些彩色铅笔站在旁边。"赖特拿着有尺寸的图作为参考，能够用艺术的术语，来表达建筑的科学。他用瀑布顶部的水平线把图片一分为二，描绘下面一大堆的乱石。这样一来，他在上面勾画的大胆建筑似乎就坐落在瀑布上了；赖特对他不喜欢的那些古典美术风格设计师眨了眨眼，把他的房子嵌进凸凹不平的背景中，就像一座古典庙宇坐落在基座上。

这栋房子是以四分之三的角度描绘的，但从下面看，却是小人国的人的视角。一旦赖特画出了房子的粗略轮廓，他就开始增加树木和藤蔓，使它进一步与场地相连，仿佛大自然母亲已经开始拥抱这个混凝土平面和僵硬的几何形状。

这幅彩色图画将是流水别墅的第一张公共名片，因为赖特允许它发表在 1937 年 3 月份的《圣路易斯邮报》(*St. Louis Post-Dispatch*) 上。[53] 但流水别墅的亮相却已列上日程。

第四节

1937 ~ 1938 年……MoMA 重访赖特先生

19 37 年 11 月，当约翰·麦克安德鲁接到莉莉安娜·考夫曼的邀请时，最后的脚手架已经从熊跑溪别墅拆除。尽管地毯、灯具和其他物品仍在制作中，而且顶棚上的灯泡也是光秃秃的，考夫曼夫妇还是搬进了他们的周末藏身之所。

他们感觉房子的内部和外部一样具有革命性；这与他们所知道的其他东西完全不同。在赖特的经典开放平面中，主要的居住空间——入口处右侧的厨房和餐区，前面的图书馆和起居空间——即使在没有隔断的情况下，莫名其妙地既被分隔也能共享。房间具有强烈的横向特征，低矮的顶棚使来访者的视野变得扁平，就像帽子上的帽檐一样。仰望的诱惑被排除了，水平视野得到限定，眼睛不可避免地被吸引到前面的玻璃墙上。流水别墅看到的景色是树干，离地面很高。特点是像鹰巢，如树屋。

考夫曼夫妇对这个地方一见钟情。小埃德加在居住初期写信给赖特："时间教会我们所有人越来越喜欢别墅里的你，以及我们中的别墅。"他母亲写给赖特的信没有那么婉转："我们在别墅里度过了一生中最快乐的 2 个周末。"[54]

一位年轻的摄影师为了树立自己的名声，也在 11 月份搭乘火车前往宾夕法尼亚州，并接受了《建筑论坛》(*Architectural Forum*)的工作任务。该杂志将把 1938 年 1 月刊的全部篇幅专注于赖特。编辑们原本希望报道广受讨论的赖特为威斯康星州拉辛市约翰逊蜡业公司的新办公楼设计（赖特先生的业务确实在好转），但出乎意料的施工延误意味着，带有"百合垫"柱的约翰逊蜡业行政大楼还远远没有完成。这意味着，当 25 岁的威廉·"比尔"·赫德里奇（William "Bill" Hedrich）来为它录制影像时，几乎完工的考夫曼别墅有了新的重要性。

以芝加哥为基地的赫德里奇已经在塔里埃森，看到了那栋房子的图纸，但是他们没有为他所发现的东西做好准备。一到那里，

年轻的比尔·赫德里奇拍的考夫曼住宅的照片，摄于 1937 年
（赫德里奇祝福集 / 芝加哥历史博物馆 / 盖蒂图像）

他就仔细地研究了房子。"（我）看着它，"他回忆道，"在我打开照相机之前，我设想了一整天。"[55] 赫德里奇亲身体验了赖特想象中的现实，他看到了一座违反常规的房子；没有横平竖直的立面镜头可以记录这个地方。每个角度，它都有所不同，他还发现，一天中的每个小时，它都有所不同。赫德里奇在黎明按下快门；在傍晚的斜辉下按下快门；以及在黄昏时按下快门。然后，他确定，他知道的事儿就是要费点钱来拍摄。他不得不买一双防水的靴子以拍到这个画面，因为他不仅会把自己定位在下游，而实际上，也会定位在河里。

"（水）不怎么深，"赫德里奇说，"但是非常非常冷。"[56]

他精心策划了他的拍摄。为了避免背光的虚假戏剧性，他在中午关上了快门："我想要建筑前面的光。"[57] 他对周围的树木落光了叶子感到遗憾，但是赫德里奇的测光表告诉他，淡淡的秋光允许长时间曝光。这意味着他的影像可以把倾泻在岩石上的水记录为薄纱般的水幕。

就好像贯注于赖特的透视角度，他创作了一幅震惊世界的画面；实际上，他在下游的四分之三的视图成了并且至今仍是标志性的镜头。赖特会赞成这个成果，称赞赫德里奇"非常精彩，非常精彩"[58]。最终，这位大师获得了一幅巨大的印刷品（大约40乘60英寸），作为塔里埃森的收藏品，但那是后来的事儿，在中等尺寸的图片版本广为人知之后。[59]

———

当约翰·麦克安德鲁参观考夫曼别墅回到纽约时，他策划了一个计划。芬兰建筑师阿尔瓦·阿尔托的作品展览原定于1938年1月举行，但筹备工作进展缓慢。为了填补展廊的空缺，麦克安德鲁向MoMA的同事们提议发起"一人一房展"。这可以理解，有许多原因，尤其是在约翰逊时代，MoMA与德国建筑的紧密联系需要一个平衡点，因为希特勒领导下的德国在欧洲已经显现为危险和邪恶的存在。专注一位现代美国建筑师的展览似乎是一种补救方法。麦克安德鲁为熊跑溪别墅做了很好的文案。根据1937年11月19日举行的会议纪要，"决定举办（考夫曼别墅）展……是个不错的主题。"[60]

经过一个中间人失败的开端之后，这位33岁的新策展人终于找到了赖特，请求允许他举办一个展览。在回复的电报中，赖特暗示了菲利普·约翰逊在 1932 年对他的不公平待遇，并向麦克安德鲁挑衅：好吧，约翰，让我们看看，你能做些什么。[61]

在麦克安德鲁加紧组织他的小展览时，纽约强大的文化力量汇集在一起。

亨利·卢斯（Henry Luce），后来成为美国杂志出版界最有影响力的人物，把赖特的脸放在《时代》杂志的封面上，用建筑师最富戏剧性的别墅透视图作为背景。就在几周前，他开始称之为"流水别墅"。在正文中，赖特被称为"20 世纪最伟大的建筑师"。[62] 在他的另一本出版物《生活》（Life）杂志的珍贵的封皮内页上，卢斯刊登了一则广告，宣传《建筑论坛》的赖特专刊，《建筑论坛》也是他的。它以比尔·赫德里奇的透视图片为特色，并宣称赖特专刊是"美国出版过的最重要的建筑学文献"[63]。

碰巧，麦克安德鲁的小展览在时代生活大厦拉开帷幕，在那里，MoMA 在地下室租用了临时场所（博物馆在第 53 街的永久馆址的地基挖掘才刚刚开始）。展出的是 20 张照片，包括赫德里奇的必不可少的视角，以及几张平面图和立面图。随附的目录，只是一本小册子，使用了赖特为《建筑论坛》特刊撰写的一篇文字的摘录。

小埃德加在纽约出差，第一天参观了展览，写信给赖特说："总的效果强烈而美好；许多公众对期刊的文章热情高涨，准备对此做一些研究。"[64] 在为期 5 周的展览中，吸引了 14305 名好奇的参观者，他们走过地下大厅的"风冷"展廊。很多时候，这个数字要经过在 10 个城市停留的巡展才能达到。

几乎一夜之间，流水别墅成了美国建筑时间轴上的一个里程碑。这也提升了赖特的地位。正如麦克安德鲁自信地说："我们的老大师再次成为我们活生生的传统的一部分。"[65]

———————

由于菲利普·约翰逊不再在博物馆里制定其建筑议程，他的继任者约翰·麦克安德鲁举办了一个展览，把热情的光芒聚焦在赖特先生身上。这次展览还让刘易斯·芒福德有机会在《纽约客》的页面上宣称，赖特"在他的权力之巅，毫无疑问，他是世界上最伟大的活着的建筑师，一个能绕着任何同时代的人翩翩起舞的人。"[66] 在 70 岁时，赖特回来了，芒福德写道，"他的头脑永远年轻和清新……从来没有比这更好的表现了。"[67]

然而，尽管约翰逊已经自我流放，但他——至少还在赖特的关注范围之内——是前进过程中，一个幽灵般的存在。尽管沉浸在流水别墅的成功中，赖特仍然心怀 6 年前的怨恨。这种怨恨源于，在约翰逊和其他 MoMA 人的手里，他感受到了羞辱。

在设计考夫曼别墅中，赖特让每个人感到惊讶，包括他的客户。但是，赖特并没有坐视不管，让房子和它的支持者为他做公关工作。赖特从来不是一个错过机会，去宣称其伟大并表达其建筑品位的人。他利用《建筑论坛》的页面继续进攻。在他的文章中，他宣称他的完整的独立性。正是为了防备任何人企图认为，他最近几年曾受到了别人的影响，他想要把记录改正过来。

"这里涉及的想法，"他断言，"与早期的作品没有任何改变。"[68]

当然，在熊跑溪别墅中，赖特结构上的大胆是他自己的，但是通过声称这所房子没有借鉴任何东西，都是他自己的想象，他申辩得太多了。

对于那些迷恋国际风格的人——其中就有菲利普·约翰逊——流水别墅的设计相当于对密斯和其他人发起的欧洲现代主义的某些主题的重述。说什么一个愿望就是流水别墅与其用地之间的关系，但是这个结构本身就是特别无机的。想象一下，把它从熊跑溪搬走，从三个面看，都只成了一套水平的外形（赖特的托盘），即使垂直方向用由透明且轻盈的薄板组成的玻璃联系在了一起。[69] 对于那些敏感的想象来说——亨利-罗素·希区柯克，就是一个——其平面图的各种粗细的线条和几何形式也可以与密斯的平面图甚至蒙德里安的抽象画相混合。

赖特当然参考了他自己的作品，尤其是塔里埃森的乡村石制品。同样地，他绝不是向现代主义运动致敬，而是以他以前从未有过的方式，用大块玻璃、钢筋混凝土板等材料，对现代主义运动进行批判。很少装饰，外面一点也没有，然而，房子还是和它用地的植被，岩石，甚至它的影子形成一个整体。赖特允许自然界在流水别墅做很多工作，但是，无论承认与否，这所房子的产生，既是因为他对舶来影响的反应，也是缘于建造它的地点。

房子的混凝土水平线与岩石的横纹凸起相呼应，垂直线与周围的树木相呼应，仿佛房子与这个地方的节奏相匹配。但在一个不加防备的时刻，赖特也承认，他也相当有意地利用其他来源。

科妮莉亚·布莱尔利（Cornelia Brierly）与塔里埃森的联系将持续四分之三个世纪，尽管在1935年，她是斯普林格林的新人。一年前，作为卡内基理工学院的一名学生，她认为古典艺术体系"缺乏创造性"，于是写信给赖特，询问有关会团的问题。他的回信由 5 个字组成——"灵动之时来"——他龙飞凤舞地在信上签了名。[70]

1935 年 7 月 3 日，就在他书写神奇的那个 9 月份的早晨之前的几个星期，他站在熊跑溪瀑布的脚下。22 岁的布莱尔利在他身边，他抬起头望着界定着小溪西岸的巨石。在他唯一的听众小溪流水和年轻的布莱尔利小姐的陪同下，他透露了一条有关这座建筑性格的大线索："嗯，科妮莉亚，我们要在他们自己的游戏里打败国际主义者。"[71]

建筑史的共识是，他就是这样做的。这并不是说，那些他认为是反对他的人当时就承认了这一点。至少在赖特还活着的时候，菲利普·约翰逊总是不情愿地谈到流水别墅，常常用他那不敬的玩笑话。在 1958 年的一次讲座中，他称之为"先锋作品"，但很快又贴了个标签为"17 桶房"（指从屋顶的漏水处收集水所需桶的数目）。[72] 在另一个场合，作为小埃德加的客人，约翰逊在熊跑溪度过了一个周末后，到处说他发现瀑布的噪声让人分心。正如小考夫曼所记得的，约翰逊说"这刺激了他的膀胱。"[73]

直到后来，很久以后，在赖特去世整整 20 年之后，约翰逊才愿意拥抱赖特，像某个同道中人。在他 80 岁时，约翰逊为牛津大学出版社收集他的杂文时，他在一个新语境下看熊跑溪别墅。在书的结尾部分，他承认，他开始把考夫曼别墅，不仅仅视为是对国际主义者的回应。约翰逊认为，在设计时，赖特"对（国际）风格报以最终的赞美。1936 年的流水别墅是赖特的答案：他展示了，他比任何人都擅长做平屋顶和水平条窗。"[74]

第九章

政治和艺术

那是我糟糕的政治时期。

——菲利普·约翰逊

第一节

20 世纪 30 年代末……新伦敦，俄亥俄州……错误的意识形态
追随者

菲利普·约翰逊偶尔会坐在绘图桌旁。到 1934 年，在纽约比克曼广场，他为他的有钱朋友爱德华·沃伯格（Edward Warburg）设计了一套公寓。这让约翰逊作为设计师得到了他的第一份发表通知，刊登在《住宅与花园》（*House & Garden*）杂志上。他的工作非常细致，以至于沃伯格还记得，"这真是一个特别漂亮的公寓（但是）……我总是有这样的感觉，当我走进房间时，我破坏了构图……如果一本杂志在黑咖啡桌上稍微歪斜，情绪就会失衡。"[1]约翰逊为他妹妹西奥达特又设计了一套公寓，当他搬到更大的地方时，又为自己设计了两套公寓。后面两套都在 49 街，一定会让他的朋友觉得熟悉，因为约翰逊为

它们配备了相同的密斯设计的家具，他已在曼哈顿的第一间寓所里展示过，包括图根哈特椅子和像桌子状的簇绒皮革的坐卧两用沙发。

他在搬迁到东 49 街 230 号时增加了一个新的中心元素。约翰逊选择一幅名为《包豪斯楼梯》(*Bauhaus Stairway*) 的绘画，作为起居室的装饰焦点。他把巨幅绘画，大约 5 英尺乘 4 英尺，挂在靠地板附近，正对那些坐在低垂椅子上的人的眼睛高度。应阿尔弗雷德·巴尔的要求，1933 年春天，约翰逊在斯图加特得到了奥斯卡·施莱默（Oskar Schlemmer）的油画（后来在 1942 年，他把它交给了 MoMA，在那里，该画将永久展出）。但在约翰逊得到这幅画的那一年，阿道夫·希特勒成为财政大臣。《包豪斯楼梯》是施莱默的第一部在德国境外出售的作品，它似乎是对日渐消逝的梦想的一曲挽歌。

在这幅画中，年轻的学生爬上一个由格子窗照亮的楼梯，但是场景中明亮、乌托邦的特征被人物暗示的动作所削弱，他们中的大多数人上楼时背对着观众。包豪斯学校刚刚被纳粹关闭了，学生们，连同包豪斯的艺术理想，可以说是在动荡的德国，走向一个不确定的未来。

事实证明，约翰逊早期的设计努力远非令人振奋。他为自己勾画的房子永远不会破土动工，多年后他对他的传记作者回忆说，"我只是觉得，我永远不会成为密斯或勒·柯布西耶。"[2]（显然赖特并不是约翰逊理想的前列。）在与建筑、阿尔弗雷德·巴尔和现代艺术博物馆密切联系了 5 年之后，他决定走一条新的道路，并在 1934 年 12 月，他辞去了建筑部主任一职。

社交达人菲利普·约翰逊，由他的朋友卡尔·范·韦克滕拍摄于 1933 年
（国会图书馆 / 印刷品和照片）

约翰逊的朋友艾伦·布莱克本在博物馆中迅速崛起，但在同一天辞职。他们一起在一个全新的方向上，开始探索一种曾经看起来合适的思想体系，否定了很多包豪斯代表的东西，回过头来想想，它可以被善意地描述为一种古怪而幼稚的主张。

法西斯政治对菲利普·约翰逊具有强烈的吸引力。1932 年访问柏林期间，他加入了他的朋友海伦·里德，《布鲁克林之鹰》的艺术评论家，在波茨坦附近的纳粹集会。他被彩旗、方阵、军乐的严谨编排迷住了，所有这些都是阿道夫·希特勒雄辩鼓动的序曲。约翰逊在欧洲的旅行使他信服，正如他对玛嘉·巴尔所吐露的那样，"Nationale Erhebung"（国家复兴）会是"德国的救星"。[3]他还认为，密斯可以在不断变化的环境中蓬勃兴起，尽管有"对现代艺术最愚蠢的攻击"。约翰逊喜欢社会秩序和建筑秩序。

虽然密斯"总是保持在政治之外"，正如约翰逊所说，他自己却无法抗拒。[4]即使他认为，德国是他的第二故乡，他和艾伦·布莱克本还是决定，在美国从艺术转向政治。随着经济大萧条达到顶峰，倾向知性的约翰逊一直热衷于新想法，在另一位深红联合会成员的一本书中，遇到了一些巨大的想法。劳伦斯·丹尼斯比他们早十几年从哈佛毕业，但是，在纽约，约翰逊和布莱克本结识了他。他们在丹尼斯的挑起争论的《资本主义灭亡了吗？》（*Is Capitalism Doomed?*，1932 年）中发现了很多值得钦佩的东西。

作者利用在外交部和国际金融部门的一段时间，构建了一篇论述，把资本主义描绘成濒临失败的边缘。约翰逊发现，丹尼斯的思想和他在德国看到的是一致的。丹尼斯认为，法西斯主义是一种"活的宗教"。他总结道："人们必须有一个先知，而先知从来没有从利润的世界中走出来。"[5]约翰逊就是这样设想自己的。

约翰逊并没有像往常一样，航行到欧洲去参加夏季的艺术和建筑之旅，而是和布莱克本一起，踏上了 1934 年约翰逊的大型"帕卡德十二"（Packard Twelve）公路之旅，试图考察中部美洲的生活。为了解读运转中的罗斯福新政，他们每隔一段时间就停下来，与城镇街道上的人们交谈。布莱克本回去后，告诉《纽约时报》，他们所观察到的是，在帮助数百万遭受大萧条影响的人们时，"政府的低效率"。

这两人回到家，确信无论是艺术，还是新政，都无法解决国家的社会和经济问题。这促使他们从 MoMA 辞职，但是，正如布莱克本向《泰晤士报》记者解释的那样，"我们没有明确的政治计划可以提供。我们所拥有的只是我们的信念。"

"你可能会说，我们的计划有点像你通过未聚焦的望远镜看到的景象。我们知道，自己看到了一些东西，但是它的轮廓还不清楚。"[6] 诚然，想法是模糊的，但是，激情是清晰的。

随后的一次公路旅行将他们带到了南方，去了解现任美国参议员、前路易斯安那州州长休伊·朗（Huey Long）的方法。尽管朗以独裁的方式行事，但他的民粹主义口号"每个人都是国王"却赢得了广泛的影响。他支持农村贫困人口，他的提案"分享我们的财富"号召激进的收入再分配，从富人和特权阶层手中收钱，承诺为全国每个家庭提供5000美元的年收入。休伊·朗充满期待，他的广泛声望能使他在1936年入主白宫——他甚至写了一本名为《我在白宫的最初日子》(My First Days in the White House) 的书——但是，他在1935年9月被暗杀，就在他宣布参选的一个月之后。

参加完路易斯安那州朗的葬礼后（约翰逊和布莱克本终生未能见到这个人），他们回到了北方，住在约翰逊家族位于俄亥俄州新伦敦的维多利亚式住宅里。霍默·约翰逊出生在这个农村小镇，虽然在60英里外的克利夫兰，他获得了成功发展，但是在休伦县，他扩大了财产，包括14个佃农农场和北大街上的一幢大房子，以及镇子以北的希腊复兴时期的大宅邸，当地人称之为汤森农场。

　　小约翰逊从未真正成为村里的一员。虽然，作为地主贵族的一员，他小时候在新伦敦过夏天，骑着马在乡间转悠，但是，他不被允许与当地的孩子混在一起，并要回克利夫兰上学（由有司机的豪华轿车送过去），然后往东部上寄宿学校和大学。[7] 当他成年后，回到新伦敦居住时，他仍然不像本地人，穿戴着他最喜欢的长外套和软呢帽。但是，他参与了当地的政治活动。在市议会例会上，他问了一些问题。这些问题要求市议员审查长期建立的程序。他的热情使他被任命为当地公园管理委员会成员。

　　他发起了一项提高牛奶价格的草根努力。他宣布竞选州代表，但在赢得民主党初选后，他在 11 月的选举前退出。那时，他和布莱克本已经与另一位全国知名人士结盟，底特律电台牧师查尔斯·考夫林（Charles Coughlin）神父，他出版了周报《社会正义》（*Social Justice*），并批评了民主党罗斯福总统的"银行家拥有的、银行家操纵的和银行家得益的政府"。[8] 考夫林每周拥有大约 3000 万的巨量电台听众。他显而易见的威力和曝光度吸引着约翰逊；和布莱克本一起，两个移居的纽约人提供了他们的服务。和考夫林在他底特律郊外的家中，度过了一个晚上后，他们回到俄亥俄州，建立了一个考夫林国家社会正义联盟的地方分会。为 1936 年底在芝加哥举行的一次大规模全国联盟集会，约翰逊还设计了一个舞台。这次集会与约翰逊在德国目睹的希特勒集会非常相似。在约翰逊精心制作的舞台上，小小的考夫林身影，在巨大的背景衬托下，被勾勒出来，他那放大的话音鼓舞着接近 10 万的人群。

　　这两位曼哈顿人，给昏昏欲睡的 1500 人口的新伦敦，带来了不止政治上的激进主义。令邻居们惊讶的是，约翰逊更新了他父亲在北大街上那栋伸展开来的两层楼的房子。木匠们过来拆除了两堵内部隔墙，为首层创造了一个开放式平面。这层平面原来由许多小房间组成，反映了自1867年建房以来的几次加建和翻新。然而，真正令市民吃惊的是约翰逊对外形的改变。在南墙上，侧壁板卸下来了，后面的柱墙被拆除了。取而代之的是，约翰逊安装了从地板直到顶棚的玻璃，打开了主客厅内外的视野。[9]

约翰逊的视觉想象力，以密斯的语汇，在起作用。他的建筑手术将图根哈特元素，移植到一座维多利亚时代的民居中。因其巨大的门廊，这个地方令人难忘。新的玻璃墙改变了它的性格。

当布莱克本娶了新伦敦的一个女孩，突然带着新娘回到纽约时，他的俄亥俄州田园生活就结束了。两人成立的政党——拯救美国脱离共产主义的青年民族主义运动——解散了，约翰逊在俄亥俄州的政治活动也衰退了。回到纽约，他和劳伦斯·丹尼斯，以及其他一些有相同的政治倾向的人，重新交往。

约翰逊还恢复了对欧洲的定期访问，其中一次访问是在1939年进行的，并非无辜的插曲。德国入侵波兰时，他正在柏林。约翰逊意识到，事件随时可能爆发。他使自己被任命为考夫林右翼周报《社会正义》的驻外记者，并提交了丹泽的报道。他的文章，在语气上，带有毋庸置疑的亲德和反英色彩，具有足够的煽动性，以至于联邦调查局很快对他展开了调查。他当时写的一封信暗示了约翰逊的心态，就如同他在描述闪电袭击过后不久华沙附近的波兰城镇时说："德国的绿色军装使这个地方看起来欢乐而愉快。看不到很多犹太人。我们看到华沙被烧毁，莫德林被炸。那是一个激动人心的场面。"[10]

尽管约翰逊对希特勒和德国人抱有同情的看法，然而，整个事件可能已经消失在历史中，除了9月份，在一个东普鲁士小镇索波特，他分享了一晚旅馆房间。另一位是哥伦比亚广播公司的年轻记者，名叫威廉·希勒，他对当时的情况做了第一手报道。希勒显然第一眼就不喜欢约翰逊，在日记开始，就把他斥为"美国法西斯分子"。两年后，当希勒的书《柏林日记》(Berlin Diary)问世时，它立即成为畅销书，约翰逊在书里出现了几次。"他一直假装反纳粹，"希勒在他的日记里写道，"并试图说服我改变态度。"[11]

这次波兰之行证明了，约翰逊政治冒险的不光彩结局。他既没得到名气，也没得到权力（他的俄亥俄政党只有不到150名党员）；事实上，这场遭遇变得臭名昭著，甚至在50年后，难堪还时不时地浮出水面。艾比·洛克菲勒会原谅他："每个年轻人，"据报道，在1957年约翰逊竞选MoMA董事会的讨论中，她在董事会上说，"都有权犯一个严重的错误。"[12]但是，有些人，在约翰逊的言行中，看到了较少的幼稚和更多的恶意。

当约翰逊从博物馆辞职时，崭露头角的年轻记者约瑟夫·阿尔索普（Joseph Alsop），在《纽约先驱论坛报》(New York Herald Tribune)上，预言这位前策展人正在进行一场"超现实主义政治冒险"[13]时，他可能已经完全明白了。像20世纪30年代数百万有教养、高学历的美国上层阶级一样，菲利普·约翰逊轻蔑地谈到犹太人；在享有特权的新教文化中，酒馆式的、鸡尾酒时间的反犹太主义是司空见惯的，尽管约翰逊比大多数人走得更远，报道了对海外犹太人占优势的不满（《犹太人主宰波兰一幕》(Jews Dominate Polish Scene)是约翰逊发回给《社会正义》的新闻报道的标题）。[14] 这个狂热的业余爱好者，在艺术界取得了成功，认为政治只是另一个他可能发挥影响力的领域。5 年来，他一直在努力，用他那漫溢的自信、魅力、智慧和充裕的资金（他给考夫林的钱包捐了 5000 美元）。

他拒绝承认，国家社会主义党潜在的暴力肯定是超现实的。约翰逊处于社会等级的最高位置，这使他特别缺乏理解第一次世界大战后欧洲社会学的能力。他不了解艰难困苦，所以可负担住房的概念，奥德和包豪斯专注的东西，于他没有身体力行的现实体验。他被感动了，是由于美，而不是由于人（沙特尔大教堂和帕提农神庙让他的眼睛充满泪水；排着队等汤的孩子们没有）。在组装具有里程碑意义的 1932 年 MoMA 展览时，他接受了后来被称为现代主义的风格。对他来说，关键是玻璃和钢作为艺术的抽象纯净，他没有分享它的欧洲发明家（和刘易斯·芒福德）的愿景，即现代建筑可以成为建造经济型建筑的一种手段，从而改善战后众多欧洲人口的命运。并非巧合，在国际风格建筑中，约翰逊最喜欢的是密斯为弗里茨和格雷特·图根哈特设计的巨型豪宅。

约翰逊必须知道，那些在德国取得政权的人，像对犹太人一样，对同性恋者不屑一顾，而他却选择不承认这种危险。他非常幸运，他在德国的越轨行为使他的名声只稍微受损。他那浅薄的魅力使他免于更永久的污点，就像他那浅薄的魅力会为他一再赢得不太可能的朋友一样。

至少有一个人物，当时在美国任教的贝特朗·罗素（Bertrand Russell），发现他是一位迷人的晚餐搭档。这位英国哲学家一刻也没有被约翰逊的政见所吸引，并告诉一个共同的朋友，这个晚上的事。他揶揄地笑道："（约翰逊）是个信魔主义者……但是，和你不同意的绅士共度一个晚上，比和你同意的无赖共度一个晚上，要愉快得多。"[15]

约翰逊一生中的许多事件，都被很好地记录下来，但是，关于他在俄亥俄州遭遇政治困境的细节，却鲜有记载。他的法西斯迂回之路上的文件很少，尤其缺少他母亲、朋友和家人已经习惯于收到的那些长长的吐露心声的信件。他的便携式打字机发出的咔嗒声，经常在 20 世纪 20 年代末和 30 年代初的欧洲酒店房间里被听到。要么中断了，要么也许，当约翰逊意识到他的欧洲蠢事的深度时，他写的信件后来被扔进了垃圾箱。结果是，在大多数情况下，我们瞥见约翰逊在 20 世纪 30 年代后期，主要是作为体制边缘的人，偶尔出现在同时代人的回忆中。约翰逊自己写的怪异报道——讲述了他在波兰为希特勒草率的欢呼——没有保存在他的档案中，而是保存在他的联邦调查局的档案中。

这个看似被删节的事件版本的后果是，约翰逊的恶行，从来没有达到，他觉得有义务，为他的法西斯主义和反犹太言论，承担真正意义上的罪责的门槛。相反，当很久以后，被问及三十多岁的政治问题时，他习惯性地顾左右而言他。"我无法解释或弥补"是一个对过去简洁而典型的拒绝。[16]

相比之下，约翰逊对重温那段朦胧岁月的沉默，并没有延伸到他在 1940 年作出的职业转变，在很大程度上，这要归功于弗兰克·劳埃德·赖特。

第二节

1937～1940 年……两位欧洲移民

美国的建筑重心在 20 世纪 30 年代发生了变化。古典传统开始吸收新的影响。尽管有赖特变化多端的作品，古典传统的顽固不化还是长期反弹。约翰逊和他在 MoMA 的朋友帮助鼓励新的简朴，从欧洲现代主义增援的到来中，从传统装饰到高功能的转变也将受益。到 1938 年，密斯·凡·德·罗和沃尔特·格罗皮乌斯都加入了德国移民社群，并永久定居在北美。

菲利普·约翰逊毫不掩饰地轻视赖特，但密斯·凡·德·罗仍然对塔里埃森大师保持着崇敬。他的崇拜可以追溯到密斯在彼得·贝伦斯的柏林事务所作年轻助理的时候。当时——也就是 1910 年——《瓦斯穆特作品集》打动了他和同事沃尔特·格罗皮乌斯和查尔斯-爱德华·让纳雷-格里斯（10 年后，后者将采用勒·柯布西耶的名字），具有启示的力量。在 1937 年第一次去美国旅行时，密斯特别强调去参观斯普林格林。

对赖特和密斯的第一次大萧条时期的碰面，阿尔弗雷德·巴尔起了间接作用。1937 年冬天，应受托人海伦·兰斯顿·雷泽尔的请求，巴尔写信给密斯。他知道，密斯在德国的建筑业务处于停滞状态。雷泽尔夫人和她的丈夫斯坦利想要在他们怀俄明州的农场上，建一所房子。这对夫妇经营着世界上最大的广告公司 J. 沃尔特·汤普森（J. Walter Thompson）。他是公司的负责人；她是公司的副总裁，因是当时最有想象力的文案作家之一而得名。在海伦·雷泽尔看来，密斯似乎就是为他们设计美好家园的那个人。

"这块用地周围环境优美，房子本身也相当大，"巴尔对密斯建议道，"这涉及一些我想你会感兴趣的设计问题。"[17] 有雷泽尔夫妇充足的财富，一个重要的设计任务即将到来。7月，密斯前往巴黎，在莫里斯酒店与海伦·雷泽尔见面并交谈。

"我非常喜欢他，"她向巴尔汇报，"我非常尊敬他，而且确信，他看到农场后……他会做出一个很好的玩意儿。"[18] 由于在德国没有多少选择，2周后，密斯和雷泽尔夫人，以及她的两个孩子，一起乘船去了美国，费用由她承担。在纽约上岸一天后，他登上了一列横越全国的列车，前往怀俄明州的雷泽尔家的农场。

他的日程安排只允许他在芝加哥待一天，他花了这天时间，去看了 H. H. 理查德森、路易斯·沙利文和赖特的作品。在回东部的旅途中，他有更多的时间，因为他受到位于芝加哥的工程和建筑学校——阿默理工学院的代表的恳求，在9月份，与他们见几次面，讨论担任阿默理工学院建筑学专业的主任。他驾车到橡树园后，于9月8日给赖特发了一封电报：如您方便，极想驾车去塔里埃森，向您致敬。[19]

从他的角度，赖特认为密斯是个人主义者，而不是约翰逊式的捆绑在一个学派或一种风格上的宣传家。他从1932年《国际展》的建筑文字和模型两方面了解了图根哈特住宅；他在布尔诺之家看到了自己作品的原创性和回响。他更倾向于密斯，而不是沃尔特·格罗皮乌斯或勒·柯布西耶（赖特拒绝了之前两人访问塔里埃森的尝试），他邀请密斯在9月10日星期五共进午餐。

令学徒们吃惊的是，这两个人进入了一种轻松的同志之情。交流并不简单，但陪同密斯的伯特兰·戈德伯格说着一口流利的德语。这位芝加哥年轻建筑师曾在包豪斯学习过。他充当了密斯的翻译，但是密斯经常采用手势，在他亲眼看到他从印刷品上认识的建筑物时。

由于知道密斯的严格标准，他的翻译用德语挖苦了一些塔里埃森的建筑细节，然后，像往常一样，这是一个进行中的作品，由自学成才的学徒建造。"闭嘴，"密斯用德语直率地训示戈德伯格，"它在这里，只有感激。"[20]

当他踏上塔里埃森的露台时，通常沉默不语的密斯被深深打动了。"自由，"他用德语说，"这是一个王国！"[21] 赖特情不自禁地被密斯的赞美之词卸下了防备。

午餐的客人留下来过夜；一天变成两天，然后变成三天。第四天，赖特叫了一辆汽车和司机，亲自护送密斯回到芝加哥。他们在威斯康星州拉辛市的约翰逊蜡业大厦的建筑工地、橡树园的统一教堂停了下来，然后前往芝加哥南部的罗比住宅。临别时，赖特向密斯赠送了一幅日本版画，安藤广重手绘的风景。

第二年，当密斯回到芝加哥领导阿默学院时，他请求赖特在一次欢迎晚宴上介绍他。赖特以自己的方式帮了忙："我把密斯·凡·德·罗交给你们，"他对全体董事和教职员工说，"但是，这个密斯不是我的……作为一个建筑师，我钦佩他，作为一个男人，我尊重并爱戴他。阿默学院，我把我的密斯·凡·德·罗交给你们。你们要对他好，像我一样地爱戴他。"[22]

尽管密斯在附近的芝加哥开始了新生活，但他再也没有回到过斯普林格林；九月份密斯向大师致敬的插曲，并没有发展成持久的友谊。然而，在密斯从德国带来的约 300 册的个人图书馆中，赖特是一个重要的存在。与赖特有关的几个书名中，有《瓦斯穆特》卷和刘易斯·芒福德《棍棒和石头》(*Sticks and Stones*，1924年)的译本。

1940年，密斯写了一篇关于赖特"无与伦比"的天赋的令人钦佩的文章。[23] 然而，在大多数情况下，这两位巨头忙于各自的业务，似乎从未有过特别的联系。

———

沃尔特·格罗皮乌斯——整洁、庄重且严谨——也于1937年抵达美国。他接受了哈佛设计研究生院的教授职位，一年后，他成了建筑系主任。一到剑桥郡就任，他就说，学生们对弗兰克·劳埃德·赖特的作品是"巨无知"，对此他表示惊讶。

格罗皮乌斯不仅给他的新学校带来了他的包豪斯哲学，还带来了对赖特的开放式欣赏。在早些时候对美国的访问中，格罗皮乌斯承认，芝加哥的罗比住宅和布法罗的拉金大厦"接近（他）自己的思想和感觉"。[24]

1937年，当格罗皮乌斯提议访问塔里埃森时，赖特刻意回绝了格罗皮乌斯，但最终，在1940年1月，两人终于进行了长谈。在波士顿发表演讲时，赖特接受了格罗皮乌斯的邀请，去麻省林肯的家拜访他。由于纳粹分子禁止从德国转移金融资产，移民格罗皮乌斯只带着他的书、文件和一些包豪斯的家具登陆。然而，在一年之内，波士顿的一位捐赠者的慷慨解囊，使他得以为自己、他的妻子艾斯以及他们十几岁的女儿，开始建造新家。

在考虑他的房子的设计时，格罗皮乌斯调查了该地区的乡土建筑，然后将这些传统的新英格兰材料，如田野石和木隔板，纳

入他的设计中。虽然他雇用了当地的建筑工人，但是他的房子在
4英亩高地上，俯瞰着一个果园，与附近的旧农舍迥然不同。不
对称的入口、平坦的屋顶和带状窗户，这是出发点。他的供货商
对他使用大片平板玻璃、铬质栏杆、商业灯具和玻璃砖感到困惑。

　　格罗皮乌斯和赖特，在13个月前，曾有过短暂的见面——
1938年，在MoMA的包豪斯大展上，一位摄影师捕捉到他们鸡
尾酒会时谈话的影像——但是，他们在林肯一起交谈的几小时宁
静时光，却冲淡了格罗皮乌斯对赖特的钦佩。他观察到，与赖特
谈话就是接受赖特的意见，他亲身体验了赖特的"傲慢自大"。
他了解到，他们的教学风格迥然不同。格罗皮乌斯指出，赖特邀
请他的塔里埃森学徒进行崇敬的模仿，而格罗皮乌斯，在包豪斯
和哈佛，鼓励另一种方法。格罗皮乌斯宣称的目标是"帮助学生
观察和理解生理和心理事实，并从中让他找到自己的方法"。[25] 在
随后的岁月里，对赖特就国际风格建筑的尖锐批评，格罗皮乌斯
也会感到不满，比如他自己在林肯的房子。

————

　　沃尔特·格罗皮乌斯不是那一年唯一一个感到被赖特错误对
待的人。在他1940年与格罗皮乌斯谈话时，赖特已经预料到，
秋天在MoMA会有一场大型展览。这是迄今为止对他的作品的
最大庆祝。去年9月，在塔里埃森，约翰·麦克安德鲁待了2天，
制定了初步计划。展览将包括，在博物馆新的53街馆址后面的
雕塑花园中，按原尺寸建造一座住宅。赖特式住宅将成为一个原
型，体现了他关于良好但负担得起的住宅设计的最新思考。他把
这样的家叫作"美国风"（Usonian）。这个名字是他创造的，以标

志出 1936 年以后他建造的一组房子。这些单层住宅的特点是低顶棚，开放式平面，中央壁炉，既没有地下室也没有阁楼以及模块化施工。[26] 在纽约布展"美国风"住宅对他很有吸引力，因为更广泛的公众可以体验到缩小版的赖特式住宅（他的"美国风"住宅的室内面积通常是 1500 平方英尺）。这个住宅体现了他整合起居空间的天赋，餐厅成为起居室的一部分，为以厨房去主要公共区域提供了新的方便。

　　一本纪念文集也在准备当中，收集了有关赖特及其作品的优秀论文。被提议的论文作者包括刘易斯·芒福德、亨利-罗素·希区柯克、费城美术馆馆长菲斯克·金贝尔、芬兰现代主义者阿尔瓦·阿尔托，以及考夫曼一家三口：E. J.、莉莉安娜和小埃德加。麦克安德鲁也约请亚历山大·伍尔科特撰写文稿。虽然他最初同意了，但是由于健康状况不佳，伍尔科特退出了，建议博物馆重印他在 1930 年《纽约客》上的文章，但是麦克安德鲁选择不收录它，因为该作品已经在伍尔科特的文集中出版了。（这一机会不幸被错过了，因为伍尔科特没有机会重新审视他的老朋友赖特了。1943 年 1 月，在电台广播期间，他猝死于心脏病发作。）

　　1940 年，赖特乘风破浪，因为设计任务滚滚而来，在塔里埃森，他们以前从未有过。他的大工程，威斯康星州拉辛市的"S. C. 约翰逊及其子"行政大厦，1936 年的设计任务，在施工延误后，于 1939 年竣工。在半透明的派热克斯玻璃管顶棚下，由一片树林似的蘑菇状柱子支撑，半英亩的开放空间让参观者感到非常兴奋。约翰逊蜡业大厦是一件精美的作品，对赖特的商业建筑业务来说是个好帮手，它就像流水别墅对其居住建筑业务的影响一样。

为了准备即将到来的 MoMA 展览，赖特让他的学徒们去制作新的模型。展览预期在 1940 年 10 月开幕，他委托摄影师拍摄新的照片，但正如 1932 年那样，这些材料慢慢地收集在一起。因为赖特的执着，麦克安德鲁于 9 月中旬飞往塔里埃森。"停下一切，"赖特已经要求，"想给您看一下总体方案，关于目录、展览和住宅。"[27]

如果他在身边，菲利普·约翰逊可能已经意识到，赖特的语气是一个不祥的预兆。计划很快开始瓦解。赖特要求更多的空间（没有空余的地方了）。他希望，把展览重新命名为《材料的本性》（*In the Nature of Materials*），并为随附的目录，准备了自己的封面设计。然后，读了麦克安德鲁委托写的文章后，赖特变得愤怒起来。如果手头的论文发表了，他打电报说，"就不会有展览了"。[28]

随后进行的谈判类似于 1932 年 1 月的谈判，麦克安德鲁给赖特写了一封卑躬屈膝的信（"我恳请您最后一次再考虑一下，而且……不只是因为我陷入困境。"）[29] 展览得救了，但推迟到了 11 月。花园里的"美国风"住宅从计划中取消了，并且，赖特过来指挥模型和图像的布置。麦克安德鲁被撇在一边，发现自己正在给目录的撰稿人写道歉信；巴尔不允许重写文章以迎合赖特的自我意识，所以没有附带的出版物出版。令赖特恼火的是，博物馆也让自己与布展拉开了距离，在邀请函和招牌中加入了"由建筑师自己布展"的条款。[30]

当展览最终开幕时，评论家们并没有被麦克安德鲁发布的新闻稿所说服，该新闻稿的标题是《最伟大的在世建筑师来到现代艺术博物馆》（*Greatest Living Architect Comes to Museum of*

Modern Art)。《纽约时报》评论家杰弗里·班克斯怀疑这种说法是否"被严重夸大了"。[31]《帕纳萨斯山》(Parnassus) 杂志将赖特的展览（从各个方面来看，它都成了他的，而不是麦克安德鲁的）描述为"令人困惑的蓝图、建筑渲染、缩比模型、材料和照片的混合体"，对此，作者评论道，"足以令人惊讶的是，没有目录。"[32]

如果目录出版，其中，公众会看到密斯的颂词。他的文章将赖特描述为"汲取了真正的建筑之源的建造大师"。他总结道："赖特有着不可磨灭的力量，他像一棵大树，在广阔的景色中，一年又一年，他获得了更加高贵的王冠。"[33] 但是赖特不准备让密斯或其他任何人来定义他。只要他还活着，他就会尽可能地保护这个特权。

————

虽然菲利普·约翰逊与赖特称之为"结束所有展览的展览"的展览几乎毫无关系，但他还是从自己口袋里掏出 500 美元为筹划的（但最终还是夭折的）"美国风"住宅买了单。作为 MoMA 的顾问和阿尔弗雷德·巴尔的知己，约翰逊了解赖特的古怪，并且带着一种似曾相识的感觉，同情麦克安德鲁的挫折。

约翰逊从俄亥俄州的新伦敦搬回来后，重建纽约作为他的家园，重新加入了他的 MoMA 朋友的核心队伍。在个人的十字路口，他试图远离政治，他的第一直觉是重新融入建筑。他拒绝了催促他回到日复一日的博物馆生活的官僚机构的规劝，和布置一个季度展览的苛刻的日程表，尽管下一季（以及之后那一季）的展览计划有实力得到关注。他当然喜欢他的公众声音带来的影响，但是他还没有准备好，恢复他原来的策展人和评论家的角色。或者和赖特这样的人打仗。

他感到一种潜在的设计欲望的萌动。10年前，他向父母保证，"我没有……打算做任何建筑，在我年轻的时候。有太多的问题我想先解决。战略机遇期已经过去了，不过，如果我有世界上所有的钱，我就会不断建设，继续试验。"[34] 然而，到1939年，他已经到了一个新的导致反思的情绪低谷，一个对原来爱好的回归。

"绝望。个人的绝望……我意识到，我不是在写作，我没有把任何东西归于任何起因，黑，白，或中间地带。我意识到，有些东西非常，非常缺乏。而且，我一直喜欢设计，我想，如果你喜欢，看在上帝的份上，约翰逊，是什么阻止你去上学的？"[35]

总结一下，它可能就是他长期以来追求的职业，他决定，把自己重新塑造成为建筑师。

他的建筑学院的录取条件既有强项也有弱点。从加分的方面来说，他在MoMA的时光就是一份有价证书，而附随的恶名无关大碍。他在哈佛大学的关系从本科时代就很深了；他认识格罗皮乌斯，现在是设计研究生院的系主任。约翰逊缺乏工程或数学的本科培训，令人担忧。设计研究生院的文化也是如此，其中大多数其他申请人都是刚毕业的大学生，通常比34岁的约翰逊小10岁或更多。

另一个不小的问题是他缺乏绘画能力。他敏锐地意识到，自己在绘图板上并不是熟手。在抵达剑桥郡谈论他可能的建筑未来时，他遇到了另一位最近来到哈佛的格罗皮乌斯门徒，马歇尔·布劳耶，他帮助建立了设计研究生院在世界建筑前沿的地位。如约翰逊回忆那一刻，他向布劳耶倾诉，令人惊讶的是，布劳耶似乎并不特别关心约翰逊的绘图能力。

布劳耶要求申请人伸出手和手指。

约翰逊照做了。

"它们操作得很好，"布劳耶对未来的学生说。"我看不出有什么问题。"不需要其他测试了。

1940 年秋天，当赖特和麦克安德鲁在西 53 街的布展上角力时，菲利普·约翰逊登上了开往波士顿的火车，在去哈佛设计研究生院入学的路上。后来，他把这一刻看作是"到荒野里去寻找我的财富"。[36]

第三节

1940 ~ 1943 年……剑桥郡，麻省……回到学校

约翰逊，在离哈佛广场几个街区的地方，租了一所小房子。这栋位于纪念大道 995 号的整洁的 2 层建筑，可以看到查尔斯河，很适合他。他是同学中年长的政治家，渴望交友，尽情娱乐。他的经济能力允许他雇用一位爱尔兰女仆，摆上一张精美的餐桌，上面有上等的瓷器和银器。

他的风格给他的新交留下了深刻的印象。一位名叫卡特·H. 曼尼（Carter H. Manny Jr.）的中西部人，给密歇根城的家，写信说："这家伙一定是赚大钱的。他像个喝醉了的水手一样花钱。"[37]根据另一位同学约翰·约翰森的说法，约翰逊很聪明，把富家子弟的方式留在教室门口。"他……在工作室里，没有站在我们上面或旁边。"

然而，最初，约翰逊的作品没有让他的新同行们留下什么印象。"我们并不认为，他很有天赋，"约翰森回忆道，"也没有把他当作设计师来认真对待。"[38] 一个沙滩亭的第一学期作业清楚地表明，约翰逊打算重复他以前在 MoMA 倡导的现代主义观念。他的项目明确模仿密斯的设计，但他的教授们通过了。评审团的一位成员——沃尔特·格罗皮乌斯本人，在设计研究生院，负责更新其古典艺术传统的课程——特别提到了约翰逊的设计，予以表扬。

约翰逊发现，自己被一群才华横溢的冉冉升起的建筑师所包围；除了约翰逊，其他当时在设计研究生院而日后声名鹊起的学生还包括保罗·鲁道夫、贝聿铭、爱德华·拉华比·巴恩斯和乌尔里奇·弗兰丞（Ulrich Franzen）。当他的同学们开始，以预期的方式，完成学位要求的时候，约翰逊，他的信心日益增强，想出了一个新奇的方法，来获得建筑学硕士学位。

到 1941 年春天，他正在为自己规划一栋房子，他建议把它作为他的高级项目。他劝说他的教授，与其像大多数同学那样，仅仅构思、设计和绘制一个高级项目，不如他把命题建起来，并住在那里。

各种潮流争夺约翰逊和他的同学的注意力，其中之一是弗兰克·劳埃德·赖特。卡特·曼尼特别崇拜赖特，部分原因来自于家庭关系（他的父母是赖特两个孩子的朋友）。"（菲利普）总是设法让我脱离弗兰克·劳埃德·赖特，"曼尼回忆道。[39] 最后，约翰逊失败了，因为后来在战争时，曼尼成了一个塔里埃森的学徒。

在 1941 年的冬天，约翰逊开始制定一个小房子的计划，一个很适合他自己需求的房子。他发现了一块方便的用地，常常走过的剑桥郡阿什街的空地。从他在纪念路上租的房子，这个方向直接通往哈佛校园。5月，约翰逊获得了阿卡西亚街拐角处的80英尺宽、60英尺深的9号地块的所有权。

甚至在早期阶段——到了夏天，曼尼还在一封家信中，勾画了他的朋友提出的设计方案——约翰逊的房子承诺会震惊他在剑桥郡郊区的邻居。附近的大部分住宅都是木框架结构，其历史可以追溯到19世纪中叶；他们的建筑工人遵循希腊复兴的当地民间风格，采用角板和升起的山墙屋顶（类似于壁柱和山墙），从而将不同的朴实建筑物，标识为古典神庙的几何后代。就在几个街区之外，佐治亚贵族的宅邸就在"托利街"两旁，这条老国王的公路在革命前就已建成（在包围波士顿期间，乔治·华盛顿曾经住过，后来是亨利·华兹华斯·朗费罗的家）。其他街区的街景以安妮女王、第二帝国和哥特式风格的精美的维多利亚式房屋为特色，有塔楼、曼莎式屋顶、宽阔门廊或锯齿形破风板。

剑桥郡人以前确实遇到过新的建筑思想；实际上，在约翰逊计划的房子附近，有一座在1882～1883年建造时就被认为是创新的房子，是美国建筑发展史上的里程碑。就在约翰逊新家北面的一个街区，布拉特尔街和阿什街的拐角处，矗立着玛丽·菲斯克·斯托顿住宅，是为一个富有的寡妇建造的。阿尔弗雷德·巴尔、亨利-罗素·希区柯克和约翰逊本人在《现代建筑：国际展》中承认了它的设计师亨利·霍布森·理查德森；他们把理查德森看作"现代美国建筑的载体之一，这条线索从理查德森传到（路易斯）·沙利文，从沙利文传到弗兰克·劳埃德·赖特。"[40]

作为木瓦风格的早期例子，斯托顿住宅暗示了一种新的简单性。这是约翰逊考虑在自己的用地向南开几扇门的设计的一个遥远的先驱。理查德森将附近房屋的传统精华提炼出来，包括塔楼、飘窗和交叉的山墙屋顶的组合。但是，他没有呼吁关注折中主义元素，而是把各种形状的混合遮盖在与房子起伏形状一致的规格相同的木瓦表层里。没有漩涡工艺的木工构件分散视线；最小的装饰上了油漆，以匹配木瓦的深橄榄绿色。甚至门廊也被遮住了，成了房子体块里的一个空洞。窗户，两个一组，三个一组，加上许多小灯，增加了水平感，使房子看起来更低缓。虽然在 1900年和 1925 年，已经加建了两次，但在约翰逊的风景中，理查德森的斯托顿住宅就是一个固定物。这栋住宅，以和他自己想要的一样的朴素方式，使用材料。

到了约翰逊在 1941 年 9 月获得建筑许可的时候，理查德森的设计看起来只是一个社区其他住宅的渐进转变。约翰逊的住宅，他第一个独立设计且即将完成的作品，是一个更激进的背离。正如当地报纸《剑桥纪事报》（*Cambridge Chronicle-Sun*）不久后报道的，这是一栋"剑桥郡以前从未见过的"房子。[41]

————

不出所料，约翰逊借鉴了密斯·凡·德·罗的基本思想。在柏林的最后几年里，这个魁梧的德国人设计了一系列在封闭的庭院里的房子。虽然只有一座被建造，但用约翰逊的话说，密斯所有的"庭院住宅"构筑了"流动的空间……限制在由庭院和房屋的外墙形成的单个矩形内"。[42]

约翰逊确定，这种结构适合日益密集的剑桥郡街景，那里，小块土地意味着爱管闲事的邻居。他想象中的房子由一个细长的

"拥抱土地"的盒子组成，大约60英尺长，只有20英尺深。一旦他决定了基本要素，约翰逊雇用了G.福尔摩斯·帕金斯事务所的绘图员绘制施工图纸。他是一个当地的建筑师，约翰逊的朋友曼尼在设计研究生院的导师。这就建立了一种终生的合作模式：就像餐厅老板有构思一个场所并将其出售给公众的天赋一样，约翰逊，在厨房后勤的帮助下，成为站在房前的人。他的员工还制作了一个模型，为他赢得了一个高级设计课程的位置，由马歇尔·布劳耶教授。

随着那年12月对珍珠港的袭击和一些建筑材料的突然短缺，约翰逊改变了他原来的（和密斯的）庭院住宅用砖的规格。为了保证战时施工，约翰逊用应力皮胶合板作为房屋和围栏的代替材料。1942年4月中旬，当在纽约预制的墙板和屋面板运到现场并拴接和胶结在一起时，现场施工开始了。

这所房子从阿什街尽量后退，背后只留有一条狭窄的车道。但是，甚至在邻居们做出反应之前，这栋低矮的平屋顶建筑就消失在围墙后面了。围合庭院的围墙有9英尺高。房子和庭院的室内外结合空间几乎填满了整个场地，只剩下西侧的车道，北面是邻居一侧的最小后退距离，南面是沿阿卡西亚街的人行道边的一排树木和植物。沿着阿什街的主要正面，正好在人行道的边缘上，树立起来的围墙意味着，对任何路过的人来说，约翰逊的住所都具有堡垒的令人生畏的气氛。面向街道，没有窗户，房子和围合的花园一起占据了用地4800平方英尺的大约三分之二。

路易丝·约翰逊5月份来欣赏她儿子正在进行的工作，但是，至少有一个邻居没有被打动，像约翰逊的母亲那样。他提出控诉，声称房子离地产线太近，木寨状的围墙超过当地的法规限制整整2英尺。法院拒绝命令约翰逊纠正这些违法行为，裁定没有人受到损害。这栋简单住宅的构成要素很快配备起来，约翰逊于1942年8月开始居住。

作为第一件作品，阿什街住宅既体现了设计师的透明度，也体现了设计师的防卫性。街边的篱笆不友好，暗示着里面的住户想要隐姓埋名；然而，一旦进入约翰逊城堡的内部，参观者得到了相反的信息，因为房子的前墙完全由玻璃制成，揭示出：左边是卧室，中间是餐厅，右边是起居室。室内是开放式的，后部有最少的隔断以围住两个浴室、设备用房和厨房，而只有一段局部的墙，屏蔽着卧室。借助书架确定了用餐区域。北墙上的壁炉是少数几个传统元素之一。这房子几乎没有储藏室，既没有阁楼，也没有地下室。

约翰逊用他纽约公寓的密斯家具（包括铬和皮革的悬臂椅，以及带有靠垫的坐卧两用沙发）装饰了房子，他把它们布置成几乎相同的直线围合的模式。透明窗帘可以拉在玻璃前方，遮挡眩光。地板是一条均匀的轻质地毯。

如果约翰逊还没有特别准备好，向世界敞开心扉，那么他已经可以完全不加掩饰地表达对密斯的崇拜。约翰逊选择的风格，延伸玻璃以占满一个简单盒子的正面，在古板的剑桥郡的文脉中是新鲜的；在它的城市环境中，它的视线穿透的特征似乎是一个不太可能的选择。甚至对于他的同学们来说，这所房子也是个惊喜：根据乌尔里奇·弗兰丞的说法，"这是我们这些人所见过的第一所密斯风格的住宅。"[43]

事实上，阿什街住宅是一个自相矛盾的比喻。围墙阻止了进入，但是一旦突破了外部边界，通常的障碍物就看不到了；花园是房子的一部分。矛盾的是，向透明的墙外望去，落在实心的栅栏墙上，它挡住了行人的眼睛（当时的一本商业杂志批评约翰逊无视"传统的美国街区模式"）。[44] 隐私的感觉在某种程度上是虚幻的；因为，附近高楼的二楼和三楼的任何人，都能轻而易举地看到，约翰逊家和院子里发生的事情，所以，没有秘密可言。

这个地方足够奇怪，需要一些时间才能适应。一位客人就像一只困惑的鸟：他直接撞到了玻璃墙上。另一位客人回忆道："他跌倒在地板上，几乎失去了知觉。我记得菲利普看起来很生气，还说了'该死的蠢货'之类的话。"[45]

也许这个家伙已经喝了自由传送的饮品——在阿什街，约翰逊正在主持一个沙龙。在那里，他用沙龙的方式欢迎他的客人，由菲律宾家庭男仆提供饮品。他的众多客人不仅包括哈佛建筑系的学生，还包括老朋友阿尔弗雷德·巴尔、亨利-罗素·希区柯克和乔治·豪。

尽管约翰逊很生气，这位被玻璃弄糊涂的客人说，这位业主兼设计师已经成功地完成了他打算做的事情。尽管外部有墙的花园原来没有（现在也没有）屋顶，然而，正如这位晕头转向的客人所说的，与室内并不是完全分开的。房子和有墙的花园是相同的空间里的组成部分，就像一个正常分隔的家里相邻的房间。四块巨大的平板玻璃构成了正面的墙，把房子的内部和花园分开，而，同时把花园和房子结合在一起。

建筑最基本的关注点是光、空间和遮蔽，约翰逊的学徒住宅就是这些元素的精华。这栋又长又浅的房子，有点像正面敞开的单坡棚屋，它的正面在白天就是一道光的墙。因此，他所谓的庭院住宅并不是由房子上面屋顶的存在或庭院上面屋顶的缺失来定义的。这是一座与花园结合的建筑，明晰而微妙，这个场所，就像约翰逊一样，即使在引起人们注意它时，也要求不让人看见。在 20 世纪 40 年代早期建造时，阿什街住宅是即将出现的建筑和景观的轻声诺言。

约翰逊好打官司的邻居并不是唯一不喜欢这个地方的人。格罗皮乌斯和布劳耶都不赞成。"人们觉得它和街道不搭调，"约翰逊后来回忆道，"他们是对的——它不搭调。"[46] 另一方面，他的许多建筑同行，从来没有见过这样的房子，喜欢他们所看到的东西。乌尔里奇·弗兰丞认为，它"非常简单，非常漂亮"，约翰·约翰森称之为"令人惊叹"。[47]

玛嘉·巴尔一直是个有洞察力的观察家，她发现，阿什街 9 号是个"特别的地方"。有一次，约翰逊把他的小房子借给了她，在那里，她和她的女儿维多利亚从各自的学校过来度春假。她们体验了这个地方，不像鸡尾酒时间的访客，却像昼夜都在的住户。对于她来说，这间玻璃正面的屋子看起来"宁静"而"合乎逻辑"。她还觉得很有趣，因为围墙没有完全触到地面，所以可以看到过往行人的脚。（约翰逊自己还记得社区里的女士们试着从下面看。）

巴尔太太也明白，那就是菲利普的住处。"当我们坐在起居室或院子里时，我们感到神奇地隐居在一个自觉的（原文如此）

精英气氛中，一个特别的地方，每个空间、每件家具都有它自己特别的预定位置。当菲利普不在的时候，他仍然是'场所精神'——就像他别的或大或小的作品一样，不可能改变他的安排。无论是谁做了，都是破坏者。"[48]

第十章

赖特的曼哈顿项目

该建筑本身就是非传统的、非具象的、非历史的抽象艺术；事实上，它不仅与内容相符，它取而代之。你可以去这栋大楼里看康定斯基或杰克逊·波洛克；你还可以看弗兰克·劳埃德·赖特。

——刘易斯·芒福德

第一节

1943 年 6 月……斯普林格林，威斯康星州……塔里埃森

1943 年中期，弗兰克·劳埃德·赖特收到了去约翰逊领地的邀请。寄信人需要赖特的帮助，因为曼哈顿要建另一个博物馆。"您能不能来纽约，"信开头说，"和我讨论一下，为我们收集的非客观绘画，建一栋楼（？）"[1]

看着 6 月 1 日的手写信，赖特没有认出蓝色信纸上那优美而连绵的笔迹。他在阅读签名时也一无所获，但是，如果作者的名字没有唤起任何回忆，希拉·瑞贝（Hilla Rebay）的协会做到了，因为附加的头衔是"S. R. 古根海姆基金会策展人"。当然，赖特知道古根海姆这个名字。而且，他知道，这个名字意味着钱，纽

约的钱,很多的钱。所罗门·理查德(Solomon Richard)是迈耶·古根海姆(Meyer Guggenheim)的后人,继承了父亲大量铜矿开采和冶炼财富中的相当可观的份额,而且,他自己也是一个精明的商人,大大扩充了他的财富。

这封信来得正是时候。那年夏天,只有不到五个塔里埃森学徒留在了斯普林格林。一些人在珍珠港袭击后服兵役。另一些人抵制草案,寻求出于良心拒服兵役者的地位,而在几个案子中,赖特强硬的孤立主义立场加强了他们的道德标准,导致的结果是进监狱。战争意味着新建设的稀缺,甚至赖特为麻省匹兹菲尔德的国防工人设计的住宅项目也被取消了。赖特对战争的反对声音没有赢得多少支持;当他试图争取"广亩城市"(他反思美国城镇的蔓延式规划)被指定为"值得国家追求的目标"(Worthy National Objective)时,他的请愿书没有得到白宫的反馈。[2] 结果,剩下的塔里埃森学徒花费更多的时间耕种胜利花园,而不是坐在绘图桌旁。

赖特看了整封信后,发现瑞贝描绘的是一个不一样的设计任务。他从未设计过博物馆,这并没有对无畏的赖特先生造成任何阻碍;看起来,这位写信的人也不想要一个传统的画廊。"我认为这些画不是架上画,"信中解释说,"它们是创建秩序的秩序,并且是对空间的感应(甚至校正)。当你感觉到大地、天空和'天地之间'时,你可能也会感觉到它们;并且,找到路。"

这是赖特能够接受的挑战。这不仅仅是对设计的要求;这位写信的人看起来理解赖特的性格。"我需要一个战士,一个空间爱好者,一个创造者,一个测试者和一个智者。"赖特读道,"我想要一座精神殿堂，一座纪念碑！而您的帮助，使它成为可能。"[3]

这些话读起来令人欣慰，也激发了他的好奇心。但是像往常一样，赖特的资金有限。为了避免纽约之旅的花费，他决定的回应方式是签发一封已经成为他的标准邀请的函。他可以再一次在塔里埃森扮演主人的角色，这位好客的主人，而且，不是偶然的，也是导游，在斯普林格林庄园的展示中，向他的客人充分显示赖特式风格。

于是，他的答复把邀请反过来了："你为什么不跑这里来待一个周末呢？带上你的夫人。我们有让你们舒服的房间和设施。"

希拉·凡·瑞贝男爵夫人立即礼貌地谢绝了。"我不是一位男士，"她告诉赖特，补充说："我建立了这个收藏，这个基金会。"更重要的，她解释说，"古根海姆先生82岁了，我们没有时间可以浪费……古根海姆先生很快就要出发去度夏，而且冬天很少在那儿。这不容易。"

第二封信促使赖特迅速行动。几天之内，他就登上了开往纽约的火车，不到两周后，正式的协议书生效。它要求赖特为新博物馆"提供初步的研究，完整的设计，最终的产品规格和对建设和竣工的必要监督"。建造成本不超过75万美元，赖特的费用不超过实际成本的10%。[4]

这个一再声称厌恶城市街道景观的人，突然在全国最大的城市接到了一项任务。尽管这些费用代表财政困难的弗兰克·劳埃德·赖特基金会重新有了偿付能力，但对经济拮据的赖特来说，这似乎不那么重要，更重要的是，他有机会设计一座建筑，它将再次提醒全世界——像菲利普·约翰逊和他的国际主义骨干——

赖特是个天才。对于一个远超过预期退休年龄的人（那年 6 月赖
特 76 岁），为当时被称为"非客观绘画博物馆"设计一个房子的
任务相当于完美的生日礼物。

第二节

1928～1929 年……纽约市……卡内基工作室

与创建 MoMA（洛克菲勒夫人和沙利文夫人，还有布
利斯小姐）的三位女性不同，希拉·瑞贝（生于 1890
年）本身就是一个艺术家。希尔德加德·安娜·奥古斯塔·伊丽
莎白·弗莱恩·瑞贝·凡·埃伦维森（Hildergard Anna Augusta
Elizabeth Freiin Rebay von Ehrenwiesen）是一位德国军官的女儿，
在她的家乡阿尔萨斯舒适地长大。19 岁时，她进入巴黎朱利安学
院，在那里她学习绘图和油画。

20 岁时，她知道艺术将是她一生的工作。她的训练准备使她
成为肖像画家，但在 1910 年搬到慕尼黑后，瑞贝发现，她陶醉
于对母亲描述的"色彩的奢华"。[5] 在接下来的 10 年里，她游览
了伦敦、苏黎世，再回到巴黎，定期去她在阿尔萨斯农村的家，
当时是德国的一部分。她的艺术爱好使她逐渐远离再现她所看到
的世界，而进入到了 1911 年瓦西里·康定斯基标榜的"非客观
绘画"领域。

正如菲利普·约翰逊在接下来的 10 年里所发现的，20 世纪
10 年代的柏林提供了艺术和文化的令人兴奋的混合。当首都的

上流社会为出身名门的瑞贝（她继承了男爵夫人希尔德加德·瑞贝·凡·埃伦维森的头衔）的肖像画创造了一个现成的市场时，这座城市的多元文化孕育了新的艺术形式。在前卫作家、电影制片人、画家和其他艺术家的亚文化中，瑞贝找到了志趣相投的伙伴。

尽管她身材矮小，但她的仪表引人注目。她留着浓密的金发，暗黑的眼睛，炽烈的郑重——偶尔，会露出一丝羞涩的灿烂笑容——吸引着来自父母世界的合适人选。但是她反而从拼搏的艺术家队伍里选择伴儿。有一段时间，瑞贝把艺术家汉斯·（让）·阿尔普（Hans Jean Arp，混血儿，他既以德语名字，也以法语的基督教名字被人熟知）当作她的情人。阿尔普向她介绍了保罗·克利（Paul Klee）、马克·夏加尔（Marc Chagall）和弗朗兹·马克（Franz Marc）的绘画作品。这些画家创作的写实画越来越少了，而在做色彩的实验。瑞贝受到了阿尔普的朋友和达达主义者的影响，其中包括特里斯唐·查拉（Tristan Tzara）和库尔特·施威特斯（Kurt Schwitters）。

在大战期间，瑞贝亲自画了大幅的油画和小幅水彩画。虽然早期的一些图像描绘了可识别的舞蹈元素，但她的作品越来越注重形式，随着形象的消解，让位于丰富多彩的抽象。为了挣钱，她仍然画人像，取悦那些能买得起自己和他们亲人的画像的有钱人，但是，她为了取悦自己而做的艺术以线、面、点和几何图形为特征。与康定斯基的作品一样，她的作品经常带有与音乐学相关的标题，包括作曲、快板、赋格和随想曲。她的作品赢得同行的尊敬，挂在科隆、苏黎世和柏林的画廊墙上。

战争期间,她爱上了另一个画家。到 1917 年,她和鲁道夫·鲍尔(Rudolf Bauer)分享了她的生活,但他们在一起的日子远非田园诗般的美好。尽管她对他的发展产生了影响,鲍尔仍然对她的工作不屑一顾。事实证明,他们断断续续的关系对瑞贝来说是艰难的。在接下来的 10 年里,她反复出现头痛、喉咙不适,还有各种疾病,包括致命的白喉发作。她反复考虑自杀。她在意大利生活了一段时间,部分是为了逃避鲍尔,这个要靠她来维持生活的人。虽然她觉得自己被他贬低了,但她还是不知疲倦地推销他的作品,并尊崇鲍尔为艺术天才。

在朋友的建议下,她穿越大西洋,于 1927 年初,乘坐 SS 威尔逊总统号轮船抵达美国。她口袋里有 50 美元,但贵族关系很快便敲开了大门。凡·瑞贝男爵夫人发现,纽约人似乎被她,她的生气勃勃的仪表,以及她的艺术,所吸引。到了秋天,她在第57 街玛丽·斯特纳画廊的作品展找到了许多买家。一位收藏家艾琳·罗斯柴尔德·古根海姆(Irene Rothschild Guggenheim)并不满足于获得一幅瑞贝拼贴画和一幅油画,她找到了这位艺术家。两个女人成了朋友,几个月后,男爵夫人乘船去欧洲夏季旅行的时候,她的特等客舱里的告别信里,有一封来自艾琳·古根海姆的电报"一路顺利"。

1928 年 10 月回到纽约后,在卡内基大厅上方宽敞的单间工作室里,这位艺术家重新开始工作。虽然她的使命是她的非客观作品,但是她继续接受其他任务,包括为曼哈顿经销商复制乔治·华盛顿在大都会博物馆的肖像。[6] 然而,更重要的是艾琳·古根海姆的委托。她和丈夫所罗门在附近的广场饭店里租用了一间大套房。古根海姆太太想让男爵夫人画一幅她丈夫的肖像。

他按时到达瑞贝顶棚很高的工作室，那里拥有充足的北面光线。环绕着鲍尔的油画、她自己的拼贴画和油画，以及其他先进的欧洲艺术家的作品，艺术家开始工作，对多次过来坐着的古根海姆进行记录。

他们的碰面不太可能是艺术和商业的碰面。瑞贝用油料勾画出可识别的像，这项任务没有特别的难度。一个真人大小的古根海姆出现了，一个看起来严肃的美国商人，戴着领带，穿着配套的背心、夹克和棕色羊毛的齐膝短裤。坐在一张皮制的扶手椅里，这个被画的对象看起来很悠闲，一个中老年男人，他随意交叉着双腿，双手搁在大腿上。但是瑞贝记录的表情掩盖了他姿势的安逸。他的模样直率而坚定。

男爵夫人边画画边聊天。起初，古根海姆可能对瑞贝所说的话持怀疑态度，但毫无疑问，他听得全神贯注。在之前的 10 年里，非客观艺术的事业滋养了她，使她的生活有了目标。一些观察家把非客观油画贴上"抽象"的标签，但是瑞贝、鲍尔和康定斯基拒绝了这个术语。他们认为，他们的作品不是从另一个源头抽象出来的，而是完全具有原创性的。正如他们相处早期的几个月里，瑞贝告诉鲍尔，"推断和理智对我们的工作毫无帮助，因为，它是建立在感觉上的，感觉修正它自己。"[7]正如鲍尔所说，"精神的创造必须是非客观的。"[8]

当瑞贝解释她对这种新艺术的热情时，古根海姆意识到，这些画对男爵夫人有着强大的精神影响力；这种艺术相当于一种宗教使命。她相信，最有天赋的非客观艺术家有能力与上帝交流，使绘画具有永恒的重要性。她坚持，他们需要被看到，他们的话需要传播。对于瑞贝来说，他们带着一个信息——"有节奏的行动，精神上的提升，极微妙的喜悦"。[9]

她的争论热情激发了古根海姆对这门新艺术的兴趣，但是她对非客观艺术力量的神秘信念显得格外具有讽刺意味，因为，她的新朋友"古吉儿"（她不久就这样称呼他）的一幅完全传统的肖像画成为她的生活支点。当他来到瑞贝俯瞰57街的工作室时，他对绘画的品位开始于古老的大师，结束于19世纪中叶巴比松学派和早期印象派的乡村风景。但她的热情，连同他在瑞贝的卡内基音乐厅工作室看到的非客观作品，扩大了他的艺术天地。在接下来的几个月和几年里，她会成为他的向导，成为他唯一的顾问，去完成一个探索，直到他遇见她，他才想到要去探索。尽管困难，瑞贝改变了古根海姆。反过来，他又能让她成为策展人和伟大博物馆的创始总监。

然而，这些转变是由一个女人的热情、旧世界的头衔和她作为艺术家的技能，以及更多原因造成的。正如古根海姆自己很快解释的那样，他年轻时那种挥之不去的拒绝感使他倾向于不太可能的转变。

1929年瑞贝和古根海姆夫妇一起去了欧洲，1930年又去了一次。作为旧大陆的艺术内幕人士，她很容易为她的赞助人，赢得进入艺术家工作室的入场券，为他们迅速增长的新艺术品收藏，买到最新的作品。她想让他们了解丰富的创意文化，1930年7月的一个晚上，古根海姆夫妇在柏林的沃尔特·格罗皮乌斯家吃饭。

为了这个场合，古根海姆夫妇来的时候，穿得非常讲究，被陌生的包豪斯家吓了一小跳，它们都是铬管骨架和皮革条带，这与古根海姆画像中的传统椅子形成了鲜明对比。女主人伊塞·格罗皮乌斯为了让客人感到宾至如归，问古根海姆先生，他是如何对现代绘画产生兴趣的。瑞贝站在旁边翻译。

古根海姆用英语解释说，年轻时，他设计了一种提取铜的新方法。但是他的父亲迈耶·古根海姆拒绝了这个想法。对于年轻的古根海姆来说，这次经历体现了人生的教训。正如他对格罗皮乌斯夫人解释的那样，人们"不应该低估那些尝试完全不同的方法的人的作品。"所罗门·古根海姆把这个概念转化为他开始收集的艺术。这是全新的——他希望支持它。[10]

1943 年，弗兰克·劳埃德·赖特第一次见到古根海姆时，凡·瑞贝男爵夫人已经把这位实业家的钱投资得很好，收集了一系列引人注目的当代艺术。有一段时间，它的主人曾考虑遗赠给大都会博物馆，但在瑞贝的引导下，他早就决定建立自己的博物馆。现在他想要一个合适的独特的建筑来容纳它。

第三节

1939～1943 年……纽约市……东 54 街 24 号

"谁会是这样一个计划的最佳建筑师呢？"早在 1930 年，凡·瑞贝男爵夫人就在想这个问题了。[11] 她已经赢得了捐助者的赞许，可以考虑这些想法，她向鲁道夫·鲍尔

（她继续尊崇他的作品）吐露了她的"非客观之殿堂"的梦想。

有了古根海姆的钱来支持她，瑞贝想得很大。在给鲍尔的一封长信中，她描绘了一座"以极好的式样建造"的殿堂。她明确了一个安静的入口房间："（它）必须有蓝色的顶棚灯，像巴黎的拿破仑墓；一个房间……那里，一个人在进入艺术殿堂之前可以远离街道的喧嚣。"画廊（她称之为"展览厅"）应该是"喜庆，而舒适的"，到处都能听到巴赫的音乐。她还想要一个图书馆，一个讲演厅和音乐表演厅，以及一个"以成本价"出售复制品的商店。归根结底，这是福音派的努力。据瑞贝说，必须是纽约，"真的，唯一可能的城市"。[12]

弗兰克·劳埃德·赖特这个名字远不是第一个浮现在脑海中的名字；事实上，多年前他曾向芒福德表达过"阅读我的讣告"的关切，证明是非常真实的。至少从 1931 年在柏林看到赖特回顾展时，瑞贝就知道他的作品，但是，后来瑞贝说，她以为他已经死了。[13]无论如何，她第一本能是去欧洲找。

1930 年夏天，参观了一系列不同寻常的工作室，这使得古根海姆对许多艺术作品的收藏量迅速扩大。古根海姆夫妇和他们的导游，在巴黎会见了马克·夏加尔、皮特·蒙德里安和弗尔南德·莱热，在包豪斯会见了康定斯基，以及在柏林会见了鲍尔。瑞贝还安排她的美国朋友会见了几位建筑师。除了和格罗皮乌斯共进晚餐，他们还结识了勒·柯布西耶。瑞贝了解到，勒·柯布西耶梦想建立"第一座真正的现代博物馆"。[14]

蒙德里安建议瑞贝咨询纽约的建筑师弗雷德里克·基斯勒（Frederick Kiesler）。奥地利人基斯勒把柯布西耶斥为"新闻工作者",但用"他的没有窗户的新博物馆设计"给男爵夫人留下了深刻的印象。正如瑞贝所报道的,"(它)有 14 层楼高,(而且)非常,非常有趣。"[15] 瑞贝咨询了德国建筑师埃德蒙·科纳的意见,她和埃德蒙·科纳讨论了"将博物馆与画作相匹配,与画廊相匹配,就像一个自定义创建的画框。"[16] 传闻还有其他的名字,包括阿尔瓦·阿尔托、马歇尔·布劳耶和理查德·诺伊特拉。在咨询赖特之前,瑞贝和同伴认为沃尔特·格罗皮乌斯(鲍尔把他贬低为"鼠目寸光")和密斯,他的"令人难以置信的玻璃结构"似乎与博物馆不匹配。[17]

1935 年,另一种对话一起开始了,当时,洛克菲勒夫妇和费奥雷罗·拉瓜迪亚市长制定了一条文化步行道的总体规划,将广播城音乐厅和 MoMA 与拟议中的大都会歌剧院新址以及古根海姆博物馆连接起来。当快速上涨的地价让洛克菲勒夫妇都感到害怕的时候,市政艺术广场的计划陷入僵局,然而,讨论促使所罗门·古根海姆发起了法律手续,以成立 1937 年 6 月 25 日的所罗门·R.古根海姆基金会。成立文件明确地指出,基金会的一个目标是开设博物馆。

虽然它证明了另一个错误的开始,但瑞贝同年提出的一个想法给新博物馆的愿景带来了新的形状。瑞贝提出了,为即将举行的 1939 年纽约世界博览会,举办展览的想法。直到那时,只有少数纽约人看过古根海姆的藏品。早在 1930 年,瑞贝就在这对夫妇的广场饭店二楼公寓里,挂了一套精品——它占据了酒店第五大道一侧的整个长度——酒店用艺术装饰风格的陈设重新设计了。一些油画被借给 MoMA 的阿尔弗雷德·巴尔参加 1933 年和

1934 年的展览。[18] 但到了 20 世纪 30 年代末，收藏品接近 1000 件，其中许多是鲍尔和康定斯基的作品，但是还有许多其他艺术家的代表作，包括弗尔南德·莱热、马克·夏加尔、保罗·克利、阿梅迪奥·莫迪利亚尼（Amedeo Modigliani）、乔治·修拉（Georges Seurat）和拉兹洛·莫霍里 - 纳吉（László Moholy-Nogy）。

在思考 1939 年的活动时，瑞贝自己把脑海中特别的古根海姆展馆的形象写在纸上。它由十几个玻璃屋顶的翼楼组成，它们像辐条一样从中央庭院伸出。尽管皇后区临时建筑的设计，从来没有超出她在信纸上的粗略草图，瑞贝的渲染预示着未来在矩形地块上的圆形建筑。

到 1943 年，瑞贝的信促使赖特前往东部与她和古根海姆会面。从 1939 年以来，非客观绘画博物馆就在纽约有一个公共馆址，位于东 54 街 24 号的一座低矮的商业建筑中。但是，瑞贝已经把租来的零售空间变成了画廊。在建筑师威廉·穆申海姆（他参加了约翰逊和巴尔 1931 年的展览《被拒绝的建筑师》）的帮助下，她改建了一个 40 英尺宽的店面，包括占地 100 英尺深的两层楼，再外加一个夹层。

画廊让观众大吃一惊。许多墙壁上都挂着打褶的灰色天鹅绒窗帘布，地板上铺着颜色相配的毛绒地毯。在画廊中，首次使用了新近出现的荧光灯。这些灯管隐藏在顶棚凹槽中。瑞贝称展览为《明天的艺术》(The Art of Tomorrow)。在她引人注目的布展中，画布悬挂在眼睛下方，其中许多紧贴着踢脚板。

她想要美术馆参观者能坐在提供的特大号的长软椅上。瑞贝试图营造气氛：在简朴的环境中，伴着巴赫和肖邦的音乐，游客可以凝视梦幻的画面。这些画是无可争辩的焦点，用它们宽边的、有线脚模塑的、覆盖着银箔的画框进行衬托。

新博物馆得到的评价参差不齐。《泰晤士报》评论家认为，它是"戏剧性的"。[19]在1943年的访问中，弗兰克·劳埃德·赖特认为，瑞贝的布展，尤其是她策划的圆鼓状画框的效果，只不过是"一个可怕的木料场"。[20]

赖特信心十足，他知道，自己能做得更好。

第四节

1943年秋……纽约市

弗兰克·劳埃德·赖特遇到的那个女人身材臃肿。尽管随着岁月流逝，希拉·瑞贝已经长得胖乎乎的，但是，由于她具备欧洲贵族、先锋派里的知名艺术家和古根海姆先生的博物馆梦想托付人的共同身份，下巴方正、头发暗黑的瑞贝更加自信了。虽然，她还没有成为公民——她在战争早期曾短暂地作为敌国外侨被拘留——但是，她讲一口清晰的英语，尽管带有明显的德国口音。

这位53岁的男爵夫人被指责，向赖特灌输她对博物馆的愿景——而且她已经习惯了被人倾听。她解释说，展览馆将展出的藏品不仅包括她喜欢的非客观作品，而且包括，如她所说，"有客体的绘画"。这些作品包括阿梅迪奥·莫迪利亚尼的细长脸部和裸体、亨利·卢梭的原始主义油画、乔治·修拉的点画作品，以及马克·夏加尔令人难忘的梦境，所有这些在瑞贝看来，都预见到了非客观。她告诉赖特，她希望非客观和客观的作品彼此分开，但她想要的不仅仅是画廊。她坚持认为，该建筑的项目还包括放影像的剧院、艺术家工作室，甚至还有她自己在建筑上面的一套公寓。

尽管有这些要求，赖特的任务仍然令人惊讶地含糊不清。在签约前几天写给他的信中，瑞贝描述了一个比精神更不具体的愿景。她建议，他"有无限的时空和神圣的深度，来创造灵魂的穹顶：宇宙呼吸本身的表达。"21 那个有钱人同样也没有具体的意见。"现在博物馆所惯用的那种建筑，"古根海姆对赖特说，"不可能适合这个博物馆。"22 只有当他们看到它时，他们才可能知道，它是什么样子，但是也许就是这样，他们脑海中拟议的博物馆，仍然是一个不客观的形式。

对于赖特来说，最大的未知数就是用地。他自豪于他自己对地段的应对能力，通过想出有机的解决方案，把建筑物镶嵌在它的环境里。这项新任务没有地段。相反，合同规定了购置土地的预算（250000美元，在曼哈顿地区，并不算那么多）和实现它的令人担忧的短暂期限。如果到1944年7月1日，没有获得场地，他的合同自动终止。

尽管整个世界处于战争状态——美国军队一个环礁一个环礁地奋战，穿越太平洋，而且盟军对德国进行了地毯式轰炸，造成了毁灭性的后果——然而赖特有非常强烈的购物动机。

他更喜欢在开阔的地段盖房子，而不是这里，他的设计任务所在的曼哈顿拥挤的街道。赖特向罗伯特·摩西伸手求援。摩西是桥梁和公园的建造者，也是赖特的堂姐夫，他把自己看成是能像奥斯曼男爵在 19 世纪的巴黎所做得那样，为纽约那样做的人。摩西也许是推荐附近用地的独一无二的人选。几天之内，摩西自己开车送赖特和瑞贝到里弗代尔一块 8 英亩的用地，就在曼哈顿的北部。山顶是摩西正在建造的一个新公园的一部分，俯瞰着哈莱姆河和哈德逊河汹涌汇合的斯普伊滕·杜伊维尔。

对于赖特来说，期望看起来最好远离稠密的曼哈顿城区。易于乘车到达——他，还有摩西，相信汽车是美国未来的关键——这块用地，正如赖特写给古根海姆的信中说的，似乎"从旧纽约势必变成的灰烬堆中真正解脱出来"。[23]

赖特过去曾试图说服客户，将他们梦寐以求的建筑建到偏远的地方，以符合他的有机愿景。1936 年，赖特一看到约翰逊蜡业总部的工业环境，就邀请赫伯特·约翰逊把他的事业做成"广亩城市"的一部分；认识到这个要求的不真实性，奥吉安娜就催促她的丈夫，"给了他们想要的，弗兰克，否则你会丢掉工作的。"[24]正如约翰逊蜡业行政大楼在客户希望的地方盖起来，赖特的请求在 1943 年被驳回，当时，古根海姆和瑞贝认为，布朗克斯的用地太偏远，因为里弗代尔位于非客观艺术博物馆在市中心的现有馆址以北 10 英里处。

摩西提出了替代方案，包括 69 街和 70 街之间的公园大道上的两块城镇屋所在的地段。但是要价是预算的两倍。接下来，MoMA 附近的两个地块被拒绝了。J. P. 摩根图书馆位于 37 街和麦迪逊大道拐角处，与它共享同一街区的可能性在房产被卖给另一买家时终止了。

在这几个星期里，当赖特夫妇多次访问东部时，希拉·瑞贝和赖特，还有奥吉安娜和他们的女儿艾万诺夫娜之间建立了一种纽带。瑞贝对这个神秘现象的信仰扩展到了预示，她告诉17岁的艾万诺夫娜，在她寻找建筑师的过程中，一本书从书架上掉下来，打在她的头上。这本书是关于赖特的。[25]

瑞贝多年反复发作的疾病——导致失能的头痛、持续的喉咙疼痛——促使她寻找奇特的治疗方法，其中一些，她向赖特一家进行了推荐。她完全相信，牙齿问题和扁桃体对精神有潜在的影响，劝说赖特，把他剩下的牙齿全部摘除，换上假牙；她向他保证，拔出"死牙"可以"净化"他的血液。奥吉安娜也同意拔牙，但是，当瑞贝提议把十几岁的艾万诺夫娜作为下一个候选人时，拔牙工作停止了。"希拉也不会得到她的牙齿，"奥吉安娜在一名学徒的听力范围内对赖特说，"弗兰克，这是一座建筑，你为了它，我们为了它，实实在在地献出了我们的鲜血。"[26] 她没有夸大其词，因为赖特夫妇曾尝试过瑞贝的另一种不同寻常的疗法，喉咙水蛭，用来抽出有毒的"旧"血液以鼓励新血液。赖特发现水蛭吸血法"降低了一两个星期的生命力"。[27]

随着夏天和秋天的过去，赖特的沮丧情绪逐渐高涨。寻找一块合适的用地没有任何结果，但是，赖特报告说，他的想象力正变得满是想法。他向瑞贝倾诉说："除非我能把它们画在纸上，否则我可能会爆炸或者自杀。"[28]

随着年终，赖特开始盘点。1943年12月30日，他给瑞贝发来电报说，他认为，"通过改变我们的想法……从水平变为垂直，我们可以去任何我们想去的地方。"[29] 新年前夜，他采用了一种公事公办的口吻，给古根海姆写信道，"现在看来，我们有可能想要一栋水平建筑，这与房地产的价值不相称。"[30] 与往常截然相反的是，赖特现在接受了采取更垂直的方法来寻找适合于城市的解决方案。城里，高耸的摩天大楼正在迅速占有支配地位。

他没有给古根海姆提供任何细节，而是坐在绘图桌旁，当时，在塔里埃森结霜的窗户外面，白雪堆积，他把一座低矮的、水平的建筑的早期未完成的草图搁在一边。他开始给予其新的垂直想法以具体的形式。

第五节

1944 年 1 月……斯普林格林，威斯康星州……塔里埃森

没有纽约的特定地段可以探索，赖特别无选择，只能想象一个。考虑到他对曼哈顿房地产价格的了解，以及他的客户对复杂建筑项目的需求，他计算出，大约 125 英尺乘 90 英尺的地块，可能是可以负担得起的和可行的。这个理论上的地块与摩根图书馆附近曾经考虑过的地段相似。赖特还决定，这样一块角地是必要的。

尽管他对瑞贝说，他"在图板上很忙"，但是，在 1944 年 1 月 20 日的信中，他没有告诉她，他已经制定了一个设计方案的基本要素。他很快就会准备好，可以展示出来。只有在脑海中，开始锁定一个想法后，赖特才会落笔于纸上。他以此自豪。他对

这座大型多功能建筑的设计，以惊人的速度成型。[31]

这在他的作品中并非没有先例。自从他职业生涯的早期阶段，赖特就承认几何形状对他的想象力具有"魔力"。赖特认为，正方形代表整体，三角形意味着结构统一。赖特说，他发现立方体令人舒适，球体令人振奋。许多年前，他沉思着，当诸如圆、正方形和八角形这样的"建筑主题"结合在一起时，可能会发生什么，他断言，内在的可能性从莎士比亚到"交响乐"都有。[32]

在设计古根海姆先生的博物馆时，赖特选择了一个三维的形状。尽管几个世纪以来，它吸引了自然科学家、数学家和克里斯托弗·雷恩（Christopher Wren）这样的人，但是很少赋予建筑物以灵感。但是，它似乎在古根海姆圈子里得到了认可。瑞贝自己可能已经向赖特提出了这个想法；鲍尔也许向她提出了这个建议。[33]柯布西耶的思想可能影响了这两个人，大约 1930 年，他与瑞贝分享了他的蜂巢蒙迪艾尔博物馆的方案，这是一个瑞士用地上未建造的漩涡广场。

像爱默生和歌德这样的作家，早就把螺旋看作一种至高无上的形式，认为它是自然界和人类神秘能力的运动和成长的有力隐喻。仅仅一条线就能升华成一个三维图形，这具有某种魔力。然而，就建筑工程而言，螺旋的历史是有限的。

在新年之际和之后，赖特忙碌地为古根海姆先生做设计——赖特敏锐地意识到，几个月已经过去了，他的合同期满的日子即将到来——他认识到，这种几何离心可能适合设计一个完全独特的建筑的任务。他要为一种新的艺术，设计一座新的博物馆；这种艺术试图超越平凡的视野。如果大部分的博物馆建筑还没有宣布，它们独立于宝库的宫廷传统，他的博物馆肯定会这么做。他引以为豪的是，自己在创作上取得了飞跃，使传统形式显得过时。

1月初的几周里，在绘图桌上工作时，他与纽约的客户通信。他警告他们做好准备迎接震惊："整个东西，要么完全让你猝不及防，要么就是你梦寐以求的玩意儿！"[34]

赖特以前曾经关注过螺旋。几年前，当他修订他的塔里埃森信纸时，塔里埃森的标志图案，已经变成了一个红色正方形内，看起来很简单的图形——虽然是古希腊的浮雕风格绘制的，但是直线围着的标志，实际上是一个双螺旋。

他对螺旋线的实验可以追溯到20世纪20年代中期，当时他在马里兰州弗雷德里克附近的糖果山，提议一个婚礼蛋糕式的设计。被称为"戈登强大汽车目标和天文馆"的建筑物原本是行车通道和目的地的奇特组合。在赖特的画中，悬臂路基呈螺旋状，盘绕着其路径到达建筑物的顶部，该建筑覆盖在一座山里。从景色上看，司机和乘客可以欣赏到蓝岭山脉的全景，一旦下车，他们就可以探索这个巨大结构的内部，一个大圆顶包含自然历史展品以及一个天文馆。

"汽车目标"从来没有进展到超出图纸的阶段，但20年后，这个螺旋形的想法，在赖特的想象中，发现了新的价值。他在1月20日的信中，向瑞贝表达了同样的暗示。"博物馆应该是一个从底部到顶部扩展的宽敞的均匀的建筑空间，"他屏住呼吸、未加标点地匆匆写道。他没有透露他的几何思想的特点，只是稍微详细地阐述了。他写道，这栋建筑应该适合于"轮椅来回和上下走动，遍及各处。"

赖特把早先的"汽车目标"方案里外翻过来，将悬臂在外面的露天道路变成了内部人行道，一个不间断的斜坡环绕着中庭。内向的设计是赖特的一个老主题；他的其他城市建筑，如纽约州布法罗市拉金公司的行政大楼和伊利诺伊州橡树园的统一教堂，封闭于街道景观之外。对于古根海姆，赖特设想了一个内部斜坡，像一个连续的环形阳台；在里面，密封的，墙上有一条连续的带状窗户，步行道俯瞰的不是纽约，而是一个高耸的内部空间，赖特称之为"水晶庭院"。

与9年前赖特绘制流水别墅的充满传奇的星期天早晨不同，在几周的时间里，赖特为非客观艺术博物馆，发展出了各种各样的设计。这些图纸共有一些基本元素，尤其是一个7层或8层的塔，由上升的展廊和中央的庭院组成。一栋附属的4层翼楼，延伸到一侧用于存储、教室和瑞贝的公寓。主塔楼的下面是一个地下礼堂。

赖特和他的学徒们最终确定为效果图的第一个场景，根本不是螺旋形的，而是一堆相同的六角形的展廊，有水平的地坪。[35]另一个版本的几何形状，类似于赖特的"汽车目标"，其塔是直径逐渐减小的上升螺旋。但接下来的两个版本，体现了赖特职业生涯中最具独创性的思想之一，彻底改变了这一动态。

赖特惊人的洞察力是颠倒圆锥体；如果瑞贝和其他人曾经做过螺旋形的梦，他们肯定没有一个人想象到一个体块，不是逐渐变细的上升，而是从一层扩展到下一层。赖特设想了一个气旋，一个半径随着海拔升高而增大的建筑物，顶部是瑞贝要求的圆顶。

在建筑史中没有先例。

1月下旬，他写信给瑞贝。他告诉她，他将继续留在威斯康星州，推迟他每年出发去享受斯科茨代尔温暖的预期行程，直到他完成对她的建筑的"初步探索"。[36] 事实上，到2月中旬，塔里埃森绘图室毗邻的房间的墙壁已经变成了展示博物馆初步图纸的场所，另一位客户报告说，看到拟议的古根海姆博物馆不少于8幅彩色草图。[37]

就像考夫曼家的熊跑溪之家一样，赖特自己画的一幅画（其中一些表现图是塔里埃森其他手下的作品）预示了未来的博物馆，在数十年后，这种预示方式只能被描述为是有远见的。不像1937年在《圣路易斯邮报》上的发表的"流水别墅"用的是小矮人的视点，博物馆的类似画不是一张透视图，而是剖面图和立面图不同寻常的结合。

在描图纸上画的那张，尽管比最终伴随它到纽约的透视图稍大一些，但容易破碎（它大约是26英寸高、30英寸宽，相比那堆棕色纸上的20英寸乘24英寸的透视图）。介质也不同，是铅笔和彩色铅笔，而不是墨水和水彩。然而，这幅卡通画——与其说是完成的艺术品，不如说是过程研究——带着观众，踏上了通往未来建筑的旅途，而其他作品则不然。

赖特画了一幅正立面；但他也把大楼一分为二，沿着与街道平行的轴线把剖面线断开。因此，草图显示出随着斜坡在浅玻璃圆顶下扩展和上升，塔楼的体量和内部体积都在上升。由于这幅图需要某种复杂的建筑修养去理解，赖特把他的丁字尺和三角板放在一边，用足够长的时间徒手画出一对小的缩略图，以保证他的客户能够理解他们所看到的。

赖特以描述自己作品的恰当天赋，添加了一个挑衅性的标题，写下单词"通天塔"（Ziggurat），暗指古代美索不达米亚塔。事后，他又加上了德语的"Zikkurat"，也许是出于对德国出生的男爵夫人的尊重。然后，随着一个新想法的出现，他又加了第三个头衔。

与"Ziggurat"或"Zikkurat"相比，用铅笔画下来的准确度更低——赖特可能同时书写并计算出字母序列——"Taruggitz"，在那一瞬间，赖特似乎找到了合适的标签。正如他颠倒了巴比伦塔一样，他颠倒了（或多或少）"Ziggurat"这个词。

赖特把图纸带到了纽约，并在那个 3 月，允许瑞贝用"短短的半个小时"瞥它们一眼——灵性主义总监立即喜欢赖特独特的建筑愿景。[38] 他的颠倒意味着她的非客观艺术博物馆，虽然它定义了一个内部空间，也暗示着它的崛起。赖特不断扩大的回旋，转动着上升到天空，传达了一种感觉，没有什么建筑能够真正容纳该艺术，该艺术为瑞贝承载了如是的意义。然而，她心目中的策展人确实担心，这栋建筑是否适合展览这些画；她给赖特写了关于重新配置室内空间的便笺。

然而，在修改好的图纸可以完成之前，人们期盼已久的用地购买即将完成，当时，在第五大道夹第 89 街的东南角，古根海姆基金会得到了一块空地。这块用地比赖特为他的图纸设定的要短点和深点，但是整个面积几乎一样。

真的最后定案的时间是在 7 月份。瑞贝最初表示赞同后，承认要再考虑考虑；对她听"一群小批评家，对你低声议论，一些他们实际上一无所知的事情"这件事情，赖特很恼火，并去见古根海姆先生。[39] 他去新罕布什尔州与度假的古根海姆夫妇会面。他带着一捆经过及时修改好的设计。

古根海姆翻阅着图纸，赖特和瑞贝在一边看着。其中一些是精心绘制的效果图。一张是所谓的夜景渲染，用彩色墨水和蛋彩画在黑色纸板上，表现出博物馆在夜晚会有像灯笼一样的品质。另一张描绘了这座建筑物，它披着赖特喜欢的玫瑰色。（"红色"，他向瑞贝保证，"是创造的颜色"；她不同意。）[40]

在到达这堆图纸的底部之后，古根海姆又重新开始，通览图纸，从最上面的既是剖面又是立面的透明描摹纸开始。他把注意力集中在图纸上，没有抬头看建筑师和附近等待的策展人。

一直是个慎重周全的生意人，古根海姆一言不发，然后又再次通览赖特带来的作品集。

最后，古根海姆抬起头来。赖特报告说，那个男人的眼里含着泪水。

"赖特先生，"他说，"我知道你能做到。就是这样。"[41]

赖特可能从他的立场来叙述这个故事，但他的版本，不管它添加了什么色彩，都与事实相符。在与赖特在新罕布什尔州待完一段时间后，古根海姆向斯普林格林寄去了一张21000美元的支票，表示接受初步方案，并宣布赖特的设计"完全令人满意"。[42] 一个模型被委托制作，随着地块被购买，赖特先生的方案被批准，施工图纸的工作可以开始了。

古根海姆先生和凡·瑞贝男爵夫人，看起来，会得到他们的博物馆了。

第六节

广场饭店……第五大道，纽约市……1945 年秋

赖特的曼哈顿项目的言论逐渐出现。1944 年，瑞贝宣布收购第五大道和 89 街的用地，但似乎很少有人在听。1945 年 7 月 9 日，在广场饭店举行的记者午餐会上，到新闻界瞥见赖特对新博物馆的草图时，赖特又修改了计划，把毗邻塔楼的第二栋建筑起了个绰号，叫"监视器"。但记者们似乎对入口处的真空吸尘装置，与建筑一样感兴趣（《生活》："一进入大楼，参观者就会穿过一个地板格架，在那里，吸力会把衣服上的灰尘吸走，以帮助保持博物馆的清洁"）。[43]

1945 年 9 月，有关赖特螺旋的谈话量显著上升。第二次广场新闻发布会，这一次由市长菲奥雷洛·拉瓜迪亚和 68 名新闻界人士出席。随着第二次世界大战终于结束，国家进入和平时期，该新闻发布会引起了全国范围的关注。赖特带着一大套施工图来到纽约——42 张，其中 13 张是结构图，全部由赖特在 1945 年 9 月 7 日签字并注明日期。[44]古根海姆收藏的画挂在他周围的墙上，赖特让公众看到的这个费力制作的有机玻璃模型，也是刚从塔里埃森运来的。将部分有机玻璃加热以形成曲面，然后涂成奶油色。赖特告诉古根海姆，高强度劳动的制造成本接近 5000 美元，几乎是赖特最初估计的两倍。[45]他还给自己的作品加上了一个新名字：赖特声称自己设计了"现代美术馆"。

浴缸那么大的模型放在地上，在它旁边，他摆好姿势，为《生活》杂志拍照。在杂志的下一期中，第一篇文章以一张"美国最

杰出的建筑师"疑惑地盯着摄像机的全页照片开始。他手里拿着建筑物的圆顶，刻有纹理的表面暗示着赖特计划使用的精致的玻璃管。随附的文本宣称，"当它完成时，大概在1947年，花费10万美元，它将是纽约市最标新立异的建筑。"[46]

9月的那个星期四，赖特在广场饭店向一群编辑发表演讲时，他以训话的方式宣布："这座建筑像弹簧一样建造。"他把模型前部打开，暴露出玩具屋的内部。"你可以看到，斜坡是一个真正的对数螺旋的形状，这个从上到下的连续的构件，如何与外墙和内阳台结合为一体。"他轻轻地拍了拍脑袋，对惊讶的听众说："当第一颗原子弹落在纽约时，（博物馆）都不会被摧毁。它可能被吹到几英里高的空中，但是当它落下时，它会弹跳起来。"[47]

傲慢的赖特做了很好的副本，但是他的一些听众一回到办公桌，就把他的建筑贴上"陌生"和"离奇"的标签。至少有人认为，这个模型看起来像"一个巨大的白色冰淇淋冰箱"。[48]在《建筑论坛》一月刊上，读者们对此有了更全面的看法。它的编辑们预测，乘坐圆形玻璃电梯上去和沿着整个建筑的廊道斜坡下来时，人们"将首次真正体验到，建筑可能是什么样的。"[49]

1945年9月的新闻午餐会上，《时代》周刊的一位记者问赖特，这座建筑的形式是从哪里来的。建筑师回答说，他的灵感来自中东的通天塔，但他把它颠倒了，因为"通天塔是悲观的"。他声称，他的变化将产生一栋"乐观的通天塔"。[50]

随着岁月的流逝，赖特的乐观主义将受到考验。1946年获得一块毗邻的土地；第一块用地，包括第五大道和第88街交汇处的东南角，在第五大道前方有 30 英尺的面宽，并且在第 88 街有出入口位置。然而，L 形的用地仍然让建筑落在别人手里的街区街角上。当赖特在卜一年到 80 岁（只承认有 78 岁）时，工程还没有开始。古根海姆相信，战后物价上涨之后，建筑成本会下降，但这样的下降没有出现。

　　1948 年，就在杂志向建筑公众介绍熊跑溪别墅的 10 年之后，亨利·卢斯和《建筑论坛》编辑亨利·赖特又给了赖特控制权。正如编辑在前面的注释中所指出的，"这期杂志完全是由（赖特）

古根海姆团队：赖特先生，男爵夫人和所罗门·古根海姆在 1945 年 9 月
纽约新闻发布会，刚做好的模型旁
（玛格丽特·卡森／纽约世界电报与太阳报摄影集）

设计和撰写的；方案和草图看起来就像是由现在组成塔里埃森会团的50名年轻人所绘制的。"[51] 为了准备1月份的刊物，编辑去了塔里埃森，再次会见了杰克·豪（Jack Howe）和韦斯利·彼得斯（Wes Peters），他10年前认识的学徒（那时，彼得斯与奥吉安娜第一次婚姻的女儿斯威特拉娜结了婚，并成为赖特家族的重要成员）。

亨利·赖特知道这里的军事化管理："情况没有太大变化。大家仍然在6点起床吃早饭；大家自己洗碗，轮流做饭。星期六剧院里还有一部电影，星期天赖特起居室里有晚餐和音乐，每天4:30绘图室下班喝茶时，都会有很多精彩的谈话。"但编辑写道，焦点总是回到"满头银发的大师，（坐在）他自己的绘图桌前，在噼啪作响的墙那么大的壁炉前……把他对自由人的生活的巨大梦想，变成现实的建筑——他的力量和活力没有减弱。"[52]

当轮到他的时候，在他的第五大道博物馆的杂志上，弗兰克·劳埃德·赖特写道："所罗门·R.古根海姆基金会博物馆有朝一日终会落成……这栋建筑的施工正在等待有利的建筑条件。"[53]

然而，随着事态的发展，赖特的乐观主义通天塔失去了1949年11月所拥有的任何动力。赖特6月份曾写信给瑞贝，抱怨道："当我们像苍蝇在透明的窗玻璃上爬行时，宇宙横扫而过，向前和向上。"[54] 他的没有楼梯的建筑遇到了新的停滞状态，11月3日，曾经风光的人物，所罗门·古根海姆因与癌症抗争而虚弱，在88岁时离世。

赖特敬重地回忆那个年长的人——当时赖特自己已经83岁

了——他形容古根海姆是"我认识或听说过的，唯一一个面对未来而死的美国百万富翁。其他的人都依恋着过去。"[55]然而，在接下来的几年里，除了赖特创造的新名字之外，死者设想的非客观艺术的未来家园几乎没有取得任何进展。他开始把他的通天塔叫作古根海姆纪念馆。

第十一章

菲利普走出古典

看起来，我只能受到古典主义的启发；对称、秩序、清晰是最重要的。

——菲利普·约翰逊

第一节

移居纽约……和平的恢复

19 43 年 3 月，36 岁的菲利普·约翰逊被征召入伍。他只服役了 18 个月，从来没有见过战斗，仍然是一个在美国基地被指派负有微弱责任的士兵。约翰逊从印第安纳州哥伦布市的阿特伯里营地回家时，又是一位平民了，停下来拜访了他在建筑学校的第一位朋友，卡特·曼尼（Carter Manny）。

当约翰逊早期的神经紊乱症状重新出现时，他被准予因病退役。这一次，症状是"神经末梢发痒"。约翰逊和曼尼夫妇一起吃饭时，会定期从餐桌上站起来，在附近的门框上蹭背来挠痒痒。[1]

他的军队服役丝毫没有减弱他对建筑的兴趣。不久，约翰逊就写信给曼尼，描述他退役后旅行的另一站。回到纽约后，他报告说:"我歇不下来,所以我徒步去芝加哥看密斯。"然后绕道去威斯康星州。"去拉辛看大师的作品。"[2]

他带着矛盾的感觉,离开了对"S. C. 约翰逊及其子"总部的访问。他形容赖特的办公大楼"非常令人兴奋",但是它的"细节糟糕透顶"。此外,他认为,它的"颜色和形状非常好",但"入口对我来说太低,太'靠后了'。"尽管最初的反应不一,但是,他看到赖特的高度原创的办公空间,促使约翰逊的观点逐渐转变:随着时间的推移,据约翰逊判断,拉辛的那栋建筑将成为赖特"最伟大的作品"。几年后,他在一次采访中描述了这件事。

> 它拥有全国任何时期最伟大的室内。使用那些百合花垫的柱子,让光线在它们之间过滤,这个想法是如此令人惊讶,如此独特,绝对独特的方式来形成一个大空间,你知道的,你不能想到一个更好、更有趣的空间,因为柱子给你节奏,光线被完美地分割,而柱子却把空间的感觉切到足够小的单位,以让你(不会)在打字机前感到糊涂。你不能走进中央车站开始打一封信。它就是类似这么大的空间。但是它就是这样。它既亲密又宏大。[3]

约翰逊在威斯康星州的短暂访问是一个转变的时刻:钦慕的怀疑者开始相信赖特的新作品。

菲利普·约翰逊选择再次在曼哈顿定居,他把他在剑桥郡的小房子投放市场,以 24000 美元的价格出售,大致相当于他建造房子的成本。应阿尔弗雷德·巴尔的邀请,他再次作为博物馆建筑部的主任,加入了 MoMA 团队(约翰·麦克安德鲁离开后,在美洲事务办公室担任政府职务，以度过战争岁月，但战后将作为韦尔斯利学院博物馆总监复出）。MoMA 的建筑部门已经从工业艺术部分离出来，工业艺术部已经成为小埃德加·考夫曼的领地，他已经离开匹兹堡的零售业回到纽约。约翰逊邀请卡特·曼尼到东部来，作他在 MoMA 的助手，但是作为新生女儿的父亲，曼尼拒绝了。他以 4000 美元的微薄工资生活不起，尤其是在他花了几个月的时间在塔里埃森当学徒之后。

尽管如此，当 MoMA 推出一栋新的赖特住宅的小型展览时，旧的联系还是会短暂地发生。1945 年夏末，约翰逊设法去了塔里埃森——之后，在他 9 月 25 日给赖特的感谢信中，他把他的访问描述为一个"美好的周末"[4]——一场对话开始并导致了 1946 年的展览。称之为《弗兰克·劳埃德·赖特的新乡村别墅》(*A New Country House by Frank Lloyd Wright*)，该展览最主要的特色将是一个大型模型，按八分之三的比例制作（底座为 6 英尺乘 12 英尺）。这个房子是为 E. F. Hutton 的执行官杰拉尔德·M. 勒伯 (Gerald M. Loeb) 设计的，原本打算建在康涅狄格州雷丁的山顶，但实际房子从未建造。

甚至建造这个模型也被证明是复杂和昂贵的。对约翰逊委托的陈列店铺要求提供更多的信息不满，赖特决定亲自在塔里埃森生产这个模型。小埃德加·考夫曼明白赖特先生和他在斯普林格林的前同事们的方式，协助完成了这个任务。然而，在交货后，赖特寄出了一份费用账单，因为为了完成它需要的时间都是几个塔里埃森学徒付出的。约翰逊安排了这张发票的付款，然后写信给客户和资助人，感谢勒伯在抚平赖特的羽毛方面所起的作用，当赖特的羽毛与 MoMA 互动时通常会被激怒。"您真慷慨，竟然如此爽快地解决了弗兰克·劳埃德·赖特的事情。我相信，以任何可能的方式帮助他是正确的策略，并且……我很高兴能避免接踵而来的激烈的电话战，如果我们不付钱给他。"[5]

不管相关的头疼事儿，这个小展览相当于是赖特和约翰逊成熟的相识关系的又一个台阶。正如约翰逊记得的那样，他把"那些复视的东西，立体感幻灯机……放得满房间都是。"挂在人眼的高度，它们和模型放在一起。"房间里只有这些。"随着财政分歧的解决，赖特给约翰逊发了一封电报，邀请他来塔里埃森：打破你的枷锁，选择一个旅行伙伴，并且待一段时间。

"所以我对他更了解了，"约翰逊回忆道。[6]

对于约翰逊的老合作者亨利 - 罗素·希区柯克来说，重新获得赖特的好态度开始得更早一些。在赖特早些时候的不合理性导致 1940 年展览的 MOMA 目录被取消之后，这位大师一直在寻找一种创作独立于博物馆的新书方法。他写信给他的出版商查尔斯·杜埃尔（Charles Duell），解释说他想"记录和解释（1940 年）现代艺术博物馆的展览。"[7] 他有一个题目——一个他试图说服巴尔和麦克安德鲁采纳的题目——和一位新的合作者。

1942 年 5 月，希区柯克前往塔里埃森检查照片和图纸，并在 1942 年，杜埃尔、斯隆和皮尔斯出版了《材料的本性》。尽管赖特持一贯的态度，然而塔里埃森的学徒们报告说，赖特 - 希区柯克的合作出人意料地没有麻烦。他向阅读的公众宣布："（希区柯克）对建筑的看法太学术化了，我不信任，但是因为把自己的观点交给敌人比朋友更靠谱一些，所以我请他记录这次展览。"[8] 这本书立即成为赖特不断增长的书目中一个必不可少的书名，在将近75年后仍然在印刷中。

战后，希区柯克和菲利普·约翰逊都到亚利桑那州斯科茨代尔的赖特的"沙漠营地"西塔里埃森朝圣。对于约翰逊来说，就像在约翰逊蜡业一样，他与另一部赖特作品的邂逅，需要他进一步调整他的想法。

在一位名叫亚历山大·钱德勒（Alexander Chandler）的兽医出身的旅馆老板的邀请下，赖特和他壮大的塔里埃森家庭于1928～1929年在西南部度过了第一个冬天。钱德勒的沙漠威尼斯的梦想从未实现——1929年的飞机失事后，许多计划被搁置在平装卷宗中随之而去，而已完成的方案就是其中之一——而赖特的"蜉蝣"，正如他这样称呼它，一个位于岩石高原上的临时营地，可以俯瞰拟建的旅馆用地，成了谶语。第一个沙漠前哨由十几间小木屋组成，建在木质平台上，有部分墙壁和帆布屋顶。受沙漠中玫瑰色调的启发，赖特命令把这些小房子涂成暗红色。

在"黑色星期二"之后，亚利桑那州会团的永久冬季宿舍，这一概念被搁置了将近10年；直到1936年12月，赖特突然被提醒，他并非像有时看起来的那样不老时，它才完全活跃起来。经过长时间的肺炎发作后，他接受了医生的建议，在冬季寻找更温和的气候，并在麦道尔山阴影下的天堂谷，购买了800英亩土地。1938年1月，他和一队塔里埃森同伴在索诺兰沙漠建立了冬令营；此后，赖特每年都向西迁徙。大约从11月到4月，以"西塔里埃森"为人所知的沙漠营地就是家。

约翰逊第一次访问是在"二战"之后。那时，西塔里埃森是一个永久的营地。亚利桑那州的环境对赖特提出了不同的要求，但是，他把他的建筑哲学的基本原理应用到炎热和干旱的景观中来。他需要为直系亲属提供住房，办公室和工作室，用于绘图和教学的工作室功能的建筑，用于厨房和餐厅的公共区域，以及用于音乐和电影娱乐的空间。所有这些都被整合到台地的自然特征中。

赖特使用的基本材料——碎石、浇注混凝土、粗锯红木和帆布。他毫不羞涩于描述自己的成就："我们的新沙漠营地属于亚利桑那州沙漠，就好像它在创世时就立在那里一样。"

中枢是 L 形的外廊。"L"的腿是东西向的，从赖特在西北端的办公室，一直延伸到他在另一端的私人宿舍。中间是综合体里最大的空间，绘图室，以及食物准备和消费的公共空间。"L"的脚是另一条从综合体的前部到后部的开敞要道，穿过一条微风道或长廊，把赖特家庭居住区与社区的中心隔开。主建筑后面是电影院和展廊，还有学生宿舍和封闭的庭院。

建筑的组合开始于混凝土垫板、平台和花园的有棱有角的基底。低矮的砌体墙呈梯形截面，底部比顶部宽。为了塑造他们，在混凝土模具的基础上平放了较大的石头在外圈，中间填充了较大的卵石。然后将较小的石头和混凝土稀浆倒入石块中，将石块黏结在一起，形成整体。随着这些模具的去除，掩盖着大石头表面的水泥被手削掉，石头被酸洗，产生了赖特所说的"沙漠砌筑砾石墙"。

最后的连接就是棕色红木横梁之间的大片帆布。每张帆布被张铺在木制框架上，然后安装墙面板，其中一些是可动的。可动的墙面板起到门窗的作用，打开使得白天炎热时空气流通，在夜晚沙漠寒冷时关闭保持温暖。

当约翰逊第一次来访时，西塔里埃森不像他见过的其他地方：他把这个地方看作一个启示，尽管它是一个老家伙想象力的作品。"没有人能像（赖特）那样理解第三维度，"约翰逊很快就会为国际读者在《建筑评论》上写道，"除了第一手资料，很少能正确地欣赏他的建筑物。一张照片永远无法……记录在他井然有序的空间中漫步而得到的累积影响，从低处进入高处、从窄处进入宽处、从暗处进入亮处，穿越其中的效果（塔里埃森，西塔里埃森，约翰逊蜡业公司）。"[9]

菲利普·约翰逊定期到两个塔里埃森去，在一次格林斯普林的访问后，赖特给他写信道："你总是个受欢迎的住客。很高兴能再次见到你，越快越好。我们不必为了彼此爱戴而非要意见一致。"[10]

他们的友谊发展缓慢，而约翰逊，一个设计得如此之少的人，在赖特的估计中具有令人惊讶的地位。

年长的人清楚地认识到，约翰逊想和大男孩子们玩。在约翰逊访问斯科茨代尔的时候，大师让秃顶但仍年轻的约翰逊坐在社区常规黑领带晚宴的主桌上。当学徒们围坐在他们身边时，赖特令道："菲利普，坐这儿，"指着他旁边的一把小椅子。接着，赖特用有意让别人听得见的低语对整个房间说："王子拜访国王。"[11]约翰逊并不觉得好笑。

在私下里，众所周知，约翰逊驳斥了赖特关于斯科茨代尔定居点"'由其所在地创造，'而且'水平线'是'生命线'"的断言，称之为"胡说"。[12]尽管如此，西塔里埃森还是会像沙特尔大教堂

早些年所做的那样，在约翰逊的想象力中占据一席之地，这是他
在公开讲话中经常提到的一个点。

第二节

1945 年秋……纽坎南，康涅狄格州……逃离纽约

现年 39 岁的菲利普·约翰逊秃了顶，秃顶边缘有点花
白的发丝，决定是时候去乡下盖个房子了。一个晴朗
的秋天，刚刚有家的约翰逊和他的第一个同居情人乔恩·斯特罗
普（Jon Stroup）一起开始执行侦察任务。英俊的斯特罗普，比菲
利普小 10 岁，是《城市与乡村》（*Town & Country*）的编辑和自
由撰稿人。他们一起从曼哈顿向北和向东的方向出发，前往康涅
狄格州的纽坎南。

按照事先的安排，他们把车停在波努斯岭路上，路肩两旁是
石墙的残迹，被霜冻压扁，被腐烂的树叶遮住了一半。混乱的墙
壁上有一个空隙，使他们能够进入他们要看的场地，一个逐渐下
降的斜坡。不再受到农民耕犁或放牧牲畜的抑制，低矮的灌木丛，
新生的灰烬和其他的树木已经开拓了这块土地。

两个人分头行动，这样去探索那 5 英亩的用地要好一些，但
是斯特罗普首先发现了那块天赐的建筑用地。

当他漫步下山坡，穿过茂密的树苗和灌木丛时，他进入了一
个开阔的平坦地带，也许有 100 英尺宽，大概 100 英尺长。它看
起来更像是一个废弃的槌球场地，而不是一块森林空地。如果树

冠的缝隙和头顶上的天空突然出现使斯特罗普感到惊喜的话，那么更值得注意的是山下的景色。

他大跨步走过空地，一直走到西部边缘，那里地形陡峭地跌落下去。他俯视着硕大的巨石，这些巨石是在几千年前被一个正在消失的冰川遗留下来的。它们形成了一道天然的乱石挡墙，形成一道可怕的 80 英尺高的落差。

地平线的视野可能是摄影设计师寻求最大景深的作品。成熟的树木框衬出中等远处的景色。从百年老橡树的树干往外看，斯特罗普俯瞰着一条狭窄的山谷，它的底部是一条蜿蜒的溪流。仿佛站在船头，里波瓦姆山谷的景色在他面前展开，深邃而遥远。

他对约翰逊喊道："你几乎可以看到纽约了！"

他的同伴很快就站在了他的身边。[13]

"我立刻就喜欢上了，"约翰逊后来回忆道，"也不再看了。"[14] 他知道，他想要那块地，而且，正是房子要去的地方（"前 5 分钟我挑选的山上的环境"）。[15] 不到一个小时，约翰逊就达成了口头协议，在今天的波努斯岭路买下了这块场地。

————

菲利普·约翰逊在部队服役后回到纽约时，他租了一间办公室，在东 42 街 205 号的一个单间。他明白，在解除战时建筑禁令之前，几乎不会有新的工作，但额外的租金似乎是件小事。他是个出身名门的纽约人，有许多有钱的朋友和熟人，他们希望随着和平的回归而拥有新房子，约翰逊满怀信心地期待着战后的项目和他新事业的开始。

随着 1945 年 5 月德国的沦陷，设计任务的确开始向他走来。

约翰逊意识到，自己的绘画技巧并不高明，于是从哈佛找了一位朋友帮忙绘制精美的渲染图和完成的方案图。

和约翰逊一样，兰迪斯·戈尔斯（Landis Gores）是俄亥俄州人，本科时主修古典文学（戈尔斯本科在普林斯顿）。他于1939年进入哈佛设计研究生院，1940年秋天在剑桥郡会面时，两人发现，他们的建筑品位有交集。

戈尔斯记得，他们俩是"独行侠"（Solitary Mavericks）。[16]两人都对沃尔特·格罗皮乌斯持怀疑态度，对密斯表示钦佩。密斯在接受芝加哥阿默理工学院的工作机会之前，在1937年得知哈佛还有另一位候选人应聘时，拒绝了哈佛的提升。哈佛已经聘用了那个人——格罗皮乌斯——部分是因为他的英语相当流利，不像密斯那样不会写英语句子。

在1945年夏天，约翰逊联系了帕米拉·戈尔斯（Pamela Gores），询问她的丈夫是否仍然在现役，一旦兰迪斯重返平民生活，他是否愿意加入约翰逊的事务所。戈尔斯在英国军事情报部门的信号密码服务系统中度过了战争时光，帮助破译了德国最高指挥部的密码。当他得知约翰逊的邀请时，欣然接受了这个提议。1945年感恩节前一天，兰迪斯·戈尔斯把他的绘图工具搬进了两张桌子的办公室。[17]

另一个移民到曼哈顿的设计研究生院的人，艾略特·诺伊斯（Eliot Noyes），是第一个考虑在纽坎南做建筑的哈佛人。战前在格罗皮乌斯和布劳耶的剑桥郡建筑事务所工作了一段时间，之后又短暂地担任了MoMA工业设计部的主任，诺伊斯（设计研究生院，38届）在战后找到了和诺曼·贝尔·格德斯一起的工作。

但是在 1945 年初，他驾驶着一架租来的飞机，在纽约郊区巡视，俯瞰康涅狄格州费尔菲尔德县绵延起伏的地形，他发现了他想要安顿家人的地方。[18] 他很快就着手建造一栋平屋顶的房子。诺伊斯的房地产经纪人转而又把约翰逊带到沿着波努斯岭的路上。[19]

另外两名男子从麻省进行了类似的旅行。在哈佛待了 10 年之后，马歇尔·布劳耶教授于 1945 年在纽约挂起了他的建筑招牌，约翰·约翰森（设计研究生院，42 届）与 SOM 公司合作。随着战争的结束，正如诺伊斯所说，所有人都渴望"回到做事的世界"。[20]

他们会单独和集体地决定，在纽坎南做一些最重要的事情，这些人——约翰逊和戈尔斯，约翰森和诺伊斯，以及他们最喜欢的教授马歇尔·布劳耶——后来在建筑课本中，被称为"哈佛五杰"。在战后年代，他们构成了一个松散联系的现代主义者兄弟会，当时他们都搬到纽坎南建造房屋。

该镇位于纽约、纽黑文和哈特福德铁路支线的终点站，接纳了许多适应和平时期的前士兵。保守的扬基镇宁静且落叶缤纷的街道和 8000 名居民（大约 1945 年）将看到其战后人口的翻番。

剑桥郡这些人的到来特别改变了纽坎南的传统建筑风格。长期以新英格兰民居为特征，往往是木制的框架和古老的形制，许多民居可以追溯到 18 世纪。当约翰逊到达时，这里是老阿什街区的乡下版本，但是接下来的 10 年将看到将近 100 栋房子以现代主义的方式建造，其中许多是"哈佛五杰"的作品。

1947 年，布劳耶狭长低矮的住宅开始建造。上面的楼层以居住空间为主，四面悬挑，下面为地面层。正如布劳耶所说，他使用钢缆来实现"（人类）最古老的野心之一：战胜重力"（以及用减少的占地面积来建造经济实惠的大房子）。[21] 同年，兰迪斯·戈尔斯在十字桥路购买了 4 英亩地。1949 年，约翰逊接着在城里建立了自己的建筑事务所，并在波努斯岭路修建了一座房子。那座房子的玻璃墙和卧室都降到了地下室，1951 年完工。

第三节

1945～1947 年……纽约市……绘图桌边

正如许多看似简单的事情一样，约翰逊的玻璃住宅只有通过不断削减和重新设想才能实现其透明度。法语短语说：L'art difficile d'etre simple（费力的简单艺术）。约翰逊试图掌握费力的简单艺术。

正如办公室同事戈尔斯回忆的那样，约翰逊在 1945 年一买这块地时，他脑海中就浮现出一座玻璃墙的房子。然而，由于当时他们知道，没有技术方案来实施完全用玻璃建造房屋的想法，他们开始采用另一种方法。在 1945 年末，地产交接后的几周内，约翰逊和戈尔斯开始为一个结合了平板玻璃和结构砌体的住宅绘制图纸。

在设计过程的早期写给亨利 - 罗素·希区柯克的一封信中，约翰逊谈到"在没有语法的情况下努力做到经典"。[22] 一年后，他承认了设计来源的范围。在描述了几个占据他时间的建筑项目之后，他总结道："最有趣的是我自己在纽坎南陡峭的山丘上的房子，它变成了半个佩尔西乌斯（参考 19 世纪德国新古典主义者路德维希·佩尔西乌斯），和半个赖特。赖特的影响力来自于一个月前大师逗留的 2 周。我们进展得极好。所以房子像加州的号码一样滴落在峡谷上。"[23] 但事实证明，和赖特在一起的时间，约翰逊受的影响是稍纵即逝的。

在设计过程的早期，两个建筑物的结合得到了青睐。在初步草图中，隔断将主体结构分成了传统的房间。约翰逊制定了一些基本规则，其中之一是：没有屋顶悬挑。戈尔斯不喜欢这种限制（他自己的纽坎南住宅在 1948 年完工，毫无疑问是赖特式的，带有悬臂、遮阳檐口和手工制作的格栅）。接下来的几个月里，会有一些客户上门，以及约翰逊的第一个非居家设计任务；位于纽约贝德福德村的布斯之家和长岛萨加克的海滩上的法尼之家，于 1946 年和 1947 年完工。但是，在数月来无数没有收益的办公时间里，波努斯岭的设计工作占据了两位建筑师的时间。

现在约翰逊已经 40 岁了，他希望这个项目能帮助他开始新的中年事业。考虑到它的文脉——纽坎南肥沃的现代主义环境——他知道，他必须创造某种效果，使他与众不同。

约翰逊不停地思考，戈尔斯不停地在纸上润色他朋友的想法。约翰逊开始用柔软的黑色铅笔画粗犷的徒手草图。随着设计的成熟，图纸变得更加复杂，线条更细，标注了尺寸，指明了墙厚，偶尔还有剖面图。当波努斯岭路的解决方案的一个变体接替另一个变体时，这些被取代的图纸被装订在文件夹中，并存放在新公司兼职秘书所占据的桌子附近的垂直档案中。其中一本贴着标签：《中心庭院设计，1945～1946 年》（*Central Court Plans, 1945-1946*）。在那些渲染中，约翰逊尝试了剑桥郡阿什街上的住宅的变体。但是设计师们很快就放弃了这种想法。有一段时间，严格的线性结构开始融入曲线元素，但是很长时间没有什么保持不变了。

约翰逊满意的解决方案在两年内没有出现，在此期间测试了27种不同的方案，并勾画了3倍数量的微小改动的方案。[24] 约翰逊，更像一个演员，在服装店里放任一下自己，尝试从别人那里借来的形式，迫不及待地想找到适合他的那一款。正如约翰逊向朋友 J. J. P. 奥德书信透露的那样，法国新古典主义者克劳德·尼古拉斯·勒杜（Claude Nicolas Ledoux，1736～1806年）也是他的设计来源之一。[25] 一些渲染结合了坚固的理查德森拱门（H. H. 理查德森将永远保持在约翰逊最崇拜的名单的顶部）。在某个阶段，记录在一本标签为《圆形版本》（Circle Versions, 1946年）的文件夹中，一个地下室平面图在一个大圆柱体内有了一个圆形楼梯，类似于至上主义画家卡西米尔·马列维奇（Kazimir Malevich）的一幅画，一个了无装饰的几何陈述，特征也是大矩形内的一个圆。那年晚些时候，约翰逊草拟了一个方案，其中两个毗邻的矩形元素平行复制，就好像一个滑出了校准线。其他版本采用了 L 形。

一幅早期的草图看起来像是赖特关于中产阶级"美国风"方案的作品集里的一页。它包括一个凉棚，作为进入一组重叠体块的路线。随着约翰逊活跃的想象力继续向前发展，它也很快被取代和简化了。[26]

在这期间，约翰逊过着双重生活。在《每日新闻》（Daily News）大楼的街对面的42街建筑事务所度过了早晨时光之后，精力充沛的约翰逊去市郊的 MoMA，担任其建筑部主任的角色。从1946年开始，他集中精力推动一个特别重要的展览。他觉得，没有别的人能公正地对待密斯·凡·德·罗的作品——根据戈尔斯的说法，约翰逊仍然对这个侨居德国人保持着"传教般的忠诚"。²⁷约翰逊决定要策划一个展览；然后，他说服密斯自己布置它。《密斯·凡·德·罗》展览将于 1947 年 9 月开幕。随附的书上会有约翰逊的署名。

展览与目录的规划及研究意味着，要经常去芝加哥采访和咨询他的展示对象。阿默学院的校园，现在被称为伊利诺伊理工学院（IIT），是一个正在进行中的密斯作品。这个低调的、长方形的建筑群，建在一块城市空地上，将会在展览和书的一个章节中，占据显著位置。然而，这个校园的出现并没有激励约翰逊行动起来。当他遇到密斯设计的一栋尚未建造的房子时，他的"就它了"的时刻来到了。

芝加哥一位名叫艾迪诗·范斯沃思（Edith Farnsworth）的医生兼做研究的肾脏病学家，也想要一所乡村别墅。她是个有独立生活能力的女人，在离芝加哥 60 英里的伊利诺伊州普拉诺市附近，购买了 9 英亩的冲积农田。在获得医学学位之前，她曾在芝加哥大学学习英国文学，在美国音乐学院学习音乐理论，并在意大利接受小提琴演奏家马里奥·科蒂（Mario Corti）的训练。考虑到她的艺术倾向，她想在设计她的房子时扮演一个角色。

在解雇了另一位坚持必须保有完全艺术自由的建筑师后，在 1945 年初的一次小型宴会上，范斯沃思博士碰见了密斯。他给她留下了深刻的印象，她邀请这个"大块头的陌生人"，她这样描述他，勘测一下她的河边地产。随后，对她在福克斯河上的地产，两人进行了一系列的周日访问。

1945 年早春的一个下午，还没有任何图纸上的设计，范斯沃思博士提出了建筑材料的问题，问密斯，他脑海里的材料是什么。通常沉默寡言的密斯环顾四周，看着起伏的大地、河流和青草，突然对她说："如果我要自己在这儿建房子，我想，我会用玻璃建，因为所有的景色都很美，以至于很难决定哪个景色是首选。"[28]1945年4月，这种直觉促使密斯一反常态，涂抹了一栋单间玻璃房子的水彩立面。在一幅简单的铅笔速写上几笔流水般的笔触，一个透明的盒子显现出来，似乎悬浮在地平线上，在水彩涂刷的三棵随风起伏的树木映衬下显得矮小。全玻璃结构，白钢轮廓，立在柱墩上。在1951年3月这座房子建成前，将近6年过去了，但是，与最初的渲染相比，几乎没有什么变化。[29]

当约翰逊在密斯的芝加哥办公室看到这个项目时，对他的影响是立竿见影的。他不仅看到了渲染图，还看到了范斯沃思博士视线通透的房子的模型，它放在IIT的密斯的桌子上。约翰逊意识到，一个全玻璃的观景建筑可以建造出来。到1947年仲夏，约翰逊和戈尔斯事务所，为约翰逊设计的即将世界知名的自住宅，做出了自己的小样，一个八分之一比例的模型。

第四节

1947～1949年……纽坎南，康涅狄格州……一个方案浮现出来

乌尔里奇·弗兰丞感觉到了创作的嗡嗡声。他是他们在哈佛的同学，拜访了约翰逊和戈尔斯的事务所。当时，他们正在玻璃住宅的绘图过程中。"当我第一次看到（这些方案）

时，我非常嫉妒。"弗兰丞后来回忆道，"当建筑师嫉妒时，它总是意味着，发生了一些特别的事情。"[30]

这所房子可不是密斯为范斯沃思博士做的设计的简单提升。起初，约翰逊模仿了密斯的基本的玻璃盒子方案，有 8 根支柱，但几个月后，戈尔斯在约翰逊的命令下，进行了多次修改。四柱和六柱的方案画出来了，又被否决了。范斯沃思方案的角部悬挑消失了。纽约的两人重新考虑使用拱，但是传统砌体元素的重新出现被证明是短命的。

约翰逊决定，把他的盒子放在一个两步砖砌的落在地面的平台上（不像密斯，他的范斯沃思别墅将矗立在钢制柱墩上，高出地面 5 英尺 3 英寸）。与密斯几乎看不见的斜切玻璃角部不同，玻璃住宅的 I 形梁柱清晰地勾勒出角部；与檐口线上的宽钢梁一起，效果类似于照片上的纯黑色框架。密斯的开放式平面设计仍然存在，因为传统的从地板顶到顶棚的墙体被拿掉了。受马列维奇启发的圆筒又出现了，但这一次，借用密斯的概念，圆筒装的不是楼梯（约翰逊的房子已经变成一层楼了），而是围着一个淋浴卫生间、一个壁炉的火箱和烟道。到 1947 年 10 月，基本要素已经确定。

在那个秋天，戈尔斯，一位优秀的绘图师，开始绘制施工图。约翰逊雇用了一家声誉良好的纽坎南承包商，尽管钢和玻璃的规格交给了纽约市的一家专业公司进行制造。1948 年 3 月 20 日，在春日阳光下，马天尼酒滋润的野餐后——四个庆祝者是帕姆、兰迪斯·戈尔斯、约翰逊，还有他的妹妹西奥达特——施工从船头开始。在那里，木桩已经标明主玻璃盒子和伴随而来的砖盒子即将要挖的基础。砖盒子用于设备间和客房。设计的主要图纸的日期是 3 月 23 日，但戈尔斯的图纸仍在陆续到达、签署并逐个注明日期，包括一些全尺寸绘制的竖井、檐口、角柱和门框的钢细部详图。需要精确的装修图纸，还需要附属设备的细部详图，戈尔斯的时间都放在了他的绘图桌上，图纸出到了夏天，所有的图纸都被戈尔斯精准的手写上了尺寸和注释，字母和数字都小到几乎需要用放大镜来看。

主建筑占地是个 32 英尺乘 56 英尺的长方形，它的平屋顶围合了一个顶棚高 10 英尺 6 英寸的空间。竖直的 I 形梁限定了角部，另外两对 I 形梁平分了长边，表明房子分成了 3 个均匀的开间。但是，深灰色的钢柱墩将构筑墙体，墙体仅由延伸在 176 英尺外围的平板玻璃构成。铁点纹理砖从俄亥俄州运作平台、室内的浴室盆座和地板，地板砖被摆放成一个鲱鱼骨图案，在管道上方，形成创新的辐射供暖系统，是弗兰克·劳埃德·赖特经常使用的那种。

几乎全部用砖建造的堡垒状的第二栋建筑很快在 90 英尺外建起来了；其明显的不可穿透性是玻璃结构的透明性的逆反。它唯一的门，面对着玻璃住宅；窗户，只有 3 个舷窗，从后墙向外看。客人住宅，这栋砖砌建筑被这样称呼（尽管几年后约翰逊将把它改造成他的主卧室综合区），经常被小瞧和忽视，就像一个世界知名人士的羞于曝光的配偶一样。但它在建筑物之间限定了一个相当于庭院的空间。这样一来，这个建筑组合就如同一个密斯风格的庭院住宅，即使它远离城市风光，像在乡村高地上一样孤立。

到了 1948 年夏天，约翰逊就可以爬到他自己的玻璃房子的骨架上了，在钢制的柱和梁上，铺展着木制的屋顶平台。他发现这个结构摇晃得令人不安，但是没有回头。[31] 随后不久就放心了，因为几天后安装了平板玻璃，结构加固了。不需要加固：玻璃房子真真切切站起来了。

第五节

1948～1949 年……纽坎南，康涅狄格州……访问工地

在建造玻璃住宅所需的 8 个月中，约翰逊定期访问建筑工地，他在去康涅狄格州和在长岛东汉普顿的避暑别墅过周末之间交替进行。他与乔恩·斯特罗普和西奥达特一起租用了该别墅。他对波努斯岭的监督扩展到园林工作，主要是有选择地清除树木。他开始了对这一大片土地持续一生的改造，使之成为 18 世纪术语里的"愉快的花园"。起初，他的土地看起来，就像玛嘉·巴尔记得的那样，"灌木丛生，原始杂乱—— 一个没有任何'编排'的地方……他如何预见自己能从中得到什么，这是他天才的一部分。"32 更多的建筑，所谓的园林小品，晚些时候会出现。

11 月中旬，由于房子可以居住，约翰逊静静地安顿在纽坎南完工的房子里度假，熟悉其中的细微差别，建立自己的模式。这次经历是一个启示，约翰逊后来总结道："（这是）世界上唯一可以同时观看太阳落下和月亮升起的房子。还有雪。晚上被大雪包围真是太不可思议了。它被点亮了，使它看起来就像你升起在天梯上。"

约翰逊还发现——正如他所希望的那样——他那不寻常的住所，几乎在一夜之间，就成了公众广泛关注的对象。

甚至在平板玻璃到位之前，全玻璃住宅的谣传就吸引了旁观

者，一群群不速之客阻塞了波努斯岭路的交通，试图瞥一眼这个东西，一家报纸巧妙地称之为约翰逊的"'私密'住宅"。[33]虽然堵塞和指挥交通的纽坎南警察的出现，激怒了他的邻居，但是关于正在发生的事的消息传开来，超出了早期隔板住宅的传统社区范围。纽约的编辑和记者们认识到了，这是一个好故事，随着施工噪声的逐渐消退，取而代之的是另一种声音，批评家和建筑师的闲言碎语。玻璃住宅的魅力甚至远远超过了约翰逊的希望。

这所房子的独特性质引起了人们的注意，约翰逊很快全面回答了《纽约时报》的询问。在《时代杂志》周日刊的一篇文章中，有点困惑的玛丽·罗奇（Mary Roche），报纸的家庭版编辑兼室内设计专栏作家，讲述了几个关于一种新型建筑体验的事实。她告诉她的读者，约翰逊先生的房子听起来很奇怪，就像由一个房间组成似的，既没有可移动的窗户，也没有隔墙。她报告说，大部分空着的玻璃盒子的建造成本为 6 万美元，是 1949 年普通房子的四倍。"当然，这是一栋非常特别的房子，单身汉很满意，"她评论道，"但对于一个典型的美国家庭来说，没什么用处。"

约翰逊亲自带罗奇参观了房子。她显然被他和他的项目欺骗了，尽管她对它的独特感到好奇。"感觉就像在户外，就像树林中的一片空地。"她写道，"对大多数人来说，也许，它根本没法使用。但是（约翰逊之家）是一个不同生活理念的有趣展示——这个概念把烹饪、就餐和睡眠看作一个中心功能的随意变化，而不是分开的功能本身。"[34]

两个月后，在 1949 年 10 月出版的《住宅与花园》杂志上，在"殖民地住宅的捍卫者"眼中，这栋房子被描绘成是对传统的突袭。然而，正如玛丽·罗奇所做的那样，杂志采取了慎重的立场。另一方面，它报道说"费尔菲尔德县的居民还没有，从菲利普·C.约翰逊最近在纽坎南为自己设计和建造的玻璃住宅的惊讶中，恢复过来。"再另一方面，这篇未署名的文章继续写道："其结果是，一座真正具有永恒优雅和经典简洁的原创建筑，以及现代建筑技术已经成熟这一事实的结论性证明。"[35]

约翰逊不仅向新闻界，敞开了家里的大门，而且他也证明了，自己是一本敞开的书，可以回答问题。他有说服力地解释了他的想法。而更重要的是，他允许摄影师打开镜头。在《住宅与花园》杂志上，跨两页的篇幅显示了这座房子的绚丽品质，说明文字是"那座有着巨大砖砌圆筒的房子，像一艘船一样，航行在地平线上。"这些照片连同一张平面图，传达了无法用语言来表达的问题，如何划分出不同的生活空间：一排藏着约翰逊床的6英尺高的橱柜；一块限定座位区域的地毯；西南角的餐桌和椅子；东南角的厨房里低矮的吧台。

编辑们问了一个不可避免的问题：在约翰逊先生的透明房子里，有没有隐私？答案是肯定的。吊在顶棚高度的轨道上，窗帘环绕着整个周边延伸。虽然远不是不透光窗罩，但半透明的天然织物，用热带露兜树纤维编织，切断了眩光，并且，当被拉上时，窥视的眼睛被挡在外面。

《纽约太阳报》将约翰逊的新居贴上"全玻璃房"的标签。专栏作家H. I. 菲利普斯（H. I. Phillips）在报道周日持续的交通堵塞时，给了约翰逊一个机会，为自己的设计辩护［"约翰逊先生坚持认为……（玻璃板）只是把室外带到了室内"］，但是《太阳报》的作者忍不住开玩笑说："在这种平房里，你永远无法确定，自己是在室内还是在室外，如果没有看看温度计，或者摸摸地板，看看你会不会发现野花。"[36]

菲利普·约翰逊对这种小俏皮话，忍不住笑了。他意识到，不可避免地，普通大众会全神贯注于玻璃房子的奇特、脆弱和窥视的可能性。然而，他不会由于短暂的喋喋不休而睡不着觉，他乐于忽略那些为普通人写的日常新闻稿中的一两个笑话。相反，他专注于在建筑界和博物馆界的较小范围内，设法对付对这座房子的挑剔反应。

他已经看到，格罗皮乌斯和布劳耶刚到美国时，如何为自己设计房屋，以此来展示他们新建筑的品牌，向保守的客户，展示他们能做的新事物。赖特是另一个以炫耀自己的住所为标准策略的人；他欢迎他的客户进入他的家，那是实验室和陈列柜。

然而，约翰逊会以一种他之前没有建筑师做过的方式，来形成对这座房子的正式讨论。

第六节

1949～1950年……在出版物上

建筑师们发表他们的设计已经几个世纪了。安德烈·帕拉迪奥（Andrea Palladio）的 *I Quattro Libri dell' Architecttura*（《建筑四书》，1570年）无疑使他成为有史以来最有影响力的建筑师。阿舍·本杰明的模式书在19世纪中美洲的新兴城镇传播了联邦和希腊复兴风格的福音。弗兰克·劳埃德·赖特在《建筑论坛》的页面上宣布，流水别墅获得公众的赞誉。

菲利普·约翰逊认为，他可以超过赖特和其他所有人。

他推测，建造一座玻璃房子是为了邀请铸造石头。这种洞察力促使他提出了一个论点，他希望，这将是一个先发制人的障碍，以转移至少一些批评，这些批评可能是建筑媒体里的敌意批评家发送到他这里来的。他决定，不仅仅让纽坎南项目自己说话，这是大多数建筑师所做的（并且，赖特已经对考夫曼住宅这样做了，随同十几张照片和两张平面，单页的文本描述熊跑溪的环境和流水别墅的施工建设）。相反，约翰逊选择采取所谓的种源方法。他将利用他第一份事业里学到的技能，以策展人和评论家的身份，撰写自己的建筑作品，来支持他的第二份事业的开始。

他选择了当时最有声望的建筑学杂志，英国的《建筑评论》，作为他分析如何塑造自己作品的专业形象的工具。他选择不以吹嘘他的住所的非同寻常的建设开始，而是选择了一个低调的标题："康涅狄格州纽坎南的住宅"。这篇文章的出版是该杂志的一个出发点，在报道单个项目时，该杂志通常发表无签名的、较短的文章，这些文章大多是描述性的。但是，1950 年 9 月出版的《建筑评论》的读者从一开始就被提醒，他们会看到与众不同的东西。正如该杂志的编辑在他的介绍性说明中解释的那样，约翰逊的房子"被建筑师宣称是坦率的衍生物"。[37]

虽然弗兰克·劳埃德·赖特总是试图宣扬他的独创性，但是约翰逊会引用他的设计来源。他用一个总平面图开始了他分配的 8 页篇幅，接着是其他图片的混合。他援引古希腊和勒·柯布西耶作为灵感来设计车道和进门的小路。他把房子的场地设计描述成辛德尔式的，指出他的情况类似于 19 世纪德国古典主义者卡尔·弗里德里希·辛德尔（Karl Friedrich Schinkel），大约 1830 年，为波茨坦附近的格利尼克公园设计的均匀的五开间乡村别墅。

约翰逊确定了他的思想的几何来源，包括两个当代抽象画家 [马列维奇（Malevich）和荷兰人特奥·凡·杜斯堡（Theo van Doesburg）] 画出的矩形；克劳德·尼古拉斯·勒杜的球形花园住宅（未建，但画于大约 1780 年）；以及密斯在伊利诺伊理工学院筹备的矩形建筑。约翰逊简要地解释了他的作品和其他作品之间的联系，其中一些并不清楚。

他对设计来源进行解释的巅峰时刻，伴随着范斯沃思别墅模型的照片（没有密斯的玻璃住宅的图片，因为实际住宅直到 1951 年才会完工）。约翰逊坦率地承认借用了这个概念："玻璃房子的想法来自于密斯·凡·德·罗。因此，我受到的恩惠是清清楚楚的。"

约翰逊在他折中的来源清单中，没有提到的也是有启发性的。作为建筑学的学生，他了解 16 世纪的英国德比郡的哈德威克厅，那里有空前的大片玻璃（这启发了多次重复的韵脚"哈德威克厅堂，玻璃多于实墙"）。约翰逊对水晶宫并不陌生，也许是维多利亚女王长期统治时期最著名的建筑；将近 20 年前，他曾引用 1851 年的展览建筑，作为他和希区柯克在 1932 年 MoMA 展览中展出的新建筑的先驱。但是他选择省略哈德威克（Hardwick）和约瑟夫·帕克斯顿的特大温室来写纽坎南的房子。

当约翰逊终于四处展示他的房子时，读者出乎意料地见到了一张由阿诺德·纽曼（因肖像作品而闻名）拍摄的艺术照片，而不是像赫德里奇的流水别墅的鳟鱼眼视图那样的特写镜头。大教堂般的树林——实际上，是树木的倒影——在桌子旁悬着一个人的剪影。这个结构的一个暗示是向一侧的，但是在前景和中间距离的18英尺的透明玻璃片的作用就像望远镜的镜头，把坐着的约翰逊背对着相机，放在图像的灭点上。

尽管这张照片令人难忘，但它只暗示了房子本身的构造。约翰逊自己解释说，引用密斯的话，"通过与实际的玻璃模型一起工作，我发现，重要的是反射的作用，而不是像普通建筑那样光与影的效果。"[38] 这番话使这个说法得到证实，约翰逊在写一个和房子一样多的想法。

虽然他明确表示"约翰逊之家"不是"普通建筑"，但是他的文章也是低调的杰作。他没有发表任何宣言；他的文字只包括说明，所有的说明都用轻松的、第一人称的语气写成，带着好客的主人带客人参观他家的自信诚恳的气氛。另外9张玻璃住宅（这个名字很快就会被普遍使用）的照片，加强了这种非正式性，其中大多数都是快照的尺寸。

对于细心的读者来说，出版的部分的总和，也包括平面图和 I 形钢梁角部细节的剖面图，构成了一个有说服力的，精心构造的论证。约翰逊在建筑学的时间表上，为他的房子确定了一个位置，令人惊讶的是，在建立他的坐标时，现代主义的化身把他的旗帜插在了明显古典的领域。从古希腊到新古典主义者，约翰逊接受了他们的对称性。1947年，在约翰逊为 MOMA 举办的密斯展览目录里，曾形容范斯沃思别墅拥有"笼子的纯粹性"，[39] 虽然这个短语也适合他的房子，但他对类似元素的安排相当于一个剥落的柱子和门楣框架，构成了一个八柱长廊。

两个主要建筑物的布局，客人住宅平行但偏移以尊重玻璃住宅，形成一种借用于卫城的构图。正如约翰逊所解释的，"希腊人把走向他们建筑物的角度限制为斜角，并放置他们的纪念碑，这样从任何给定的角度来看，只有一个主要建筑物占据了视野。"[40] 正如他后来改写的，"永远不要迎面走向建筑物：对角线可以让你看到建筑物深度的整体透视。"[41]

约翰逊像希腊人和罗马人一样，在柱基上建造了自己的建筑，其深灰色的钢柱使它成为树林中的殿堂。他借鉴了当地联邦式建筑的古典乡村风格，用钢带分隔透明玻璃墙，其高度大约相当于椅子扶手的高度。撞到剑桥郡玻璃墙的醉醺醺的客人可能是灵感的源泉，但这种视觉提示相当于墙裙。

适用于古典建筑的批评性词汇——纯粹、干净、有序、柱列、理性——明显很适合一个过去每个认真学习建筑历史的学生都知道的观景建筑，但是，令人惊讶的共鸣也让人想起另一座建筑，也是为未婚男子建造的。帕拉迪奥的阿尔梅里科别墅是主教在罗马岁月之后，返回威尼托故乡的退休之家。帕拉迪奥把圆厅别墅的四扇门放在中心位置，正如人们所熟知的那样，一个立面一扇门，每扇门位于方位中心点上。约翰逊也做了同样的事。圆厅别墅坐落在山腰的一半，就像玻璃住宅一样。约翰逊和阿尔梅里科的集中式建筑都设计成能环抱360°周边全景。

两者都以室内圆筒为特色。在维琴察，它是一个宏伟的挂着壁画的会客厅，而在纽坎南，约翰逊选择了一个完全不同的方案。

玻璃住宅室内——也许是终极的"室内－室外"空间——配以密斯家具，限定空间的地毯（约翰逊称之为"木筏"），以及田园牧歌式的普桑油画（卡罗尔·M. 海史密斯档案，国会图书馆／印刷品和照片）

他没把他的砖砌圆筒定位在轴线上，但是它穿过屋顶的突起以它程式化的方式进行定义——约翰逊称之为"锚"——就像圆厅别墅的穹顶一样。约翰逊的许多雄心壮志中，他自觉地将一个较早的想法调整到了他"二战"后的住宅上，解释说，他的砖砌圆筒暗指了"我曾见过一个被烧毁的木制村庄，那里，除了砖砌的地基和烟囱之外，什么也没留下。"[42]

诚然，约翰逊没有在他的玻璃住宅外使用门廊，不像阿尔梅里科别墅的四个门廊。而且，帕拉迪奥的砖石纪念建筑，完整的柱式和穹顶，与约翰逊的玻璃盒子大不相同。尽管如此，这两者还是相互联系，他们以正式的方式对地段做出反应，暗示着经典的过去。

在布置他的房子时，约翰逊使用他曼哈顿公寓里熟悉的密斯椅子和其他物品，坚持了自己的世纪。当他在纽坎南以一种固定而正式的布局重新摆放他们时，二十多年前设计的家具已经成为现代经典。他们的组合定义了单个空间的使用，以一种在更传统的房子中由隔断完成的方式。

在约翰逊的曼哈顿公寓里，有一件曾经引以为豪的东西没有去康涅狄格州，因为施莱默的油画《包豪斯楼梯》现在悬挂在 MoMA。在纽坎南，约翰逊选择了一幅完全不同的画，这幅画是他专门为他的新房子买的。作为 20 世纪之前的唯一一件物品，它成为稀疏的装饰品中的焦点，而且没有墙壁可以挂在上面，约翰逊为这幅老大师的画作设计了一个金属架子，这相当于他新发现的古典主义的参考点。

根据阿尔弗雷德·巴尔的建议，这幅名为《福基翁的葬礼》（ *The Burial of Phocion*，1648 ~ 1649 年）的作品是尼古拉斯·普桑工作室的 3 个著名版本之一。这位艺术家描绘了一幅古典的风景画，田园牧歌式的风光，灵感来源于一首诗歌，约翰逊在哈佛大学读本科时，就学习过拉丁文的最初版本。人物是前景，但油画的美丽源于对理想化的罗马景观的充满热爱的描绘，包括神庙和起伏的丘陵。在纽坎南，它不仅表达了约翰逊受过教育的艺术品位，而且暗示了他对自己家园在其环境中的更大愿景。

在约翰逊的家里，普桑的宁静与环绕四周的康涅狄格州的田园风光珠联璧合。在充裕的时间里，约翰逊自己在纽坎南的作品会与普森的作品彼此呼应：约翰逊将把土地增加到 49 英亩，随着约翰逊和普桑的愿景一起成长，他增加了许多建筑特写、园林小品和断壁残垣。

———

约翰逊建立他房子文脉的尝试无法说服每一个人。关于房子的第一篇严肃的批评文章，刊登在《室内与工业设计》(*Interiors & Industrial Design*)上，相当误导地把它描述成一个维多利亚时代的钟罩，"某种用来保护维多利亚时代的钟表的玻璃罩。"[43] 作者阿瑟·德雷克斯勒对这个地方不屑一顾，认为这个地方"与其说像个房子，不如说像一张画在空中的示意图，以标示一些空间。"[44] 约翰逊，不像赖特那么脸皮薄，远没有受到冒犯，而且，他很快就邀请年轻的德雷克斯勒加入他的 MoMA 部门。

在康涅狄格州郊区，波努斯岭路上的汽车和人行交通的爆发，继续引起人们的关注。当地一家报纸《纽坎南广告报》(*New Canaan Advertiser*)以强硬的语气，表达了该镇大多数沉默寡言的人，对该镇新的建筑声望的感受。到 1952 年，这个小镇似乎已经达到法定数量——拥有几十座新的现代住宅，纽坎南成为东部要去看的现代主义基地。"住宅之旅"被安排用来满足公众的胃口，以近距离地看一下约翰逊住宅和其他新的房子。但是，一位化名叫"奥格登·咬牙切齿"的搞笑的人，贬斥这种新的建筑形式就像"Sunoco 加油站一样优雅"。[45]

约翰逊似乎从每一轮谈话中都能得到乐趣。一位妇女参观了玻璃住宅，怀疑地告诉约翰逊："嗯，它可能非常漂亮，但我肯定不能住在这里。"

约翰逊的回答，"夫人，我还没有邀请您呢。"[46]

第七节

20 世纪 50 年代……纽坎南，康涅狄格州……玻璃住宅

正如他后来在耶鲁表述的那样，弗兰克·劳埃德·赖特属于未被说服的。他发现，玻璃住宅是一个偶然而方便的歇脚处，那个时期，在施工桑德住宅（1952 年）和雷沃德住宅（1955 年）。桑德住宅位于康涅狄格州费尔菲尔德县的另一个镇斯坦福德的一块突出的岩石上。为了雷沃德住宅，纽坎南的诺洛通河的一部分被筑坝堵上，以创造出池塘和瀑布。

赖特一直关注他的竞争对手，他认识到，约翰逊确实加入了他们的行列。这也许可以解释，他为什么倾向于轻视这个地方，但是玻璃住宅看起来，与赖特格格不入是有许多原因的。他不仅喜欢设计房子，还喜欢设计家具、有图案的窗户、装饰品、灯具、烛台和门把手。在波努斯岭，约翰逊的房子几乎完全由工厂制造的材料组成，大部分家具都是密斯·凡·德·罗的作品。

哲学和实践的差异使这两个人分道扬镳（约翰逊后来回忆道："当时我非常反对赖特"）。[47] 早在约翰逊出生之前，赖特就对他所称的"盒子"宣战，并从随后几十年的建筑趋势来判断，他获得了胜利。建筑师们拿走墙体，伸展屋顶，组合体块，并且创造出内部空间，这些空间很少是被隔断区分，更多是被功用区分。赖特喜欢改变顶棚的高度，用明暗、纹理，以及相交面的对比，给人们带来惊喜。虽然约翰逊已经吸收了赖特对隔断房间的盒子感觉的厌恶，但是在玻璃住宅里，他超越了赖特，建造了一个高度规整、平顶的盒子的新版本，盒子的四边都是双向对称的。

在《建筑评论》上发表的宣传玻璃住宅的文章中，约翰逊有意识地将自己定位为反对赖特的人。他强调要用与赖特先生不一样的方法使用纽坎南土地。"我的房子已经接近死胡同了，"没有补充说明，他反而写道，"弗兰克·劳埃德·赖特，伟大的浪漫主义者，更喜欢台地或山坡。"约翰逊没有引用赖特的具体设计作为证据，但约翰逊从他的访问中知道，塔里埃森和流水别墅都站在山坡上。

他们自身的天赋也把两个人分开。赖特成年后在威斯康星大学学习工程学，然后工作，成为锡尔斯比的描图员和路易斯·沙利文在芝加哥的高级绘图员；约翰逊在哈佛大学度过了 7 年的本科生时光，在古典文学和哲学专业，时有时无地进行才智探索。赖特活着就是为了画图；约翰逊的伟大天赋在于概念的领域，而纽坎南的房子反映了这种对比。约翰逊的朋友们常常轻视他在绘图桌上所付出的努力，而赖特则以他的丁字尺、三角板和彩色铅笔闻名于世。年轻时，赖特凭借其复杂的细节、包装建筑的能力，赢得了沙利文和其他人的钦佩，而玻璃住宅的大部分图纸都贴在兰迪斯·戈尔斯的绘图桌上，而不是约翰逊的。即使约翰逊画了这些图，玻璃住宅的渲染，它们几乎全部由直线组成，几乎不会对注册建筑制图 101 课程的学生构成挑战。没有宏伟的效果图比约翰逊的房子活得时间长。

赖特从来没有出于礼貌而闭嘴，他一再嘲笑约翰逊的家——而约翰逊一直懒得搭理赖特的话。1957 年，约翰逊在西海岸向一群华盛顿建筑师发表演讲时，温和地评论道："赖特先生已经烦了我一段时间了。"[48] 但是，约翰逊，一个技术娴熟、轻松的演讲者，不仅仅希望引起笑容和笑声；从他的话中，很明显，赖特的嘲笑和刺痛激怒了他。

"（赖特）说我的……玻璃住宅……根本不是房子——它不是庇护所，它没有任何洞穴，它很冷，而且它不会给你舒适的感觉；它是一个盒子。他曾经说过——他当然比我们大家都聪明，所以你不能像他一样说这些事情——我的房子是一只猴子的笼子，为一只猴子而设。"

尽管约翰逊知道，赖特原则上只是禁不住讨厌一栋完全用玻璃建造的住宅，然而，他的怒火还是显而易见的。对赖特来说，约翰逊的纽坎南住宅的奇怪之处就像没有底的轮船，没穿衣服的皇帝，白白浪费的机会。

约翰逊在关于赖特的反应的简短论述中，发现赖特的思想有问题。约翰逊自己被建筑历史深深吸引，他驳斥了赖特"对历史书和所有在其之前的建筑的蔑视"。赖特专横地坚持自己彻底的独创性激怒了约翰逊。"难道他完全是从宙斯的脑袋里一阵风刮出来的，"约翰逊气急败坏地说道，"会成为曾经活着或将要活着的唯一的建筑师？"

尽管如此，约翰逊还是完全相信赖特"以一人之力改变了建筑学进程，从 1900 年到 1910 年。"他形容赖特是"才华横溢、脾气暴躁"，然后表示，这也是个奇迹，"我们既可以爱戴赖特，同时我们也可以厌恶他，如我一般强烈。"

不管他的宿敌如何给他挫败感，约翰逊仍然认为是赖特坚定地推动了他的新事业方向。20 世纪 50 年代初，约翰逊在 MoMA 担任策展人，在耶鲁大学当教师，以及做建筑师，但业务仍不多。

但是赖特认识到，玻璃住宅给了约翰逊一个新的地位。因此，他向约翰逊提出了挑战。

"你不能两个肩膀挑水，"约翰逊记得他说。[49] "菲利普，你必须选择：你是想成为一个评论家，还是打算成为一个从业建筑师？你不能两者兼得。"

约翰逊那时承认，他需要变得勇敢一点，"赖特改变了我的生活。"

他需要致力于成为一名建筑师。"当然，这是显而易见的。但事实是，（赖特）是唯一一个这样说的人。"[50]

第八节

1958 年春……纽坎南，康涅狄格州……玻璃住宅

这两个人有共同的控制欲。他们知道，他们多么希望展现自己的内心。众所周知，赖特向客户口授日本版画（他选择的）挂在哪里，以及家具（他设计的）如何布置。约翰逊禁止在坐卧两用沙发上使用枕头；尽管枕头可能很舒服，但它们破坏了美学。

一个周末的下午，约翰逊从邻居的鸡尾酒会上回家时，发现有人在他不在的时候拜访过他，而且给他留了张便条。这条信息用看起来很奇怪的象形文字书写，以连续的、下降的线条，延伸在房子周围；至于手写笔，作者直接用了一块肥皂写在玻璃上。更令人惊奇的是，这位来访者——不久之后被透露是埃罗·沙里宁（Eero Saarinen）——反着写他的留言。一进屋子，他的便条就很容易读出来了。

这张长便条表达了沙里宁对菲利普新房子的喜爱和钦佩。约翰逊欢迎沙里宁的认可，因为埃罗是著名建筑师伊利尔·沙里宁的儿子，已经在建筑和家具设计领域做出他的标志。然而，这种称赞的代价将是花几个小时的劳动，用软管和海绵将信息移除。[51]

另一次计划外的访问发生在 1958 年春天。在城里，为了检查完工的雷沃德住宅，赖特决定给约翰逊家打电话。赖特事先打过电话，被告知，他们非常受欢迎，然后和雷沃德夫妇、佩德·罗·格雷罗（Pedro Guerrero）——赖特最喜欢的摄影师和纽坎南居民——一起前往波努斯岭。[52]

赖特率领着行进在白色小径上的一队人，而约翰逊站在敞开的门框里，揶揄地问道："赖特先生，欢迎来到猴子住宅。"

根据格雷罗的回忆，赖特问道，显然很困惑，"你为什么这么称呼它？"

当约翰逊回答说赖特这样命名时，赖特很快反驳道：："不，菲利普，我说你能做，不是你已经做了。"

争吵正在进行着。

格雷罗回忆说，新来的人加入了一个即兴的鸡尾酒会，赖特使自己成为众人关注的焦点。他很快就对自洞穴人时期以来的建筑发展做了长篇大论，设想用藤蔓捆起来的竹子预示了古典柱子的出现。

赖特在酒吧里新倒了一杯威士忌，思考了一下《两个马戏团的女人》（*Two Grcus Women*），一个巨大的人物雕塑。由伊利·纳德尔曼（Elie Nadelman）制作的纸型作品，搁置在一个光光的底座上。约翰逊曾形容这个庞大的雕塑是"这种建筑需要的那种形式的陪衬",女人们丰满的曲线和作品质感丰富的表面,与周围的钢铁和玻璃的挺括线条和机器光滑,形成对比。[53]

约翰逊小心翼翼地把纳德尔曼的"女人"安置在座位区的一个角落里,这个角落与普桑的油画成对角,表明了坐、吃饭和食物准备区之间的分隔。但是赖特在调好饮料后,对它的位置表示异议。于是他移动了那些女人,像暹罗双胞胎一样在腰部黏在一起的女人。

不久之后,当约翰逊发现《两个马戏团的女人》已经离开原来的位置时,他把雕塑恢复到原来的位置。

当赖特第二次去更新他的饮料时,他谈到了重新定位。根据格雷罗的说法,他责备主人:"菲利普,把完美的对称留给上帝!"[54]

第十二章

威士忌酒瓶和茶壶

这里，先生们，你们看到了庄严而沉默的东西。站在那儿，在公园大道已经变成的灾难中，它看起来好像刚刚从一些更高、更完整的文明中游荡进来。

——文森特·斯库利

第一节

1952 年春……公园大道……布朗夫曼的工作

随着 20 世纪 50 年代的到来，弗兰克·劳埃德·赖特设计的古根海姆只是一个厨房桌子大小的比例模型。纽约有一个新的、不同的设计任务，并引起了他的注意。此时，赖特知道，在这个连他都要承认是国家文化之都的地方，如果他能像吸引希拉·瑞贝那样，吸引布朗夫曼兄弟，那么他会有机会宣称，最重要的两座新建筑都是他的功劳。

他接触了艾伦·布朗夫曼（Allan Bronfman），"约瑟夫·西格拉姆及其子"公司的总裁塞缪尔·布朗夫曼（Samuel Bronfman）的兄弟。赖特通过女婿肯尼斯·巴克斯特与公司执行官取得了联系。一年前，西格拉姆花了 400 万美元，购买了公园大道上的一整块临街的土地。它计划拆除现有的 12 层公寓大楼，以建立一个新的公司总部，因为，在宏伟的克莱斯勒大厦第十五层，其布置讲究的行政办公室，已经跟不上发展的步伐。布朗夫曼一家以东西做得好而闻名。他们拥有自己的土地、金钱、智慧、品位以及对建筑的尊重。赖特想参与进来。

赖特一如既往地向艾伦·布朗夫曼推销，一开始就摒弃了先例，即纽约街道两旁现有的"半生不熟"的摩天大楼。赖特在 1952 年 3 月，以及 4 月写信，他承诺要设计得更好，一些"能让你震惊和愉悦世界"的东西。他告诉布朗夫曼和他的同事，他设计的建筑相当于价值 100 万美元的广告。赖特预料到，他们可能会认为他太老了，他补充说，"伟大的想法是包含在里面的——所以它们就在我的袖子里，作为最后的盛大行动……我渴望把它们甩出来。"[1]

谈话几乎在开始前就结束了。首先，这个决定不是艾伦·布朗夫曼做出的。也许更重要的是，赖特复杂多变的名声，在西格拉姆公司资深高管那里，早已注册。正如一位同事在办公室间备忘录中说的，"（潜在的赖特大楼）的屋顶很可能会漏水；供暖系统和灯光可能无法工作；他会让你的员工很难入住，因为他会把他们安置在他想要他们去的地方，而不是他们实际应该在的地方。当你完成时（如果你最终还是完成了它），它的成本是任何其他建筑物的两倍。"[2]

没有人把赖特的名字列入短名单——或任何名单——关于"西格拉姆之家"的备选设计师。要做出聘用决定还需要整整两年的时间，但赖特未能赢得这份工作，这就意味着，在 20 世纪 50 年代后半期，纽约人将会看到两座同时盖起来的完全不同的标志性建筑的非凡景象。这将是一场尚未宣布的竞争，因为赖特的螺旋形建筑成为纽约最独特的建筑，而西格拉姆大厦则是纽约未来发展的典范。不久，昵称"茶壶"和"威士忌酒瓶"的建筑物之间，即将展开一场战斗。

在主要建筑亮相之前，赖特确实成功地将设计从袖子里甩了出来，并于 1955 年在公园大道上得以实现。

像几年前的约翰逊，马克西米兰·霍夫曼（Maximilian Hoffman）梦想把当代欧洲设计带给美国观众。只是，这位奥地利移民和前赛车手的注意力不是建筑。他关注欧洲汽车。

1947 年，霍夫曼汽车公司的第一间展厅在公园大道开放，橱窗里摆着一辆四座的德拉哈耶。当时，霍夫曼的库存中，只有那辆流线型的轿跑车，但是他很快就销售宝马、库珀、路虎和宾利。他爬到方向盘后面，驾驶一辆特别改装的保时捷跑车，赢得了几场比赛，帮助激发了欧洲跑车在美国的新魅力。他的生意发展迅速，1951 年，他在百老汇大街汽车行开了第二个展厅。沿着第 50 街向北延伸约半英里的路程，霓虹灯招牌邀请路人，去参观美国大部分的汽车品牌，其中包括哈德逊、别克、斯图贝克和凯迪拉克。

在获得捷豹和梅赛德斯 - 奔驰的主要销售合同后，霍夫曼确定，他需要一个建筑师，为他的商品，设计一个更加戏剧化的环境。由于他们的社交圈重叠，他咨询了菲利普·约翰逊。霍夫曼正准备建立一个由几百个经销商组成的网络。这个网络延伸到比弗利山庄。虽然他没有学过建筑，但是他知道，他想要炫耀。没过多久，他就确定，约翰逊的玻璃和钢的模式对他的口味来说"太冷"了；善解人意的约翰逊把他指向西边的威斯康星州，建议他咨询弗兰克·劳埃德·赖特。[3]

当他们相遇时，赖特和霍夫曼立刻喜欢上了对方。他对汽车着迷很久了——对赖特来说，好车体现了设计、速度和独立气质——1953年12月，他立即接受了在公园大道430号设计新展厅的委托。作为建筑工作的回报，他同意接受汽车作为补偿，而不是现金，鸥翼梅赛德斯300SL很快停在了塔里埃森。

经过一系列的施工延误，霍夫曼的新展厅于1955年5月开业。3600平方英尺的一楼空间的中心是一个旋转转盘，设计用来容纳3辆车（代表品牌是保时捷、宝马和阿尔法·罗密欧）。它位于古根海姆地段以南大约2英里的地方，意味着纽约人已经预先考虑了第五大道上段赖特先生的方案。一个周边的坡道环绕着转台，当转台上升到一个悬臂阳台时，它展示出更多的车辆。《建筑论坛》对这个装置赞不绝口，评论说，它的暖色调"对比和补充了精细但冷酷的工业产品的钢铁般光泽。"[4]

最终，经过几十年的讨论和菲利普·约翰逊的帮助，一个赖特的建筑工地，虽然不大，终于落在了纽约。

第二节

20世纪50年代初……纽约，巴黎，和康涅狄格州纽坎南

围绕着玻璃住宅的喋喋不休，使菲利普·约翰逊获得了新的知名度，但这种对建筑从业者的认可，既是好也是坏。

1949 年，在 MoMA 的一次偶遇使他获得了一个洛克菲勒的委托。博物馆的赞助人、即将成为受托人的布兰切特·洛克菲勒和他一起乘电梯上楼，请约翰逊推荐一位建筑师，负责东 52 街的住宅项目。它的功能既是客人住宅，方便联系洛克菲勒夫妇俯瞰东河的双拼公寓，也是画廊空间，由于布兰奇的丈夫约翰·D. 洛克菲勒三世（John D. Rockefeller Ⅲ）认为布兰奇对当代绘画和雕塑的口味与他的英国家具、亚洲和印象派艺术不是特别协调。

约翰逊开始把想法说出来，提出可能的设计师的名字。但是当洛克菲勒太太打断约翰逊说其他设计师时，随意的电梯谈话迅速改变了方向。

"但是，约翰逊先生，您是一位建筑师，不是吗？"[5]

所以约翰逊自己设计了这栋房子。1950 年完成，他的设计巧妙地把新房子建在一栋早期房子和马厩的基底上，简化了许可证申请程序。这座城镇住宅有对称的玻璃和钢的正立面，以及内部花园，是密斯 20 世纪 30 年代的庭院住宅和约翰逊在剑桥郡的阿什街住宅的延续。它的街立面与密斯的 ITT 图书馆的前立面非常相似。约翰逊在 1947 年的密斯展览中复制了这张图纸。[6]

当洛克菲勒的客人住宅完工时，约翰逊已经为与兰迪斯·戈尔斯共有的曼哈顿事务所雇用了 3 名绘图员。建筑成了他的生意，作为一名从业建筑师，约翰逊在作品上签名"菲利普·约翰逊，设计师"。然而，扩大的 42 街办公室的敲门声把约翰逊带回到了现实。

一位州政府官员指出，他在违法执业，因为约翰逊在 1945 年州执照考试中失败了（在通过之前，他还要再失败两次）。[7]约翰逊并没有被吓倒，1950年12月31日，他在曼哈顿的办公场所的租约期满后，他发布声明说，他要搬到纽坎南去。

他后来回忆说，"我想在一个建筑师团体里，康涅狄格州有关执照的法律并不像纽约那样严格。"[8]

————

27岁的时候，菲利斯·兰伯特（Phyllis Lambert）希望重新开始她的生活。最近，她和丈夫离婚了。他是一位名叫让·兰伯特（Jean Lambert）的银行家。她保留了他的姓，并留在了巴黎。她在工作室里做雕塑，对建筑很感兴趣，在欧洲各地旅行，拍摄她所看到的东西。绝非偶然，她住在很远的地方，与她的霸道父亲塞缪尔·布朗夫曼相距一个海洋。

1954年初夏，兰伯特偶然发现了《先驱论坛报》（*Herald Tribune*）国际版的一张照片。拟议中的新西格拉姆大厦的风格和方式惹恼了她。当她父亲来信附上家族企业总部的草图时，她怒不可遏。她并不孤单：回到纽约，其他人认为，提议的设计就像一个"巨大的打火机"和"大奖杯"。[9]兰伯特强烈的情感激励她写了一封长长的、令人生畏的信，刺痛了收信人（"最亲爱的爸爸"），这是一位极少容忍子孙或员工不同意见的强权人士。[10]

这封信的日期是1954年6月28日，将成为20世纪建筑的一个重要的书信时刻。那封打字密集、单行距的信写了8页，有许多划线、边注和兰伯特手画的几幅徒手草图。从她在开篇坚持的"不,不,不,不,不"——激烈争论的第一段大约长4000字——这是一个艺术家的强烈抗议，明确发出了建筑良知的到来信号。

她拒绝接受手头的方案，称之为"飞侠哥顿的工作"。更糟糕的是，她补充道："这是便宜货。"对于一家在禁酒令期间试图提高自己在卖酒中的声誉的公司来说，一副落魄者的模样尤其糟糕。在做她的论证时，她还援例了文艺复兴和莎士比亚，并引用了约翰·罗斯金（John Ruskin）。

在一个慷慨激昂的段落中，兰伯特得出了一个基本结论："您有一个选择，且只有一个选择：您必须建造一座建筑，它表达了您所生活的社会的最好一面，同时也表达了您对改善这个社会的希望。您肩负着巨大的责任，您的建筑不仅是为了您公司的人民，更是为了纽约和世界其他地方的所有人民。"

没有必要对她的论点低头，这位父亲邀请他流落在外的女儿回家。他打了一个横跨大西洋的电话，请求她帮忙选择摩天大楼底层地面的大理石。布朗夫曼的商业期望延伸到了他的儿子，而不是他的女儿，他很快就会惊讶，当菲利斯回来时，她成功地把他平凡的装饰任务变为大得多的事儿。

他安排她会见他信任的朋友卢·R.克兰德尔（Lou R. Crandall），当时占统治地位的建筑公司乔治·A.富勒公司的总裁。那时她也咨询了刘易斯·芒福德，他推荐马歇尔·布劳耶为建筑师。兰伯特开始收集其他候选人的非正式名单，路易斯·康最近在耶鲁大学美术馆的扩展项目为他赢得了一席之地。与阿尔弗雷德·巴尔的一次会面把她介绍给了菲利普·约翰逊；巴尔透露说，他即将离开在 MoMA 的策展人职位，把时间都用在经营其建筑业务上。巴尔建议说，约翰逊对现代设计的广泛了解可能是有价值的，而在见到他时，兰伯特确定，他只是她需要的那种导游，是当时建筑的旅游向导。

当她和克兰德尔坐下来时，他对她已经学到的东西印象深刻，而且，他建议她为这个项目研究一下有潜力的建筑师。她应该去和他们交谈，参观他们建成的作品，然后提供推荐。他帮助说服了塞缪尔·布朗夫曼采取这种明智的方式，并且父亲设定了最后期限。他的女儿有 6 个星期的时间。

作为她的中间人，菲利普·约翰逊邀请埃罗·沙里宁在玻璃住宅会见兰伯特。在一个让约翰逊满意的机智构想中，沙里宁编制了 3 份清单：一份是能够但不应该设计该建筑的建筑师；第二份列举的是应该但不能够的候选人；最后是能够且应该的。在严格的候选人中，有贝聿铭、格罗皮乌斯、保罗·鲁道夫、SOM公司和沙里宁本人。

在约翰逊的陪同下，兰伯特访问了建筑师和建筑工地。她的铁路线路包括波士顿站（看沙里宁和格罗皮乌斯的作品）、费城（豪和莱斯卡兹的 PSFS 大厦）和底特律（沙里宁的通用汽车技术中心）。在芝加哥，兰伯特参观了密斯·凡·德·罗在湖滨大道上的公寓楼和 ITT 校园，随后游览了赖特在拉辛的约翰逊蜡业大厦。

随着最后期限的临近，她将范围缩小到两个建筑师。一个是勒·柯布西耶，但他在美国唯一建成的建筑是联合国大厦，在兰伯特看来，是对他的原创设计的"一次阉割"。密斯在美国的土地上还有更多的东西可以展示，在开往芝加哥的火车上时，兰伯特告诉约翰逊："你知道，我已经下定决心了。"

当他讲述这个故事时，约翰逊对她最喜欢哪个建筑师"还没有线索"。

"嗯，什么？"他不耐烦地问道。

"我已经选了密斯·凡·德·罗。"[11]

在密斯的作品中，兰伯特向一个朋友倾诉说，她看到了"通过使用基本的结构钢构件——I字梁，来把玩深度和阴影。这种精巧而看似简单的解决办法可以和希腊柱式和飞扶壁的使用相媲美。"[12] 他们交谈过的几乎每个建筑师都提到过密斯；他已经赢得了同龄人的赞赏，他也赢得了兰伯特的赞赏。"越来越清楚的是，正是密斯·凡·德·罗如此理解他的时代，以至于他谱写了技术的诗篇。"[13]

卢·克兰德尔像个机智的叔叔一样，又插进了谈话中。塞缪尔·布朗夫曼相信克兰德尔的商业头脑，而克兰德尔建议与密斯的合作"可行"。这也许让布朗夫曼下了决心，但是克兰德尔又加了一个主意。如果选择密斯，为什么不让约翰逊做他的助手呢？约翰逊终于拿到了纽约的执照，而且，他具备有价值的技能，包括社交天赋，他在纽约社会的驾轻就熟，以及流利的德语（密斯的英语，虽然提高了，但仍然处于大概摸到了边的状态。）

密斯本人不仅接受了这个想法：他还提议建立合伙关系。"我们要不要成立'凡·德·罗和约翰逊事务所'？"他问。[14] 在那一刻，约翰逊获得了共同建筑师的角色，是对他四分之一个世纪代表密斯进行主张的一个适当奖赏。约翰逊的眼睛被泪水湿润了。[15]

1954年10月28日，双方签署了一份设计这座建筑的协议备忘录。纽约的大型知名公司"康和雅各布斯"被聘为绘制施工图的助理建筑师。到12月1日，菲利普·约翰逊已经重建了纽约事务所。这家新公司坐落在曼哈顿东44街上，离克莱斯勒大厦和西格拉姆办公室只有一小段路程。围绕着一个大的中央设计空间的是一间会议室和三间办公室，每个办公室分别是给密斯、约翰逊和西格拉姆新任命的规划总监菲利斯·兰伯特的。

————

那个秋天，一个周六的晚上，约翰逊欢迎密斯·凡·德·罗和菲利斯·兰伯特来到玻璃住宅。尽管他们的会面是工作性质，然而饮酒的量很大，谈话范围很广。兰伯特还记得，密斯对约翰逊在玻璃住宅误读了他的钢细节感到不快（据密斯的一位同事说，约翰逊在参观密斯的芝加哥办公室时，从看到的一张图纸中，把它抄到了小索引卡上）。[16] 慢慢酝酿的不满——密斯以前已经多次光顾过玻璃住宅——被点燃了。在他看来，约翰逊在玻璃和钢的房子中使用木制顶棚连接是不诚实的。"他认为，我应该更好地理解他的作品，"约翰逊后来解释说，[17] "我只是认为，他觉得我拙劣地复制他的作品是非常讨厌的事。"[18]

兰伯特走后，声音越来越大。深夜两点钟，当密斯爆发时，争吵得出了愤怒的结论："菲利普，带我去别的什么地方睡觉。"

约翰逊以为密斯是开玩笑，但是他不是。

当约翰逊意识到，他别无选择，只好答应时，他打电话给鲍勃·威利，一个朋友和邻居，问他是否可以接待约翰逊的客人，即使已经是半夜了。威利住在约翰逊设计的房子里，他同意收留他，愤怒的密斯被及时地送来了。"他再也没有回来，"约翰逊回忆道，"他永远不会靠近这所房子。"[19]

他们在公园大道 375 号的合作，在纽约权宜的结合，被证明是经得起考验的，于是两人结成了新的合伙关系。

第三节

1954~1955 年……东 44 街 219 号……凡·德·罗和约翰逊建筑师事务所

1954 年 12 月，凡·德·罗和约翰逊事务所的小同事们建造了一个纸板模型，它代表了公园大道 375 号北面和南面的十几个街区。模型放在建筑师工作室的一张高桌上，以沉默著称的密斯可以坐在附近的椅子上，手里拿着雪茄，一言不发地花上几个小时审视缩小了的大街，就好像从人行道的高度一样。当灵感袭来时，密斯会下令制作西格拉姆大厦的新的体型配置；然后将按比例建造的体块插入微型街景中，密斯可以继续沉思。[20]

20 世纪 50 年代，曼哈顿到处都是建起来的高楼大厦，因为纽约经历了自大萧条前 20 年代以来最大的建筑热潮。该市最宽的林荫大道是一个理想的地段，特别是介于第 50 街和第 57 街之间，这个长期的居住片区为商业发展作了重新分区。

城市法规意味着典型的新建筑物就像结婚蛋糕。目的是防止新的摩天大楼阻挡阳光到达街道。1916 年的基本分区规范意味着，只有当他们的高层建筑在指定的高度上后退时，业主才能占满整个的用地范围进行建造。这意味着，到了 20 世纪 50 年代，当密斯、约翰逊和兰伯特看着砖石贴面建筑的大模型时，他们看到的大多数建筑在 10 层以上从正面边线后退，从而既减少了结构的质量，又防止了街道陷入黑暗。

新标准的一个显著例外是利华大厦，坐落在北面的一个街区，与拟议中的西格拉姆大厦所在地段的大道对面。分区规范还规定，只要高楼只占其土地的四分之一，就不需要任何后退，绿色的利华大厦符合这一标准。利华大厦是这个城市的第一座玻璃高楼，于1952年建成，由一块垂直的板组成，其矩形的基底垂直于大街。一个对比鲜明的单层水平板占据了场地的平衡，竖立在柱子上，留下下面的庭院。戈登·本沙夫特（Gordon Bunshaft）和娜塔莉·德·布洛伊斯（Natalie de Blois）的作品，毫无疑问是密斯模式和国际风格的作品。

三位负责人经常在办公室附近的一家意大利餐厅共进午餐。兰伯特说，在那儿，约翰逊和密斯通常每人喝下两杯马天尼。早期，分区限制被纳入了他们的讨论。大家一致同意优先考虑像利华那样的高楼，但是使用25%的乘数，计算得到的最大基底面积太小，不经济。

再一次，建筑商卢·克兰德尔帮忙想出了解决方案。西格拉姆拥有两块相邻的物业，一个面向53街，另一个面向52街。在克兰德尔办公室举行的一次会议上，与会者一致同意，通过拆除这些地块上的两座现有建筑，该项目将是可行的，因为增加的土地意味着增加的建筑体量。

密斯和西格拉姆的合同条款要求他住在纽约。每天早上，他离开巴克莱酒店的房间，走过5个街区到达未来的建筑工地，审视周围的建筑，同时思考文脉，以及建筑规范和分区给予的约束。以惊人的速度，沉思的密斯，一个更倾向于想办法解决问题而不是勾画方案的人——那年他的关节炎让他变得更加虚弱了——很快准备委托制作一个他设想的建筑的模型，尽可能让他的小同事们做最少的投入。从1955年初开始，到2月中旬，模型完成。

只有 26 英寸高，它是由青铜板制成的。尽管不经意间，塞缪尔·布朗夫曼自己提议了青铜。"那是什么材料？"当他们大步走过每日新闻大楼时，他问过兰伯特和约翰逊。"我喜欢，"指着门上的青铜边，他说，"为什么我们不能用它建一栋楼呢？"[21]密斯觉得，这种材料是个不错的选择；他认为，青铜是"一种非常高贵的材料，如果使用得当，可以永远流传。"[22]

精密铣削意味着，该模型的三维表面复制了密斯的创新窗户直棂。该窗户直棂由竖直的 I 形梁组成，安装在钢和玻璃的幕墙平面之外。精密切割自粘的塑料薄膜指的是玻璃。与密斯通常为他的客户准备的大图纸相反，团队为塞缪尔·布朗夫曼准备的小模型，用兰伯特的话说，是"珠宝般的展示"。[23]

也许比它的表面和大小更令人惊讶的是模型的位置。2 英尺乘 3 英尺的基地代表了 200 英尺乘 300 英尺的建筑工地，西格拉姆大厦坐落在上面。他在公园大道的正立面，与现有街道的外墙不在一条线上。就像一个士兵在游行队伍中，在他的兄弟们后面，退了一大步一样，这座大厦要退离人行道，与人行道平行，形成一个广场，足 90 英尺深，占满整个街区的南北宽度。兰伯特向一个朋友倾诉说，它"几乎是巴洛克式的……有一个宏伟的广场，那座建筑就不会在你鼻子跟前放大，以至于你看不见，只是被它压迫，不得不穿过马路才能真正看到它。反之，它是一个宏伟的入口，通往一座宏伟的建筑，一切都展示在你面前。"[24] 即使比例很小，精确表达的大厦正立面以及它打破峡谷侧墙的方式也是完全出乎意料的。

三月初，规划总监兰伯特、建筑师密斯和约翰逊三人组为他们的进展感到高兴，计划了一次发布会。没有向塞缪尔·布朗夫曼及其公司顾问提供预算或建筑进度表。美丽的青铜模型就只是它自己。

它遇到一片死寂，留给三个人的是"孤独"。[25]

然而，两周后，传言说塞缪尔·布朗夫曼不仅批准了这项设计，而且，正如兰伯特所报道的："我父亲欣喜若狂——一个小奇迹。"[26]

还有许多问题有待解决，包括如何在外部伸出青铜 I 形梁，如何选择从地板顶到顶棚的通高窗户的玻璃，以及如何应对将气候控制融入革命性建筑的挑战。该建筑有青铜和玻璃的表皮和混凝土覆盖的钢骨架。建筑物后面朝东的部分逐步深化，加上了刚性剪力墙，使 38 层楼的建筑物更加坚固。

基本达成一致后，"约瑟夫·E.西格拉姆及其子"公司像坦克一样在战场上前进，在不到 3 年的时间里，桌面上的青铜模型就变成了一个可入住的 515 英尺高的塔楼。到 1957 年 12 月，公司高管进驻了他们的办公室。但是，公园大道 375 号并不是城里唯一的建筑工地。

第四节

20 世纪 50 年代中……曼哈顿岛……得到许可证

与西格拉姆不可阻挡的势头相反，古根海姆基金会挣扎着。所罗门·古根海姆 1949 年 11 月 3 日去世后，第五大道的待建博物馆处于风雨飘摇的境地，随着赞助商的离去，赖特和希拉·瑞贝面对着一个不确定的未来。

古根海姆在遗嘱中拨款 200 万美元建造博物馆，但令赖特惊讶的是，这位垂死的人没有具体说明，谁是建筑师。在遗嘱检验的那年里，赖特开始利用他与死去的捐赠人的关系，让继承人作出新的承诺。

古根海姆葬礼过后几周，他写信给一位受托人，"要不是我在古根海姆先生去世前几周向他许诺，我会为他建造这栋大楼……我很乐意退出，把这件事交给受托人。但在这件事上，我的确有良心……我准备遵守诺言。"[27] 他向侄子哈里·古根海姆，基金会的新任总裁，发了一段温暖的回忆文字，并希望结交卡斯尔·斯图尔特伯爵七世，一位英裔爱尔兰贵族，所罗门的女儿埃莉诺·梅·古根海姆的丈夫，并很快成为基金会主席。

在重组后的受托人的一次早期会议上，赖特决定把自己列入议事日程。正如斯图尔特爵士那天下午所记得的，"（赖特）处理这件事非常出色，以至于我们都留下了深刻的印象，他以清晰、简单和直接的方式陈述他的观点。"后来，伯爵专门和蔼地对赖特说了很多话，并对他处理一屋子商人的方式表示钦佩。

经过一个开场，赖特不只是接受了赞美。相反，他笑了笑，把斯图尔特的情绪转变成一种挑战："这只是我坚信你岳父的梦想会成真的一种表达，我的孩子——仅此而已。"[28]

到了 1951 年 4 月，赖特对古根海姆继承人的影响使得基金会购买了另一块重要的不动产。赖特在访问英国时，曾说服埃莉诺·卡斯尔·斯图尔特，支持收购赖特称之为"拐角处的旧钉子"[29]，而收购第五大道 1070 号意味着，博物馆的基底可以扩大到街区在第五大道的整个沿街面。位于第五大道 1070 和 1071 号的两座现有建筑将必须推倒，使得重新设计的博物馆能够占据一块南北 201.5 英尺、东西 127.8 英尺的场地。赖特和他的学徒们快速修改设计以适应这块场地。1952 年 2 月，受托人批准了赖特的明显更为横向的版本。

在赖特成功的地方，瑞贝失败了。没有所罗门·古根海姆的保护，负面的新闻报道使男爵夫人的总监职位处于危险之中。《纽约时报》艺术评论家阿琳·卢克海姆（Aline Louchheim）批评了瑞贝对自己作品和"她曾经的好朋友"鲁道夫·鲍尔作品的"不谦虚"展览。引用瑞贝的"神秘的双重谈话"和她的对赖特的"富有想象力的建筑"迟迟不能施工的"回避"，卢克海姆建议基金会，可以考虑把它的藏品折叠一下，放到另一个博物馆去。[30]

董事会做出反应，迫使希拉·瑞贝辞去总监一职。作为安慰，她被任命为名誉总监，在董事会中占有一席之地，但是她的影响力迅速减弱，尤其是在哈里·古根海姆在 5 月份的新闻发布会上宣布非客观艺术博物馆此后将被称为所罗门·古根海姆纪念博物馆之后。新的名字、更广泛的收藏政策和新的总监 [詹姆斯·约翰逊·斯威尼（James Johnson Sweeney）在那年秋天被任命为该职位] 使得瑞贝变得无关紧要。

与此同时，赖特在完成修改后的图纸后，认识到需要盟军在一个陌生的城市里对付强大的力量。在所罗门·古根海姆去世之前，赖特征募了纽约建筑师阿瑟·科特·霍尔登（Arthur Cort Holden）协助办理许可证；随着事态的进展，赖特再次利用霍尔登在纽约官僚机构工作 30 年的经验。霍尔登成为该项目的登记建筑师，并在申请建筑许可证之前，为这座不寻常的建筑，非正式地联系了建筑和住房部门。霍尔登的友好使他得到了曼哈顿建筑总监和一名员工、工程师伊西多尔·科恩（Isidore Cohen）的合作，建筑专员认为他是这个部门最能干的人之一。

各方都明白，建筑部门负责强制执行为传统建筑编写的建筑规范——而，正如霍尔登提醒赖特说："古根海姆博物馆的设计在该市建筑经验中是独一无二的。"[31] 然而，科恩同意，为那些不符合的部分，确定得到批准的方法。他随后的报告揭示了这些不符合的地方是多么显著，因为他列举了 32 个设计违反规范的地方。

有些是次要且容易补救的，但是主要的担心涉及技术问题，比如，地板负荷和玻璃及塑料的耐火性。赖特的女婿韦斯利·彼得斯，塔里埃森的项目经理，为了得到科恩的批准，做了精心的结构分析。设计进行了一些改动，加宽了楼梯，重新设计了穹顶，为满足消防安全规范增加了消防出口。但是，障碍依然存在。

————

随着审批的拖沓，博物馆展示了对赖特愿景的承诺，委托举办了有史以来专门针对他的作品的规模最大的展览。他设计了一个布展厅，占据了基金会第五大道物业在第 89 街街角的停车场。在几百张图纸、模型和其他物品中，有一件占了上风：赖特设计了一座按原尺寸建造的"美国风"住宅，并监督它在古根海姆用地上的建造。

这栋 1700 平方英尺、两居室的住宅为赖特眼中的"民主的"中产阶级住宅带来了新的面貌。赖特对媒体说："我认为，它彻底打败了旧的殖民主义风格。"[32] 大多数想在第五大道 1070 号好奇地看一下郊区别墅的公众第一次走进了一个开放式平面；这个布局意味着，赖特解释说，"（家庭主妇）现在更像女主人了……不是关着门做厨工。"[33] 游客成群结队地前来观看《六十年生活建筑：弗兰克·劳埃德·赖特的作品》。为了响应公众的兴趣，展览会每周开放 7 天，周三到周六晚上一直开到晚上十点。

受到纽约人的广泛关注，赖特感到很高兴。"去第五大道看展览，"他指示一个年轻的学徒，"这是整个城里唯一一个三维空间的实例。"[34] 但是他没有把夸夸其谈限制在年轻的崇拜者的耳朵里，像刘易斯·芒福德在赖特带领下参观古根海姆展览时发现的那样。虽然在许多年前他就是赖特的助推者，但在第二次世界大战期间，芒福德远离了赖特（赖特竭尽全力反对战争；芒福德哀悼在战争中丧生的独子）。但是 1953 年他们在一起的时光进一步玷污了他们以前的亲密关系，芒福德说："我从来没有意识到，他的天才的傲慢有时是如何排斥我的。"[35]

然而，赖特的长寿对他很有益，他与纽约州纽约市日益密切的联系也是如此。在 85 岁左右时，他成为一个真正的名人。

几十年来，赖特一直在贬低这座城市，说它的拥挤、污染的空气，以及一些居民生活的肮脏环境。他形容纽约是"中世纪的宿醉"[36]。他不喜欢它的建筑；此外，这些建筑实在是太垂直了，不适合他的口味。然而，多年来，他经常光顾百老汇剧院，享受城市的餐馆，漫步街道，培养朋友和熟人。

随着与古根海姆的联系持续进行，赖特对纽约的访问日益漫长和频繁。古根海姆展览和"美国风"住宅的布置安装需要多次前往纽约，并让他获得了新的知名度。阿瑟·霍尔登，雇来帮助获取古根海姆博物馆的建筑许可证的建筑师，描述了去市中心建筑部门时的一段出租车经历："出租车司机……知道赖特先生的名字，而且，他一路上都在听赖特先生的评论，听得着迷。"[37]

《美丽之家》（*House Beautiful*）的编辑伊丽莎白·戈登增加了他的名声。她非常尊重赖特，出版了赖特的采访和特写，1955年出版了一整期他的专刊，并发布了她对国际风格相似的排斥想法。"对下一个美国的威胁"将图根哈特住宅和勒·柯布西耶的萨伏伊别墅描述为"在设计状态下，有些东西就堕落了"[38]的证据。她告诉读者，赖特有答案，而欧洲人没有。

一个名人的城市欢迎新的名人，赖特的客户很快包括伊丽莎白·泰勒和玛丽莲·梦露。虽然他对女演员住宅的想法从未实施过，但是也许这是不可避免的，当古根海姆纪念馆的设计最终接近批准时，赖特确定，在曼哈顿，他需要一个属于自己的位置。

他推断，他需要越来越多的关注，以确保大楼如他所愿地建起来。他需要靠近工作地点。作为一个很有把握的人，他非常清楚，自己希望待在哪里。

1909年，在逃离橡树园和婚姻之后，他和梅玛·博思威克·切尼在去欧洲航行前，在广场饭店租了房间。他在酒店的餐厅招待过芒福德、亚历山大·伍尔科特和其他人；20世纪40年代，所罗门和艾琳·古根海姆一再欢迎赖特和奥吉安娜到他们在广场饭店的布满艺术品的公寓来。

在看完空闲待租的房间后，赖特租了223～225套房。通过一个私有前厅进入，两个主要房间，每个都有13英尺高的顶棚、壁炉和拱顶窗户。角上的起居室俯瞰中央公园和第五大道，而卧室俯瞰着大军广场。套房包括厨房、女仆房间和其他辅助空间。

像之前的几个居住者——名单包括著名的金融家"钻石"吉姆·布雷迪（Jim Brady），法国时装设计师克里斯蒂安·迪奥，以及电影制片人大卫·O. 塞尔兹尼克（David O. Selznick）——赖特重新装修了这个空间。他选择了用金叶点缀的日本米纸来覆盖墙板，并为镶边指定了玫瑰色的色调。他设计了精致的窗户处理，以深红色天鹅绒窗帘和圆形镜子为特色。地面铺满了桃红色地毯。新家具的组合包括来自"美国风"展览住宅的椅子，一架斯坦威大钢琴，和一货车来自威斯康星州的东西，赖特专门为广场饭店设计的，由塔里埃森学徒制作和运送。角上的房间仍然是一个起居室，另一间主房变成了卧室和办公室，带有百叶窗的屏风，把睡房和赖特的桌子分开。对参观者来说，这个地方清楚地传达了赖特的设计语言，《建筑论坛》的编辑很快就把它命名为"塔里埃森第三"。

高调的设置适合赖特的风格。他每天乘电梯到地下室的理发店去做早晨的头发、胡须的修理。他前厅的椅子经常被记者和客户占据，作为和赖特会面之前等待的地方。套房里的三部电话经常响个不停，塔里埃森的下属忙着进进出出，在打字机前打字，和在绘图板前用丁字尺和三角板画图。正如一个学徒，奥吉安娜的秘书所说，这个地方"乱作一团……几乎任何时候"。[39]

赖特的名声又增加了一个数量级，这多亏了电视台的工作人员，他们过来接管了套房的起居室。纽约在 20 世纪 50 年代成为美国的电视首都，而赖特掌握了他自封的美国建筑首席发言人的角色。当被休·唐斯问及他似乎有无限的自信时，赖特告诉 NBC

的《和年长的智慧男对话》（*Conversations with Elder Wise Men*）的节目观众："在我年轻的时候，我必须在诚实的傲慢和虚伪的谦逊之间作出选择。我选择了诚实的傲慢。"[40] 他是一挡早上播出的新节目《今日秀》（*Today*）的嘉宾，并在《麦克·华莱士访谈》（*The Mike Wallace Interview*）节目中录下了两个片段。在大约24次电视采访中，在一个拥有30份日报的城市，赖特欣喜若狂地提出了他的煽动性意见，向观众和读者宣讲他的建筑信条。

1956年3月，他的知名度得到了又一次提升，在希拉·瑞贝的询价信发出将近13年后，古根海姆博物馆的建筑许可证终于签发了。

第五节

1956～1957年……第五大道……赖特的万神殿

随着建设的临近，赖特确定，博物馆需要一个新的名字。他提出了"建博馆"，建筑和博物馆的缩写。"建博馆"的名字出现在塔里埃森的设计和说明书上，直到哈里·古根海姆发觉赖特的新词可能成为该博物馆被公众所熟知的名字，并在百老汇大街120号古根海姆基金会办公室写信给赖特。"请把这个'建博馆'的东西永远扔一边去，"他指示道，"家族不想要它。他们想纪念我的叔叔。"[41]

哈里·古根海姆写信的时机并不意外。几周后，1956年8月14日，随着正式的破土动工，街上的人真真切切开始注意到所发生的一切。曾经矗立在古根海姆地产上的两座建筑物已经被拆除。很快，挖了一个大坑，树起了一大片木制模板，并且，因为来来往往的人、设备、材料和水泥卡车车队，而阻碍了交通。

在最初设计获得批准后的十几年里，已经绘制了 8 套完整的图纸，其中包含了对设计的数不胜数的改变。[42] 场地的扩大需要很多调整，而且不寻常的是，赖特为了建成他的大楼，随着时间的推移，在许多方面都作出了妥协。他最喜欢的大理石饰面消失了，屋顶花园和总监公寓也消失了。玻璃电梯和穹顶的玻璃管都没有幸存。博物馆后面一座 11 层公寓楼的提议被否决了。

尽管许多方面都改变了，然而基本的构思并没有改变。螺旋体，以一百多英尺的高度矗立着，围起来一个斜坡（长度：大约四分之三英里），坡度每 20 英尺下降 3 英寸半。中央空间从地面延伸到建筑物的顶部，约 24 英尺。随着建筑的升起，沿着斜坡的画廊保持了原来的高度，但变宽了。如果赖特先生为古根海姆先生量身定做的衣服在许多细节上不一样了，那么里面的躯干仍然可以认得出来。

到 1957 年 9 月，钢筋混凝土的盘卷物的下部变得清晰可见，比工地周边的木制施工围栏还要高。人们注意到了，而如此重大的进展就是新闻。《纽约时报》派了一位艺术评论员去看这座建筑，赖特从最近的罗马之旅回来时称之为"我的万神殿"。赖特先生充当导游兼主要讲解员。

虽然赖特喜欢贬低菲利普·约翰逊和其他人是"宣传家"，但是他也努力塑造人们对他的建筑的看法，以及它是如何体现他的哲学的。"这是纽约唯一的有机建筑，"他向阿琳·B.沙里宁保证，"这是 20 世纪唯一的建筑；也是唯一永恒的建筑。"[43] 她专心听着，做了大量的笔记。

赖特喜欢英俊的女人，而沙里宁漂亮、自信、有良好的人际关系；她不仅是一名《泰晤士报》的员工，同时，她是 E. J. 考夫曼的侄女，也是受人尊敬的同行埃罗·沙里宁的妻子，赖特忍不住称她为"你的建筑师"。（几年前，丈夫和妻子第一次见面，当时她为《泰晤士报》对沙里宁进行介绍。）她是个引人注目的金发女郎，经常手拿香烟，笑容满面，为人拍照。她了解建筑，曾在纽约大学著名的美术学院获得建筑史硕士学位。1954 年，她在塔里埃森拜访了赖特；她是一位资深记者，她的第一本书正在印刷。事实上，她在《泰晤士报》上批评希拉·瑞贝的"教条主义态度"促使了瑞贝的离开。

阿琳·沙里宁需要被说服，而赖特正处在他最诚挚的状态。正如沙里宁很快会告诉她的读者，"多年来，赖特先生在采访中一直很好战，他的意见中充满争议和反叛。但是现在，他的言辞很圆润，幽默风趣。"[44]

他带她进行了一次"边走边谈之旅"，她报道说，爬上了那个螺旋，那个时候，建起了一层半。她觉得他出乎意料的年轻，他"英俊的脸看起来比皱纹更饱经风雨。"他轻而易举地绕过工地障碍物，挥舞着"手杖，显然，它作为戏剧道具比作为老人的拐杖更为必要。"

他贬斥了城市的钢和玻璃摩天大楼，其中包括"威士忌大厦"。他叫它们"笼子……在关节处生锈。它们得了关节炎。它们的生命有限。"相反，他指着一捆钢筋。"我们可以……建造得像大自然一样，因为我们现在可以这样使用钢了。就是这些细钢筋。它们是建筑物的肌腱和肌肉；混凝土是脂肪组织和皮肉；橡胶防水涂料是皮肤。钢筋混凝土使这一切成为可能。"

赖特友善健谈。"在这里，你将第一次看到 20 世纪的艺术和建筑真正地关联在一起……建筑是艺术之母。你会真的很想在这里看绘画，而且你会在适当的气氛中很好地看到它们。"

"这栋楼什么时候竣工？"他在 1957 年 9 月的那个晴朗的早晨被问到。

"大概在春末吧，"他回答。谈话在赖特的倾情吐露和花言巧语中继续进行，他显然很享受与精明且有吸引力的记者在一起的时光。

他甚至以一种很少有的方式，至少是含蓄地，承认他自己的死亡："这栋最后一刻的建筑是纯粹的。"

第六节

1957 年及以后……非常公开的辩论……艺术作品布展

这封信的到来就像一发横穿军舰船首的警告炮。那张没有注明日期的机打的纸张落在詹姆斯·约翰逊·斯威尼的桌子上。它是写给总监斯威尼和古根海姆博物馆受托人的，上面有 21 位艺术家的个人签名，其中包括威廉·德·库宁、罗伯特·马瑟韦尔、萨莉·米歇尔和米尔顿·埃弗里。

签名者的一致意见："这栋建筑的内部设计不适合于绘画和雕

塑的相互匹配的展示。"[45] 这封信，随后出版供公众消费，继续写道："展示绘画和雕塑的曲线坡道的基本概念表明，基本的直线参照系被冷酷无情地忽视了。这是对艺术作品进行充分的视觉思考所必需的。"

愤怒的赖特立刻断定，信的背后是斯威尼。这两个人公开地彼此厌恶，赖特在不同的时期形容这位前 MoMA 策展人是"傻瓜"和"表演者"。瑞贝离开后，赖特并没有像所罗门·古根海姆去世后对董事会那样向斯威尼争取支持。正如一个学徒所看到的，这两个人已经变成了"不可调和的对立面"。"很遗憾，赖特先生从来没有决定'搞定'斯威尼。我敢肯定，他本来可以用一些温柔的吹捧和奉承。但是他根本不愿搞得这么麻烦。"[46]

哈里·古根海姆尽了最大的努力去裁判，但是随着斯威尼的要求增加，辩论仍在继续。他也许还是菲利普·约翰逊的代言人，有共同的口味，喜欢白色的墙壁（赖特更喜欢与外观一致的奶油色）和刺眼但恒定的荧光灯。古根海姆试图避开交叉火力，要求赖特准备透视图，以证明在建筑师看来，艺术应该如何在博物馆展出。赖特同意作一个陈述。

这四幅大图是学徒画的，相当于小品。在铅笔画中，博物馆参观者被描绘成在古根海姆斜坡的曲线内观看艺术品。一幅图描绘了架子状的架子上的水彩画，另外两幅图描绘了在博物馆的壁龛里的艺术品。1958 年的一个星期天早上，当他走进塔里埃森的绘图室审阅进展时，赖特被第四幅图吸引了。

这幅图名为"杰作"。在剪影中，十几位到博物馆的参观者被画下来，他们中的大多数人坐在或站在一幅巨大的非客观绘画前，这是一幅堪称康定斯基的"杰作"的绘画。相比纸张上其他地方的柔和色调，用彩色铅笔完成的展画的色彩鲜艳明快。

渲染者，凌波，巧妙地添加了第十三个人物，一个学龄女孩，她的注意力显然从博物馆周边墙上的艺术品上走神了。她斜倚在坡道的内部栏板上。

赖特看着这幅图，仍然在绘图桌上，准备在标题下方提供的方框中加上他的首字母。然而，他坐在凌的椅子上，拿起一支铅笔。他松弛地练习了几下后，加了一条线，从女孩的左手向下延伸了一小段距离。当赖特在它的末端画完一个圆圈后，这条直线就变成了一根拉线，并在圆圈内画了一条弧线。一两秒钟，赖特就挂上了一个溜溜球，给想象中的那一刻带来了意想不到的生命，巧妙地提醒观众，康定斯基的大画并不是视线中唯一的艺术作品。建筑也是可以看到的，有一个螺旋形的阳台，围绕着一个7层楼高的中心圆形大厅，即使是最天真的人也会喜欢它。

"孩子们，"他对看着画图的细心的学徒们说，"在所有的努力中，我们决不能忽视幽默感。"直到那时，他才在图上签了字。[47]

第七节

1958～1959年……变化的季节

菲利普·约翰逊是公园大道375号的男配角。虽然密斯在1949年至1952年间，为芝加哥湖滨大道设计的前几座塔楼，不对称且充满活力，而西格拉姆大厦是对称的，甚至是古典的。约翰逊比密斯更倾向于这种风格，但他在塑造这一概念方面有多大影响还不清楚。不管约翰逊对整体外观的贡献如何，他的工作，尤其是对内部的工作，显然把他提升到了纽约建筑师排行榜的前列。

正如密斯所承诺的，西格拉姆大厦的图纸需要 18 个月的时间才能完成，而施工又需要 1 年半的时间。菲利斯·兰伯特为按照设计建造这座高楼而战。当时，由西格拉姆公司的高层组成的建筑委员会每隔一段时间就威胁要改变设计。"没有鬼鬼祟祟，也没人抄近路。"约翰逊后来说，"并不是她对建筑有多少了解，而是看起来似乎有王储在场。"[48]

约翰逊起初是密斯的小弟和兰伯特的知己，但是当密斯困于奇特的官僚主义的死胡同里，被纽约建筑师执照拒之门外时，他的地位迅速上升。根据纽约教育部门的说法，这位建了广受赞誉的建筑四十多年的人，由于缺乏高中同等学历，在技术上没有资格在纽约州开展业务。愤怒的密斯突然返回了芝加哥，从 1955 年 12 月 12 日起，菲利普·约翰逊成了在法律眼中的该建筑的登记建筑师。

这个改变不仅仅是名义上的，因为这意味着约翰逊在施工开始之前就顺利接管了事务所。他管理整个进程，直到 1957 年 2 月，布朗夫曼家族的集体影响力最终使密斯获得在纽约的执照。然而，即使密斯复职，约翰逊也从未完全放弃因导师缺席给他带来的影响力。约翰逊在现场；密斯和兰伯特信任他。也许更重要的是，密斯主要关注的是结构的表达，建筑形式的清晰度，以及它的青铜和玻璃幕墙。他致力于设计一个全新的空调系统，使地板直到顶棚的玻璃墙体第一次成为事实。但是密斯认为，建筑的许多其他细节枯燥无趣。

这意味着，约翰逊几乎完全控制了革命性的照明设计，使建筑成为一座灯塔。他还设计了主要的大厅和西格拉姆办公室。他设计出一种新的（不久就会很普通）电梯轿厢的外观（铁丝编织的饰面），并构思了 52 街和 53 街的侧入口的玻璃雨罩。他设计了室内细节，从水龙头到信箱，门把手，以及火灾报警器。

约翰逊的手法是绝对的极简主义，不愧于密斯；在这座建筑即将竣工时，当约翰逊的老同胞亨利 - 罗素·希区柯克，对《时代》周刊的一位记者打趣说，"我从来没有见过少得多。"[49]西格拉姆大厦慷慨的预算，大约是周边标准的两倍，密斯每平方英尺成本是他用于湖滨大道建筑的四倍，意味着约翰逊可以改进许多标准的工业设计构件。

约翰逊敏感的地方，显然，莫过于成为"四季"的餐厅了。

在决定大楼低矮的东翼应该容纳什么之前，塔楼已经在顺利进行。受赖特位于北面几个街区的公园大道 430 号的新霍夫曼汽车展厅的启发，西格拉姆的管理人员最初认为，这两个 60 英尺见方的大空间非常适合汽车展厅。后来，布朗夫曼召见了约翰逊（布朗夫曼命令，"不要告诉菲利斯"），问约翰逊认为把 20 英尺高的一楼租给银行怎么样。约翰逊告诉他那会毁了这座大楼。

最终的解决方案是餐厅。北面的房间有一个有矮墙的水池，周围是铬和黑色皮革的桌子和椅子，以密斯的图根哈特住宅设计为基础。较简单的南边的房间有一个正方形的酒吧。约翰逊的几个合作者包括：餐厅联盟，该公司租用了该空间并将经营该餐厅；照明设计师理查德·凯利（Richard Kelly），他曾帮助约翰逊在玻璃屋解决反光的问题；室内设计师威廉·巴尔曼（William Pahlmann）；还有一位景观设计师卡尔·林（Karl Linn），他在室内增加了 17 英尺高的树木和其他植被。约翰逊将上等的材料（石灰石和法国胡桃木）与精心挑选的艺术品混合在一起，其中包括酒吧上方的管状青铜雕塑。

关于什么可以成为中心装饰件，阿尔弗雷德·巴尔指明了道路，那就是巴勃罗·毕加索画的舞台幕布。1956 年 3 月，巴尔告诉约翰逊，这幅巨大的油画在出售。这幅伟大的油画是为谢尔盖·迪亚吉列夫和 1919 年芭蕾舞剧《三角帽》（Le Tricorne）在巴黎的首次公演而画的，画中前景是一群观众，在一道拱廊的景框里，一场斗牛在后面展开。完成这项跨大西洋的交易需要将近一年的时间，但是坚持不懈的菲利斯·兰伯特设法获得了这件作品。油画挂在两个主要房间之间的一间宏伟的连接大厅里，大约 20 英尺见方，从该大厦公园大道的入口就可以看到。[50]

一个令人难忘的几乎出错的装修解决方案与餐厅巨大窗户的窗帘有关。指定的处理方法包括阳极氧化铝的挂链。但在安装时，约翰逊接到了惊慌失措的召唤，似乎出了问题。

到他来查看时，费力制作的帷幔已经挂好了。约翰逊看到巨大的弯曲的金属垂帘意外地在窗墙的空气柱中摇晃。起初，他想知道用餐者是否有因晃动而发晕的危险；显然，那将是一场灾难。但是，团队成员们越是看反射的、闪烁的屏幕，就越喜欢它。这似乎增添了一种优雅的气氛，很快就得到了顾客和媒体的肯定。

"总是有一定的运气的，"约翰逊说。[51]

———

约翰逊"四季"的设计出乎意料地阐明了，他后期作品的主要关注点之一，并且并非巧合，揭示了他逐渐发展的建筑理论，是如何从弗兰克·劳埃德·赖特的不期而至的影响中受益的。

尽管约翰逊既是策展人，又是批评家，但他从未觉得有义务保持完全公正。作为密斯的一名得到承认的助手，他看到赖特和密斯代表了不同的，甚至相反的历史潮流。但是在建造西拉姆大厦的过程中，他开始接受——甚至拥抱——赖特的思想并不过时的观点。仿佛站在河口的一边，他发现自己不可抗拒地被吸引到另一边。

他带着心态的转变，公开露面了，与一群建筑师相见。这个晚上是美国建筑师协会（AIA）当地分会成立100周年的庆祝活动。毫无疑问，约翰逊意识到，AIA成员不批评他人工作的传统由来已久，他小心翼翼地评论道："赖特先生谈了很多，我很生气。"然后，他总结了到达亚利桑那州赖特营地的经历。

西塔里埃森是赖特在亚利桑那州沙漠里的社区。约翰逊批评了到达那里的方式，描述了"尘土飞扬，肮脏不堪，管理不善"的通道，通往"毫无意义的建筑群"。但是当讲述者对他的故事感到兴奋时，他给了一个重要的认可。"（赖特）发展了一样东西，那就是空间秘密的安排，这是我们任何人都无法与之相提并论的。"[52]

约翰逊讲了，在翻越斯科茨代尔赖特建成景观的路径时，他如何面对高低的变化和方向的转换。同样重要的是，约翰逊说，"（赖特）抓住你的眼睛，让它们跟着走。"

约翰逊解释说，地形上升到"船头"，山景尽收眼底。然后，游客继续前行，沿着一条不可预测的小路，通向"一个小小的私人秘密花园"，不协调的是，走到了一块新英格兰的草坪。最后，约翰逊（和他的听众）来到赖特的避难所，那里有自相矛盾的植物墙和巨大的壁炉。

"我的朋友们，"约翰逊对听众坦承，"这就是建筑的精髓。"

一年后，也就是 1958 年，他以同样的精神，向建筑系的学生们，献出了赞美的一面："不要再学建筑学了，去亚利桑那州的西塔里埃森……他在那里住，他在那里建造的空间，除了适合他自己之外，谁都不适合。"[53]

约翰逊内心的学者渴望说出这种经历的名字，他选择的标签是"建筑中的行进元素"。他以前提到过——在 1950 年耶鲁大学一次早期的演讲中，他提到"仪式感，基于层次空间"，并以西塔里埃森作为一个典型案例。[54] 他开始相信"建筑只存在于时间中。"[55] 他抵制他所谓的"现代摄影的曲解"。他说，从二维甚至三维的角度来思考建筑都是一种错觉。时间增加了第四个维度，约翰逊认为，来和去是至关重要的。或者，正如他婉转地说的，"从何处来，往何处去。"

至于赖特，约翰逊的想法并没有说服他。1956 年，他对一位来访者说，"（菲利普·约翰逊）是个眼高的人。眼高的人就是眼界超出能力的人，"赖特补充说，"不要相信菲利普。"[56]

不管赖特怎么看他，约翰逊已经内化了另一个人的思想。他认为，这个巨大的空间将成为四季餐厅。单单 20 英尺高的顶棚，就意味着，它不可能是私密的、桌子角落里的那种地方。还有三个层面需要翻越——楼梯在传统上被认为是餐厅禁忌。但是约翰逊把挑战变成了行进过程的可能性。

为了从低矮的顶棚下层上来，他以密斯式的方式建造了一座石楼梯，每一步都缓慢地展现出上面的巨大体量。他通过在酒吧上方悬挂的青铜棒的雕塑，在餐厅中引入更人性化的尺度错觉，效果上降低了顶棚，从而营造了一种亲密感。植物把自然带到了室内，水池的声音，还有周边的卡拉拉大理石，增加了水池房间里自然的戏剧感。特别设计的灯光洒满墙面。金属帷幔遮蔽了阳光，反射了光线，增添了动感。大厅里毕加索的背景画吸引了来访者，也使来访者感到渺小。

1959 年 7 月，这家餐厅准备向公众开放，约翰逊亲自走了一遍整个行进过程。他从 52 街进来，登上宽阔的楼梯。到了餐厅，他注意到摇摆的"威尼斯"窗帘，然后大步穿过"毕加索过厅"，回到水池房间。房间里还没有充满就餐者的嗡嗡声，房间里唯一能听到的声音是池中蓝绿色的水冒出的气泡声。

经过深思熟虑，约翰逊接受了当时最昂贵的餐厅装置：总成本接近 450 万美元。他摇了摇头，叹了口气，"这不是很漂亮吗？"他评论道，"与人们一起破坏它是一种耻辱。"[57]

媒体喜欢这个地方，不管里面是不是装满了人，当时，四季酒店得到了广泛的赞誉。《室内》（*Interiors*）杂志的评论很典型，对"四季"的"精雕细刻"表示钦佩，并补充道，"在这么多餐厅被设计成看起来像闺房或青楼的时期，"约翰逊和公司以"低调的力量和阳刚的贵族气质"实现了相反的效果。[58]

约翰逊本人也成了忙碌的"四季"舞台上的演员之一。在接下来的几十年里，他几乎每天都在那里吃饭，坐在餐厅的 32 号桌。[59]

———

随着新 10 年的临近，赖特明显地失败了。1958 年 11 月，一个学徒向担任赖特的工地职员的纽约建筑师威廉·肖特（William Short）吐露说："我认为（赖特先生）太疲累或厌倦了这场斗争，以至于关于细节和决定，他都不是太让人信服。对在塔里埃森审核施工图纸时犯的错误，我也有些气馁，它们以后很难纠正。"[60] 年迈的赖特——他在去年 6 月已经 91 岁了——在 1959 年 1 月最后一次参观了古根海姆建筑工地。

在家里，在亚利桑那州，他在 2 月份接受《时代》杂志编辑的采访时，对自己的死亡问题不经思索地说："如果我能在地上待 3 年，嗯，再待 3 年，我们就可以赚取 300 万美元的费用。从来没有这么多的工作。"[61]

他的愿望没有实现。经过多年的貌似坚韧和粗壮健康，赖特于 1959 年 4 月 4 日因腹痛住院，接受了肠梗阻的手术。起初，他的恢复能力给凤凰城圣约瑟夫医院的工作人员留下了深刻的印象。然后，在 4 月 9 日清晨，一位护士检查了他的生命体征后不久，他心脏里的血块就结束了他的生命。根据广泛出版的报道，"他只是叹息而死。"

一队车辆护送着运载遗体的平板卡车，行驶了将近 2000 英里，到达斯普林格林；还有第二个行列，这个行列包括一辆马拉的农用货车，后面跟着大约 200 名哀悼者，赖特回到了统一教堂。70 年前，他的建筑生涯开始于此，拿着早期图纸和介绍说明，交给他的第一位导师约瑟夫·莱曼·锡尔斯比（Joseph Lyman Silsbee）。

回到纽约，在没有赖特保卫城堡的情况下，斯威尼实现了自己的方式。当博物馆于 9 月开放时，墙壁被漆成白色，添加壁架使绘画垂直，荧光灯提供了照明。然而，赖特，悄悄地，固执地，留下了一个与艺术竞争的建筑，以其自身的方式——非代表性，几何性，抽象性。正如那年晚些时候，芒福德在《纽约客》杂志上评论道，"你可以去这栋大楼里看康定斯基或杰克逊·波洛克；你还可以看弗兰克·劳埃德·赖特。"[62]

———

密斯为西格拉姆大厦设计的光彩在他的小伙伴身上被抹去了。作为第一个租户，约翰逊享受着东河和长岛的全景，在他帮助设计的青铜地标的三十七层的新建筑办公室里；恰当地说，超过四分之一世纪，他会在那里迎接重要的新客户。有人说约翰逊"在一个大人物下面是一个该死的傻瓜，这是一个开始成为建筑师的坏透了的糟糕方式。"然而，约翰逊有自己的看法："我以和密斯一起工作的方式踏进了建筑的大门。"[63]

他设法不被蒙上阴影，并从中切实获益匪浅。完成西格拉姆大厦所需的工作人员给了他人力资源，可以开始从事自己的其他工作，比以前更大。在凡·德·罗和约翰逊事务所，他的得力助手理查德·福斯特负责经营西格拉姆项目，随后成为约翰逊的合伙人。他是一系列人员中的一个，如之前的兰迪斯·戈尔斯和之后的约翰·伯吉。他们带来了与约翰逊相辅相成的实用技能。

围绕西格拉姆项目的宣传，当然引起了对约翰逊的关注，但是，他的新客户也看到了他作为一个独立人的能力。到 1955 年，他被委托为纽约尤蒂卡的蒙森 - 威廉姆斯 - 普罗克特研究所设计一个博物馆空间（1960 年完成）。他很快就在印第安纳州新哈莫尼建造了一座古怪的无顶教堂（1960 年），并在沃斯堡建造了另一座博物馆——阿蒙·卡特（1958 ~ 1961 年）。他的名声和他在公园大道上的建筑一样提高了。到 1958 年，阿琳·沙里宁在她的关于收藏家的书中评论道，这位"机敏、精明"的约翰逊，正成为"富人考虑创造展览空间的理想设计师，因为他的建筑标志是优雅和尊严。"[64]

具有讽刺意味的是，约翰逊与密斯的合作始于西格拉姆项目，并最终以西格拉姆项目告终，与此同时，约翰逊也放弃了密斯所偏爱的严格和简朴。也许他们在玻璃住宅的分歧是不可避免的，因为约翰逊开始为自己考虑，试图造成分离。他开始独立于密斯·凡·德·罗的作品，而且，约翰逊表明，他脱离了密斯式的对构造学的专注；约翰逊不再因为结构而专注于结构，而是更多地从事于再现和知觉。他早期的标志包括绚丽的照明效果，戏剧性地展示自己的空间，以及使用丰富的材料传达一种情绪甚至激情。密斯的严格和冷漠逐渐吸收了更热情、更喜怒无常、更诙谐的约翰逊式的性格。

约翰逊可能笼罩在密斯的阴影中；然而，西格拉姆的合作向世界发出信号，表明约翰逊已经成为一个主要的建筑师，他理应得到企业、机构和其他引人注目的设计任务，其中许多设计任务的规模很大，比赖特所做的大多数设计任务都要大。当赖特已经去了他在斯普林格林的坟墓时，约翰逊被定位去批上——随着时间的推移，经过一些年——美国首席建筑艺人的外衣。具有讽刺意味的是，约翰逊成为媒体和民众经常寻求深入了解塔里埃森大师的遗产和影响的人。

约翰逊的意见突然显得比以往任何时候都重要。他在 MoMA 的工作让他在博物馆界占有一席之地，但是随着他作为一位真正有名望的建筑师出现在现场，他的影响力远远超出了这个范围。

人们想要他的意见。1959 年 9 月古根海姆博物馆开馆时，《纽约时报》问他怎么想。词匠约翰逊大胆地说："弗兰克·劳埃德·赖特最伟大的建筑物"和"纽约最伟大的建筑物"。他还说，它的中心空间是"20 世纪创造的最伟大的房间之一"[65]。

《博物馆新闻》(*Museum News*) 征求了约翰逊的想法。"在那个房间里，"约翰逊对编辑们说，"博物馆的疲劳被消除了，流线明显，简单、直接。这是一个待在里面令人兴奋的房间。"约翰逊沉迷于讽刺的喜好，又补充道："对于它不能作为一个艺术画廊运转的事实，我深表歉意。"[66] 这些是约翰逊多年来回归的主题："你可以想象在无休止的斜坡上你穿着旱冰鞋下降时看着（图画）吗？弗兰克为什么要关心？他讨厌现代艺术。"并且："他爱那个建筑物，因为它在一个方形的城市中是一个壮丽的圆形，在这个从早到晚到处是正立面皱着眉看着你的地方，它没有正立面。"而且："当然这是一座无与伦比的建筑。它是艺术胜于建筑！"[67] 后来："永远不要使用电梯！它谋杀了赖特的伟大空间。"[68]

并不是每个人都对赖特博物馆的评论那么尊重。据《生活》杂志报道，一个笑话家把古根海姆比作棉花糖；另一个则选择了"洗衣机"。《新闻周刊》(*Newsweek*) 的头条新闻问"是博物馆还是纸杯蛋糕？"《时代》报道，是蜗牛和"难以消化的热十字面包"的比拟。艾达·路易丝·赫克斯特布尔（Ada Louise Huxtable），菲利普·约翰逊的前策展助理，纽约时报的自由撰稿人（她将在

1963 年成为《纽约时报》的建筑评论家），对这栋建筑的"好战的陌生"[69] 感到疑惑。模棱两可的《纽约镜报》称之为"欢乐的庞然大物"[70]。罗伯特·摩西选择了"倒置的杯子和碟子，并加了一个筒仓以示好运。"[71]

然而，所有这些昵称都没有得到延续。赖特把一个数学图形转变成一个独特的建筑成就。"古根海姆"，以它自己的名字，获得了它自己的完全独立的地位。

赖特所创作的不仅仅是一座雕塑建筑；它是一座博物馆，一个欣赏艺术的公共场所，一个完全不同于其他的东西。它的巨大而漫长的坡道是史无前例的。地板的平缓坡度和画廊墙壁的向外倾斜改变了传统博物馆的光学状态和心理状态。

以一种微妙的方式，西格拉姆的新建筑改变了商业塔楼的模式；如果古根海姆是不可模仿的，那么西格拉姆很容易复制——且，也很容易复制得不好。刘易斯·芒福德写道，青铜和琥珀色玻璃的建筑，以及老威士忌那种统一的深色调，也许是迄今为止建造的那个类型建筑中最好的一个，是赖特的导师路易斯·沙利文所说的"骄傲且高耸之物"的化身。芒福德认为它的背景——广场作为讲台——值得与帕拉迪奥的圣乔治马焦雷教堂相比，因为它的"高品质的思想和表达"。总之，他认为它"沉郁、冷静、但不阴冷……是一部无声的杰作——就是一部杰作。"[72]

虽然赖特从来没有在四季餐厅用过餐，但他的遗孀奥吉安娜在她的回忆录《闪亮的眉毛》（The Shining Brow，1960 年）中写道，去世前不久，赖特曾就西格拉姆大厦发表过评论。似乎为了回应约翰逊贬低他是 20 世纪的文物，赖特说："尽管这栋建筑应该建于 19 世纪，但它是国际主义者建造的最好的建筑。密斯·凡·德·罗最接近于作为陈词滥调的否定的典范。"[73] 在赖特太太的帮助下，大师死里复生，点燃了一枚尖头炸弹，菲利普·约翰逊非常清楚，正瞄准了他的方向。

后　记

友好的争吵

今年冬天的某个时间，到西塔里埃森来——带个朋友——为什么不带菲利普来？——为了一个关于结果的、友好的争吵。

——弗兰克·劳埃德·赖特

玻璃盒子可能是我们时代的，但它没有历史。

——菲利普·约翰逊

第一节

1958 年……纽约市……最后的谈话

赖特临死前曾经历过死亡的暗示。1957 年秋天，他摔了一跤，吓坏了他周围塔里埃森的每一个人。赖特把摔跤看作一个警告。一种精神，就像，与阿琳·沙里宁在一起，他可以软化他的风格，让他说出关于他的遗产的想法。

1958 年 2 月，长期乘坐火车的赖特选择从亚利桑那州的冬令营飞往纽约。在去古根海姆博物馆检查施工过程的途中，他来到纽约国际机场，埃罗·沙里宁的新 TWA 航站楼的所在地。该航站楼和古根海姆一样，以有机曲线为特色。不久，评论家就把这个建筑比作鸟的翅膀和贝壳。[1]

古根海姆的工地职员、纽约建筑师威廉·肖特在机场接他。谈到他所遭受的摔跤，赖特对肖特说："我认为那就是结束，我受到了惩罚。这让我觉得敌意是一件非常小的事情，我不想和任何敌人一起死去，所以我要打电话给菲利普·约翰逊，（古根海姆总监）斯威尼，密斯和亨利-罗素·希区柯克，请他们一起吃饭。"[2]

赖特确实打电话给菲利普·约翰逊和希区柯克："菲利普，我太老了，无法再打架了，无法再与人为敌了，我受不了了，我们一起吃个晚饭吧。"当他们相见时——希区柯克，由于流行性感冒，无法参加——约翰逊发现赖特"变得平和"，而少了他往常的"易怒和火爆的本性"[3]。

晚餐的那段时间，约翰逊正在耶鲁为休假的文森特·斯库利教授顶班。约翰逊与希区柯克和约翰·麦克安德鲁共同教授一门调查课程，他专注于教学大纲分配给他的 20 世纪建筑学那一部分。[4] 他讲密斯和柯布西耶，但是，一个 5 月的晚上，他从准备好的文字讲稿中游离出去了。他与学生们一起安静地分享，他和弗兰克·劳埃德·赖特的晚餐和谈话，就在不久前发生的事情。

"我关于他是 19 世纪最伟大的建筑师的不成功言论，"约翰逊开始说，"就像所有这些愚蠢的说法一样，充满了不准确性。"

约翰逊放映着罗比住宅和约翰逊蜡业大厦的幻灯片。当布沃里塔楼里的圣马克教堂的模型出现在屏幕上时，他表示惊讶。"我以前极其讨厌这栋建筑……因为它太不合我的意了。但是谁就在这里，你们明白吗？赖特先生很可能比我们任何人都领先。这栋建筑完全有可能，从过去20年的枯燥乏味中，脱颖而出。"[5]

为了捍卫现代主义的简朴，约翰逊花了几十年的时间用犀利的胳膊肘捅赖特，而在赖特缺席的情况下，他为赖特轻轻地捶了下背。

几个月后，就在他去世前不久，赖特在广场酒店的套房里再次给约翰逊打电话。约翰逊这样记下那次谈话：

"有一天，他打电话给我，没有告诉我他是谁，声音听起来很熟悉。他说：'我是谁，你认为？'"

"如果我不太了解的话，"约翰逊记得他回答说，"我会说是弗兰克·劳埃德·赖特。"

赖特再次发出晚餐邀请，约翰逊同意了。

"我们散了一会儿步，"约翰逊回忆道，"我带菲利斯·兰伯特一起去的。我觉得这对她的教育有好处。这是世界上最迷人的男士。"

也许赖特在弥补，但约翰逊不能确定。"我想……那就是那天晚上他给我打电话的原因。我想他想找人作伴……他并不特别喜欢我，但不管怎样，我还是会激发他的斗志。所以他才打电话来。"[6]

那是他们的最后一次谈话。

约翰逊回忆道："我们已经打完了我们将要进行的所有战斗。"[7]话虽如此，52岁的菲利普·约翰逊会发现，他仍然要与赖特的暴躁的精神搏斗40多年。

第二节

玻璃住宅……一位古怪建筑师的日记

弗兰克·劳埃德·赖特的去世与菲利普·约翰逊的业务
改变是一致的。设计任务一直以四比一的比例向住宅
客户倾斜，但在 1959 年之后，随着更多的大学、博物馆、剧院、
图书馆和其他公共建筑的到来，平衡发生了变化。[8]

　　约翰逊的设计也发生了变化。"我一直很高兴被称作密斯·
凡·德·约翰逊，"在赖特去世前几个星期，他在耶鲁宣布，"在建
筑史上，年轻人理解甚至模仿老一辈的伟大天才，看起来总是合适
的。"但是，约翰逊宣布，他准备继续前进。"我变老了。也烦了。"

菲利浦·约翰逊，约 1963 年

（卡尔·范·韦克滕，国会图书馆 / 印刷品和照片）

关于他的新取向，他给出了一个暗示："我试着从整个历史中找到我喜欢的东西。"然后他又加了一条线索，一句会随着岁月流逝而回荡的话："我们不能不了解历史。"[9]

当时，他的话听起来很含糊，但约翰逊正在远离严格的现代主义。他的新的演进的模式（他称之为"折中的传统主义"）部分是对严格的功能主义的反对。他的方向正在倒退，1961年，他在大都会博物馆的演讲厅里对听众说，"我们发现自己现在都沉浸在回忆中……这是一种令人鼓舞的新的自由的感觉……我们不想反抗过去；……我们可以更自由。"[10]

赖特去世3年后，菲利普·约翰逊将在他的玻璃住宅那块地里，增加一个新的装饰性建筑。他称之为园林小品，暗指启蒙运动时期的英格兰风景园林，还有他们收藏的小茶馆、浮雕废墟和古典寺庙。他在波努斯岭路地产上建造的小神庙，将是他建筑生涯中第二次繁花盛开中的第一朵花。就像赖特的塔里埃森一样，约翰逊的纽坎南庄园将成为——正如他自己所说——"通过我的作品或其他人的作品，一个想法可以稍后过滤掉的清理中心。"[11]

————

约翰逊回忆起，他母亲曾经在俄亥俄州做过同样的事情，他拦住了蜿蜒流过纽坎南庄园的小溪。在新的人造池塘下面，一个喷泉喷出了一股一百多英尺的窄水柱。就在落到地面上的水花之外，约翰逊设置了他的预制混凝土花园神庙。

他称呼它为他的"亭子"。建造在一个约翰逊比喻为蒙德里安方格的平面上，这个小建筑是平顶的，它的墙由敞开的拱廊组成。这个扁平的拱门在当时占据了他的专业注意力，因为他在德

约翰逊的野餐场所，以他所谓的"完整尺度的虚假尺度"建造。这个亭子比玩具屋大点，但是拱廊只有不到 6 英尺高，约翰逊必须低着头才能进去。这个园林小品在玻璃住宅的景观中非常显眼，在地平线上可以看到

（卡罗尔·海史密斯档案，国会图书馆/印刷品和照片）

克萨斯州沃斯堡的阿蒙·卡特博物馆和内布拉斯加州林肯的谢尔登纪念美术馆（1963 年）试验了这样的正立面设计。

　　然而，野餐亭并不像看上去的那样。事实上，这个小观景建筑是在练习错视画法。它以小于正常人体尺度建造，它的尺寸使它看起来离玻璃住宅比实际情况要远点。由于 6 英尺高或更高的客人要弯下身子才能进去，所以在接近时，它那奇特的比例变得十分清晰。

　　"我的亭子是完整尺度的虚假尺度，"约翰逊向《秀》（Show）杂志的读者解释说，"足够大，可以坐下来，在里面喝茶，但是，只是对 4 英尺高的人来说，真的'正确'。"[12] 纽坎南神庙，看起

来坐在水面上，代表了对古典历史的一次冒险，暗示着，在约翰逊的历史主义者的未来岁月中，有一些非常大的实验。

随着大卫·惠特尼（David Whitney）的出现，约翰逊的个人生活也发生了重大变化。惠特尼是罗德岛设计学院的一名学生，1960 年在附近的布朗大学参加了约翰逊的讲座。后来，他走近约翰逊，要求参观一下玻璃住宅；接下来的周末他来到纽坎南，促成了他们的长期关系。尽管比约翰逊年轻 33 岁，惠特尼还是有助于约翰逊在私人事务中保持新的稳定性。四十多年后，约翰逊去世时，他们仍然保持着配偶关系。在此期间，惠特尼曾担任 MoMA 的策展人，后来又担任美术馆的经营者，他还对约翰逊的艺术收藏进行了整理。"大卫是我的当代艺术，"约翰逊曾经告诉《纽约时报》，"我没有原创的眼光。"[13]

约翰逊的艺术品收藏量迅速增长，这很快反映在他的纽坎南地产上又建造了两座建筑物。1965 年，画廊率先建成，是一座有四叶式立体交叉平面的建筑，一个几乎和赖特的古根海姆一样出人意料的陈列柜。它的四片"叶子"的每一片的特色都是有一棵中心柱，可动的画廊墙壁围绕中心柱旋转，就像轮子上的辐条一样，展示着贾斯培·琼斯、弗兰克·斯特拉、罗伯特·劳森伯格、安迪·沃霍尔和其他当代艺术家的作品。在玻璃住宅正北的斜坡上挖了个洞，画廊被埋在一堆泥土下面，像一辆新石器时代的手推车。后来，建于 1970 年的雕塑画廊，围绕着一个中央庭院——实际上是一个巨大的砖楼梯，从地面下降了 5 层——在一个玻璃和钢的屋顶下，在展出的雕塑上投下线性的阴影。另外，在约翰逊的公众生活中，他这些年是个非常地道的画廊艺术家；除了阿蒙·卡特和谢尔登博物馆，他还为位于华盛顿特区邓巴顿橡树园的前哥伦比亚时期艺术博物馆（1963年），设计了9个精美的玻璃圆柱体，以及MoMA的东翼楼（1964年）。

1980年，约翰逊在纽坎南建立了自己独立的工作室和图书馆。"僧侣自愿的牢房，"约翰逊说，这是一个纯粹的几何学实验，一个连体的立方体和圆柱体，上面有一个类似于烟囱但有天窗的截锥形。1984年，建造了一个类似狗窝的链式围栏建筑，形状是简单山墙屋顶的住宅。 这个名为鬼屋的建筑表达了对约翰逊的朋友弗兰克·盖瑞的敬意，建造在旧谷仓的基础上。

多年来，许多其他的建筑物被添加到该地产上。最后一栋，约翰逊称之为达蒙斯塔，打算在约翰逊死后为来访者提供住宿。为了保护他的遗产，约翰逊把纽坎南的财产交给了国家历史保护信托，该信托的名册上已经包括了弗兰克·劳埃德·赖特在伊利诺伊州橡树园的家和工作室。游客中心的起伏线条反映了约翰逊的MoMA联系的晚期重现，即1988年的"解构主义建筑"展览。作为联合策展人，约翰逊安排了盖瑞、彼得·艾森曼、扎哈·哈迪德、雷姆·库哈斯、丹尼尔·利伯斯金和伯纳德·屈米等著名的20世纪末建筑师参加。当约翰逊设计达蒙斯塔时，他结合了回声——不管是有意识的还是无意的——来自曲折的表面，不太可能开窗，以及赖特的古根海姆遮蔽的入口。那座建筑已经成为，每个博物馆建筑师心目中的幻灯片托盘里，不可否认的存在。

据说，约翰逊的画廊是另一个赖特晚期设计的后代，但是对约翰逊和他的地形的关系，赖特的影响更加明显。[14] 在创作"亭子"和其他十几个园林小品的过程中，约翰逊把触角伸进了环境。

随着这些年来他的财产不断增加（最终他将拥有将近50英亩），他对塔里埃森的深厚感激也随之增加。正如他的耶鲁同事文森特·斯库利所言，"他的地方现在和……塔里埃森……一起成为美国人与他们的土地之间复杂的爱恋关系的主要纪念。"[15]

赖特向约翰逊透露了地形对建筑是多么必要。这些知识告诉了约翰逊，在康涅狄格州乡村的石墙、起伏不平、倾斜的台地和树木（约翰逊提出，"树木是这个地方的基本建筑材料"）的背景下，布置他的建筑物。[16]约翰逊把水结合进来，就像早些时候，他在MoMA设计阿比·奥尔德里奇·洛克菲勒雕塑花园（1953年）时所做的那样，他用树木和"运河"，他这么称呼它们，来打断参观博物馆的人的进程，解释他想要的效果是"总是转弯看东西的感觉。"他把他的灵感和赖特联系起来："通过减少空间，你就创造了空间。弗兰克·劳埃德·赖特明白这一点，但密斯没有。密斯可能设计成对称的。"[17]

他们住宅的目标不同。赖特开办了一所学校，他在威斯康星州和亚利桑那州创建的独一无二的校园，还兼着建筑实验室。约翰逊在纽坎南的财产更加私人化，用他自己的话说，它相当于"一位古怪建筑师的日记"[18]。参观玻璃住宅是走一遍约翰逊建筑事业的支点，从最基本的原点开始，就是玻璃住宅本身。这栋住宅并没有一下子从他的脑子里跳出来——回想一下，他在阿什街9号的尝试和他对密斯的借鉴——但是，它代表，作为明星的替补演员出人意料地崭露头角。

对于赖特和约翰逊来说，他们的家成了他们的试验场，在那里，他们建造了围绕他们建筑生涯中许多主题的建筑。两个最古怪的建筑——一个在斯普林格林，另一个在纽坎南——与两个人的建筑想象力，形成不可否认的清晰对比。

在他的职业生涯早期（当时，在 1896～1897 年，赖特真的是一位 19 世纪的建筑师），他建造了罗密欧与朱丽叶风车。内尔姨妈和简·劳埃德·琼斯姨妈需要为他们的学校提供可靠的供水，从农业目录中购买的普通钢桁架风车，将完成将其从深自流井输送到山顶水库的工作。但是，侄子弗兰克选择设计一个 56 英尺高、带一个 14 英尺的转轮的塔楼，来创造一种效果。

他设计的建筑落在八角形的基底上，但是一块钻石像匕首一样插在里面。钻石形状的船头指向西南方向，嵌入盛行的风中，切进风里以减少风在高层建筑上的力量。木制的上部建筑覆盖着板条压板条的壁板，用铁棒加固并固定在石头基座上。它的名字来源于八角形包着钻石（并被之穿透）的方式。罗密欧与朱丽叶风车位于塔里埃森山顶，俯瞰着赖特的领地。

相比之下，约翰逊于 1985 年建造的柯尔斯坦塔没有任何实际的用途；这更像是以 18 世纪景观花园精神设置的一个引人注目的玩意儿。它是用混凝土块建成的，是以约翰逊的老朋友和知己林肯·柯尔斯坦（Lincoln Kirstein）的名字来命名的。柯尔斯坦是纽约市芭蕾舞团的诗人兼联合创始人，为他，约翰逊在曼哈顿的林肯中心建造了纽约州剧院（1964 年）。纽坎南的柯尔斯坦塔是一个有序而庞大的 18 英寸见方的叠块组合，看起来就像一个记事本上的无聊涂鸦走进了生活——但经过检验，其纯粹的几何形状分解成一个无处可去的楼梯。它是纪念性的，它是悬臂式的，具有令人生畏的高踏板，且没有栏杆。

它坐落在山坡上，可以俯瞰池塘和神庙，据约翰逊说，这是"楼梯研究"。也许它指的是柯尔斯坦对舞蹈的专注。它是直线型的，但"踏面"围绕着（并且是）结构。它是模棱两可的——"我想它是建筑吧，"约翰逊评论道，"或者它是雕塑？"[19]

柯尔斯坦塔、罗密欧和朱丽叶风车反映了他们的创作者不同的灵感。赖特建造了一些基本的东西，既具有装饰性又与地球、风和水密不可分。约翰逊运用了机智和奇思妙想。两个作品为传记制造了花絮。

第三节

纽约市……摩天大楼时代

1979年，《时代》杂志正式宣布后现代主义的到来。这种风格的教皇出现了，菲利普·约翰逊，使1月8日刊的封面熠熠生辉。他举着一个3英尺高的模型展示他的新项目，AT&T大楼（现在的索尼广场），就好像它是摩西之匾一样。约翰逊把大衣披在肩上，像披风一样，令人毛骨悚然地想起那个他经常否认其影响但又不情愿地爱着的人。

AT&T大楼之所以被称为齐本德尔式摩天大楼，是因为它的外形类似于18世纪的高级板式家具。尽管麦迪逊大道上的建筑直到1984年才竣工，但它周围的宣传活动预示，这家美国公司将迎来建筑历史的拥抱，在一定程度上，它对光板式的钢铁和玻璃现代主义作出了反应。在西格拉姆大厦之后，这已成为事实上的城市风格。它包含着辉煌的路易斯·沙利文的回声，他是赖特过世很久的导师。差不多一个世纪之后，沙利文1896年的文章《艺术上有考虑的高层办公楼》（*The Tall office Building Artistically Considered*）被一代伏倦了玻璃盒的人重新发现。约翰逊和其他人采用了他的摩天大楼由三部分组成的概念：实际上，在底部的几层楼的基座、主体（"典型办公室的楼层"）和一个顶部（沙利文称之为"阁楼"），提供了建筑的"外在表达的确定性"。[20]

有了约翰·伯吉的合作（"我一直有一个约翰·伯吉，"约翰逊解释说，"来保持事情不转向和不出格"），约翰逊可以行使他的推销才能和他的折中主义（"我有想法和才能"）。[21] 在明尼阿波利斯IDS中心的刻面玻璃中庭（1973年）；在休斯敦由一对梯形顶的塔楼组成的潘索尔大厦（1976年）；以及，后来，在纽约第三大道885号的椭圆形"唇膏大厦"（1986年）中，他展示了对几何实验的爱好。他的历史主义实验扩展到匹兹堡的PPG大厦（1984年）的哥特式尖顶；帝国大厦的超级拥趸（1983年休斯敦的输电公司大厦）；以及，一个未建成的学校，大约1800年由法国新古典主义者克劳德·尼古拉斯·勒杜设计，几乎就是一部笔直的电梯，后来成为休斯敦建筑大学大楼（1985年）。作为一个年轻人，约翰逊已经确立了自己的建筑历史学家的地位；作为一个上了年纪的人，他探索了他的知识象牙塔，利用了来自斯库利尊称为约翰逊的"存储大脑"[22]的想法。

1979年，约翰逊获得了史上第一个普利兹克建筑奖。这是一个立即声名鹊起的奖项，只授予活着的建筑师。在"四季"餐厅角落的桌子边，他主持了一场有关美国建筑的连续的讨论会和权力谈话。他和其他后现代主义者共进晚餐,其中两位是迈克尔·格雷夫斯(Michael Graves)和罗伯特·A. M. 斯特恩,他认为,他们有助于他对"高个子男孩"AT&T塔楼的集思广益。约翰逊也欢迎解构主义者和许多其他从他的赞助中受益的人来到他的桌子边。到1994年约翰逊的第一本传记出版时,由弗朗茨·舒尔茨(曾写过一本赞美和钦佩密斯·凡·德·罗一生的书)撰写,《纽约时报》(以建筑评论家保罗·戈德伯格的名义)公平地称约翰逊是"我们这个时代最伟大的建筑存在"。经常被称为"美国建筑系主任",约翰逊已经成为他那一代最著名的美国建筑师。他的名字相当于大票房项目的设计师标签;他的脸在电视观众中变得知名,出现在光鲜杂志的封面上。

约翰逊继续建造博物馆、教堂和居住建筑,但是以一种赖特不可能做到的方式,他设计公司高楼的外形,通常是以他获准装饰的预定体积来支付佣金(其中包括休斯敦的输电公司大厦和波士顿的国际广场)。约翰逊是这座城市的骄傲市民,他使自己的作品适应了城市环境。他把自己的建筑与这些地方的格局融合在一起——不像赖特。赖特否认了一个直线形地方的经纬度,在他仅有的两个纽约永久性建筑中旋转着螺旋形。约翰逊的建筑物多种多样,分布在全国各地和世界各地,很少有像赖特那种设计语言的建筑。

然而,赖特在约翰逊的思想中仍然存在。"我不是形式提供者,"约翰逊在1993年告诉《名利场》说:"我不是密斯。我不是赖特。我希望我是。"[23]

第四节
形式提供者和美学家

在生活中，赖特喜欢修理菲利浦·约翰逊，但多年来，他的态度软化了。

赖特和约翰逊都突破了界限，他们的设计以能够测试（有时甚至超过）他们那个时代的技术极限而知名。他们在耶鲁大学难忘的、1955年相遇的深夜（"菲利普！我以为你死了！"）赖特还当着约翰逊的面说："小菲尔，都这么大了，一个建筑师，竟会这样建自己的房子，敞开了，在雨里面。"以一种出乎意料的方式，后者的话几乎可以看作是同志式的。

它的起源是25年前理查德·劳埃德·琼斯夫人的评论。她的丈夫是赖特的堂兄，曾委托赖特在他最没有声音的岁月里建造了一所房子。当一位潜在客户赫伯特·"希布"·约翰逊来到俄克拉荷马州塔尔萨侦察一下韦斯特霍普（1929年）时，他走到了一场暴雨中间。在进入家中时，他看到了许多特意放好的容器，每个容器都可以接住从漏水屋顶掉下来的大量滴水。看到约翰逊的古怪表情，劳埃德·琼斯夫人解释说，"你做一件艺术品，敞开了，在雨里面，这时就会发生这样的事情。"

然而，对于赖特的好运气，希布·约翰逊却毫不畏惧（他委托赖特为他设计一个家，以及具有令人难忘的蘑菇柱，和令人难忘的派热克斯玻璃管屋顶的，具有里程碑意义的约翰逊蜡业管理大楼，它也会漏大量的水）。赖特再次把"敞开了，在雨里面"的玩笑话用在约翰逊的玻璃住宅上，这很可能是一个针对"欢迎来到俱乐部”的评论的反手回击，一个狡猾的建筑师遇到了另一个。

约翰逊早年驳斥的那位老大师，随着约翰逊年龄的增长，逐渐成为试金石。1975年，他做了一个题为《什么让我打勾》的演讲。他告诉哥伦比亚大学的学生们，“在现代，在西塔里埃森，弗兰克·劳埃德·赖特做了一系列人类想象能够实现的、最令人感兴趣的复杂序列：转弯、曲折、低矮的通道、惊喜的风光、框好的景观。”[24]1985年，约翰逊在评论自己的一栋建筑时，发现纽约大学的鲍勃斯特图书馆（1973年）“奇怪地令人不满意，”因为，约翰逊解释说，“第三维度——我的意思是弗兰克·劳埃德·赖特的巨大热情——缺失了。”[25]1977年，他对《纽约客》的卡尔文·汤姆金斯说，“那时我们不知道赖特有多好。”[26]

后来依旧——那时他已经八十多岁了——约翰逊在接受采访时说：“没有一天我不去想赖特先生；没有一天我不觉得——不管怎样，当我手里拿着一支铅笔——那人没在我后面看着。”[27]

多年来，约翰逊称赖特为“我们这个时代最伟大的建筑师”已成为第二天性。有一次，当被问到解释一下他的内心改变时，约翰逊毫不犹豫地说：“不，我没有任何矛盾心理。20世纪30年代我关于赖特的说法是错的。”约翰逊补充道：“别忘了，在赖特的杰作流水别墅和约翰逊蜡业大楼问世之前，我就认识他了。单凭这两座建筑，就可以让一位建筑师登上世纪之首。”[28]

约翰逊的回忆在个人和职业方面都有所软化。“赖特是个千变万化的人。我是说，他正在写这些糟糕的信（大约在1932年给MoMA的信件），而我们会聚在一起开玩笑……赖特是一个非常和蔼，充满爱的人——非常宽容。我是说，我不会原谅菲利普·约翰逊那个小鼻涕虫。他为什么会这样？因为我总是，正如你所知道的，轻率而雅皮。他是一个非常伟大的人。"[29]

在某种程度上，对约翰逊来说，与赖特的关系是终生的：在成为母亲之前，露易丝·约翰逊就曾说过，要雇用赖特，来建造她的房子。这并不是说，她的儿子没有努力，来抵抗赖特的影响；正如他在1994年的一次采访中回忆的那样，他在为玻璃住宅选址时想到了赖特："（赖特）说永远不要，永远不要建在山顶上。我之所以选择这个地方，是因为一条著名的日本理念：永远把你的房子放在台地上，因为好的精灵会被房子后面的山体抓住；而坏的精灵不能爬到房子下面的山上来。"[30]但他不介意赖特称赞他的时候。"我记得，他告诉我，这是关于我的房子他唯一喜欢的，我有足够的判断力把它建在台地上……台地的想法？我想我可能是从赖特那里得到的。"[31]它们确实有它们的共性，并且，约翰逊感觉到了。"弗兰克·劳埃德·赖特的自然界是田野、湿地和野灌木丛……而我的房子是田野里的房子……我是在与他同样的文化中长大的。"[32]

约翰逊也向罗伯特·A. M. 斯特恩作了类似的承认。当约翰逊在20世纪40年代开始自己的建筑师生涯时，他后来告诉斯特恩，"我仍然是现代运动虔诚的信徒……但是，我也感觉到了另一种赖特式的、徘徊不定的感觉。"[33]然而，在采访中，关于赖特的问题常常使约翰逊变得古怪，而且，就好像赖特是一个家庭成员一样。对于血亲，你不能很好地否认他们——但这并不意味着你不能既爱戴又揶揄他们。

————

约翰逊影响了赖特吗？赖特如果不能调整，就什么都不是。1932 年 MoMA 展览后的几年里，他清楚地参加了他之前拒绝的欧洲实验，并设计了许多人认为是有史以来以国际风格建造的、最值得纪念的房子。很久以后，约翰逊简明地写道："赖特真的建造了埃德加·考夫曼的房子，流水别墅，作为对我们 1932 年在博物馆举行的展览的回答——就好像他在说'好吧，如果你想要平屋顶，我就给你看看如何真正地建平屋顶'。"赖特拒绝了考夫曼住宅是国际主义者的提法，但约翰逊，就像一个骄傲的叔叔，只是微笑着，评论道，"这是一个很好的答案。"[34] 同样，古根海姆肯定比赖特 1932 年前的作品更接近现代主义精神。

赖特去世 20 年后，约翰逊回忆起赖特定期访问玻璃住宅。对"赖特开玩笑说我的房子"，约翰逊半是恼火，对八十多岁的赖特先生不断回来，半是钦佩。"他的眼睛一直睁着。"[35]

2005 年 1 月，当菲利普·约翰逊在玻璃住宅安装的医院病床上去世时，显然他和赖特分享了一份罕见的礼物：两者都具备了个人重塑的能力——并且都在他们的长寿中运用它。赖特早期、中期和晚期的伟大作品，很容易看似来自三个不同人的绘图桌。年轻的约翰逊是一位理想主义的策展人；他在中年成为现代主义先锋队的建筑师；在他的最后几十年里，他是一位建筑多面主义者，他把玩后现代主义和解构主义，但是，通过这一切，他从未切断与古典主义的联系。

约翰逊曾被称为讽刺作家——他很高兴把他的玻璃墙的房子形容成"我藏身的地方"。[36] 他自称是"模仿品作者"。被各种批评家称为冒名顶替者和小丑的约翰逊，有能力以令人震惊的愤世嫉俗为自己辩护。1983 年，他对一屋子的国际公认的建筑师说：
"我不相信原则，假如你们还没有注意到。"然后他又补充说，"我
是个妓女，但我建造高层建筑的设计费很高。"[37]

他授权的传记作家弗朗茨·舒尔茨，用来描述他难以捉摸的
主角，选择的词语是"小丑"（Harlequin）——从意大利喜剧作
品中出现的普通戏剧角色。约翰逊的确是个机灵的骗子，以他的
狡猾、顽皮和多变的天性为特点。

相反，赖特作品的特点是显著的恒定。他的形式当然多种多
样。他的建筑专注范围从巨大的伸展的罗比屋顶到第五大道上的
旋风，从直线到半圆形，从镀金时代的大厦到萧条时期的"美国
风"。然而，他的有机信条不仅仅是一种修辞上的主张，而且在
他的整个职业生涯中，他对有机原则的坚持始终如一。1896 年，
他说："我想控制人造物体的形状，从大自然中学习她的形式、功
能和优雅线条的简单真理。"[38]通过忠实于看似简单但开放的有机
统一原则，他的想象力得以自由驰骋。矛盾的是，这种统一体现
了探索不同形式的创造性自由。[39]

作为绘图员，约翰逊从来没有假装拥有任何天赋，但是，从
兰迪斯·戈尔斯开始，他手边总是有能干的人。赖特是一位传统
意义上的艺术家，一位线条的大师，他自豪地回忆起他在阿德勒
和沙利文公司担任首席绘图员的角色。他也在他的办公室聘请了
才华横溢的绘图员，其中包括橡树园时代的马里恩·马霍尼，他
绘制了芝加哥大道赖特工作室出的许多令人难忘的图纸，以及塔
里埃森超过 25 年的首席绘图员约翰·"杰克"·豪。但是，对赖
特来说，这不仅仅是一个好图纸的问题。正如刘易斯·芒福德在

赖特死后几个月所写，"他的完成好的建筑表现图，本身就是艺术作品……这些图纸显示——有时甚至比实际的建筑更清楚——正式规范和绚丽感觉的结合……机械的结合……以及高度个性化的艺术，那就是他自己。"[40]

约翰逊的公司客户知道，他们得到的是一个名牌建筑师，但一旦基本形状达成一致，他的参与将迅速消退，而他的合作伙伴会继续发展这个设计。赖特一直渴望全程控制。约翰逊从来没有声称持续的哲学支撑；对赖特来说，哲学几乎可以与建筑相媲美。

如果赖特在他的有机统一中，找到了一种探索各种形式的手段，那么约翰逊肆无忌惮的方法，就是为了自己的想法而追求建筑。他是一位美学家，而不是艺术家；据透露，他最为人所知的玻璃住宅，至少在建筑专业人士中，受人钦佩的原因，一半在于他在 1950 年发表的关于玻璃住宅的论文，一半在于建筑本身；他期待着像罗伯特·文丘里，雷姆·库哈斯和彼得·艾森曼这样的下一代建筑师理论家，他们每个人都会定期发表他们希望附属于他们设计的理论文本。

约翰逊起初是学古典历史的；对他来说，作为学艺术的学生，他首先致力于美，建筑的一切就是关于风格的。他建造了一座伟大的房子——他自己的，用玻璃建造的——并贡献给了一座伟大的城市建筑，一座威士忌的纪念碑。在像伯吉这样有才干的人的帮助下，他建造了其他有趣的建筑，并影响了他那个时代的企业文化和新城市的面貌。他仍然忠实于 1954 年的声明"建筑的目标就是创造美丽的空间"。[41]

赖特的愿望不同。他怀有更崇高的理想，呼唤民主、真理和普通人。他在大自然中，找到了灵感；他经常否认任何和所有其他建筑师的影响。他声称，自己是原创的——正如约翰逊所描述并被广泛引用的那样，"这种天才每隔三四百年才会出现。"

约翰逊满足于模仿别人的工作，在传统上探索和扩展。约翰逊是一个好的看客，而赖特是个探索者。赖特寻求真理，而约翰逊则寻找令他满意的东西。参观一个典型的约翰逊住宅，是为了在作品中融入良好的思想和情感；探索一个赖特住宅，是为了有一个建筑的体验。

一种思考约翰逊和赖特的方法是将他们标志性的建筑拟人化，阅读流水别墅和玻璃住宅就像阅读他们自身。[42]流水别墅表露：这不是一座横跨溪流的桥；就像一只巨大的手掌伸出来作为平台，它在溪流上方提供了一个悬空的时刻。如果有的话，玻璃住宅就是个"看着我"的地方。游客们对它的内容感到惊讶——这远远不止是一个短暂的时刻，可以用餐后轶事来概括。它使人联想到关于地方和家庭的问题；它原始、整洁的特征传达了关于住所和地方之间关系的清晰感。

流水别墅也许是20世纪最令人钦佩的房子，但给予评论最多的最高级住宅肯定归属于玻璃住宅。它受到很多人的喜爱，它吸引了无数的游客——但如果那些评论文字是石头，房子早就变成了一个被破碎的平板玻璃围着的钢框架。相反，它与流水别墅一起幸存下来，两座乡村别墅每年一起吸引了大约50万人，走到它们的门里面去。一栋可能是，借用一位19世纪的旅游作家的话说，"这个地形上的插曲"，[43]然而，另一栋必须看作是"20世纪建筑史上的篇章"。[44]

约翰逊写的旋律很少，但他是一个伟大的配器。早在约翰逊因他的妙语连珠和他的建筑而闻名之前，他的作品就被描述为具有"警句的特质"，这表明"运用批判性和评价性的才智，而不是感应的创造性想象的发明"。[45] 但约翰逊使自己成为一个强大的文化品位制造者：当他来到建筑界时，今天定义现代城市的钢和玻璃的高楼并不存在。约翰逊是现代主义的接生婆，他把密斯引介到美国来。

约翰逊并非违背自己的意愿，而是逐渐成为弗兰克·劳埃德·赖特最重要的公众崇拜者之一。作为一个崇尚时代精神的人，他发现，他的老宿敌的思想保持着非凡的活力。当他开始认识到他们奇怪的联盟的重要性和价值时，他也明白了赖特的作品超越了风格甚至时间。这说明赖特的作品是不可模仿的，然而，赖特的天才，很简单，比约翰逊的要大得多。

如今，在赖特去世半个多世纪后，他仍然是美国最著名和最受尊敬的建筑师。2005 年，约翰逊去世时，他已经成为他自己轻蔑地称之为"著名建筑师"[46] 的人。随着他的去世，他的名气开始消退；相反，赖特的名气明显增强。然而，他们的联系，在死后和生前中，丰富了我们对美国建筑界的两个伟人的理解。

致 谢

正如下面的一长串名字所表明的，许多人在研究和写这本书时证明是无价的。像往常一样，随着这本书多年来的成形，我依靠一群有建筑学倾向的朋友，有近有远，来提供建议。思想和指导被证明是有价值的人包括：苏珊·安德森；布鲁斯·鲍彻；已故的唐·卡伦蒂埃；克里斯蒂娜·科西格里亚和迈克尔·库尔博健，普林斯顿的朋友；希瑟·迪安；詹姆斯·迪克逊；爱德华·道格拉斯；查尔斯·杜维尔（他的父亲出版了许多赖特著作，他自己也认识菲利普·约翰逊）；乔·格里尔斯；弗里林海森·莫里斯的住宅和工作室的金尼·弗里林海森；杰里·格兰特；玛丽莲·卡普兰；沙龙·库姆勒；埃林·库肯德尔；特拉维斯·麦克唐纳；麦西克·科恩·威尔逊·贝克公司的约翰·麦西克和杰夫·贝克；朗·米勒；理查德·莫；布瑞恩·菲佛；亚伯拉罕·托马斯；马克·屈文特及合伙人公司的马克·屈文特；凯瑟琳·杜鲁门；理查德·盖伊·威尔逊；以及美国国会图书馆的凯茜·伍德雷尔。我特别感谢摄影师和朋友罗杰·施特劳斯三世，我的经常合作者，他似乎总是能看见我眼睛看不到的建筑物的各个方面（罗杰的几张照片确实证明了这一点，这给这本书的彩色插图增添了光彩）。我还要感谢约翰·多兰，他拍摄了菲利普·约翰逊两张令人惊叹的黑白照片。还有唐纳德·盖勒特，感谢他在布尔诺的图根哈特住宅拍照。

许多以前项目中认识赖特的老朋友的话，仍然给我思考的信息；然后，我承认我感激塔里埃森研究员布鲁斯·布鲁克斯·菲佛、科妮莉亚·布瑞利、汤姆·凯西、苏珊·雅各布斯·洛克哈特和弗朗西斯·内姆丁，还有唐纳德·哈尔马克和约翰·奥赫恩。我向那些我忘了引证但又在这些书页中反映了他们的见解的其他有用的朋友和熟人道歉。

关于出版业，我首先感谢布卢姆斯伯里出版集团美国公司的出版总监乔治·吉布森，他为本书带来了高度的热情和良好的编辑眼光。我也要感谢彼得·金娜，构想阶段她就在，还有卡莉·加内特，感谢她在我们挑选这本书的图片时所表现出得足智多谋和热情，以及在此过程中对千丝万缕细节的关注。还要感谢制作编辑格伦尼·巴特尔斯为出版社准备这本书所付出的巨大努力；感谢文字编辑史蒂文·亨利·博尔特，他的细心专注使我免于许多错误的步骤；感谢卡蒂娅·梅日博夫斯卡娅在设计书套时巧妙的融合；感谢萨拉·莫里奥为让全世界知道这本书的存在所做的宝贵努力。像往常一样，我衷心感谢盖尔·霍奇曼——宝贵而能干的朋友和明智的顾问。

我花了很多很多时间在我无法列出的档案馆和图书馆。我要感谢美国艺术档案馆的玛丽莎·布尔根和理查德·马努吉安；斯特林和弗朗辛·克拉克艺术学院的凯伦·巴基；在哥伦比亚大学艾弗里图纸档案馆的杰森·埃斯卡兰特和尼科尔·理查德，以及在哥伦比亚大学的口述历史项目埃里卡·福格和安德烈·狄克逊；流水别墅的琳达·瓦格纳；所罗门·R.古根海姆博物馆的莎莉·豪格；在哈佛艺术博物馆档案馆的梅根·施文克；霍顿图书馆；帮助我多次访问现代艺术博物馆的工作人员，其中包括档案工作者内奥米·库罗米亚米歇尔·哈维和伊丽莎白·托马斯，以及图书管理员珍妮佛·托拜厄斯，和建筑和设计部门的保罗·加洛韦以及帕梅拉·波佩森。我感谢纽坎南历史学会的詹·米兰尼；我的老朋友苏珊·K.安德森，费城艺术博物馆的玛莎·汉密尔顿·莫里斯档案管理员；费尔斯通图书馆珍本和特别藏品的管理员和普林斯顿大学西利·G.穆德手稿图书馆的工作人员；以及在维多利亚和阿尔伯特博物馆的克里斯托弗·威尔克和斯蒂芬妮·伍德。在我最重要的资源目的地威廉姆斯学院，我感谢查宾图书馆的恩·G.哈蒙德；56届的校友罗伯特·佩恩·福代斯，图书馆收藏了大量赖特重新装修的材料；感谢大卫·皮拉乔夫斯基，丽贝卡·奥姆，库尔特·金贝尔，克里斯蒂娜·梅纳德，艾莉森·罗伊·奥格雷迪，琳达·麦格劳和让·卡柏拉尼。我问了一些令人烦恼的问题，在许多其他图书馆找到了有价值的资料，包括纽约历史学会图书馆、弗吉尼亚大学奥德曼图书馆和查塔姆（纽约）公共图书馆。我经常利用哈德逊中部图书馆系统和麻省中部和西部图书馆系统 C/W Mars 的集体资源。我的最后一个选择是纽约公共图书馆，即使所有其他图书馆可能，它也很少让我失望。

注 释

前言: 大师和艺术家

1. 约翰逊之前曾说过这种贬低的话, 但据记录, 他是在 1954 年 12 月 7 日建筑设计学院的一次非正式谈话中使用了这个说法。参见"The Seven Crutches of Modern Architecture"(1955), 重印于约翰逊, *Philip Johnson*(1979), 第 140 页。

2. James Reese Pratt, 引自 Welch, *Philip Jonson & Texas*(2000), 第 32 页。

3. *Holiday*, 1952 年 8 月, 引自 Earls,《Harvard Five》(2006), 第 137 页。

4. 斯特恩, "Encounters with Philip Johnson: A Partial Memoir"见约翰逊, *Philip Johnson Tapes*(2008), 第 8 页。

5. Filler, *Makers of Modern Architecture*(2007), 第 125 页。

6. H. I. Philips, "The Sun Dial", *New York Sun*, January 7, 1949.

7. 罗德曼, *Conversation with Artists*(1961), 第 70 页; 以及, 塞尔登·罗德曼文献, 耶鲁大学。

8. Henry S. F. Cooper, "Sound and Fury", *Yale Daily News*, 1955 年 9 月 22 日, 第 2 页。关于 1955 年 9 月 20 日的耶鲁之夜, 存在各种版本, 但我倾向于相信库珀(Cooper)的版本, 因为它在事件发生两天后就出版了。其他讲述这个故事的人包括文森特·斯库利和塞尔登·罗德曼, 就如文中所引用的那样。库珀在很久以后, 接受了梅莱尔·塞克斯特(Meryle Secrest)为她的书《弗兰克·劳埃德·赖特》(1992)作的一次访谈, 详细叙述了更多细节; 参见该书第 544 ~ 545 页。

9. Scully, "Frank Lloyd Wright and Philip Johnson at Yale"(1986), 94.

10. 罗德曼文献。

11. *Yale Daily News*, 1955 年 9 月 21 日。

12. 罗德曼, "Series II: Journals," 罗德曼文献。

13. "Exploring Wright Sites in the East," *Frank Lloyd Wright Quarterly* 7, no. 2（Spring 1996）.

14. Tafel，*About Wright*（1993），53.

15. 罗德曼，*Conversation with Artists*（1961），第 47 页。

第一章：两次对话

1. 赖特写给刘易斯·芒福德的信，大约在 1930 年 6 月，来自 Pfeiffer 和 Wojtowicz，*Frank Lloyd Wright*（2001）。

2. 刘易斯·芒福德，"The Poison of Good Taste"，*American Mercury*（1925），第 92 页。

3. 赖特写给刘易斯·芒福德的信，1926 年 8 月 7 日，来自 Pfeiffer 和 Wojtowicz，*Frank Lloyd Wright*（2001）。

4. 刘易斯·芒福德写给赖特的信，1926 年 8 月 23 日，来自 Pfeiffer 和 Wojtowicz，*Frank Lloyd Wright*（2001）。

5. 芒福德，*Sticks and Stones*（1924），第 13、140 页。

6. 赖特，*In the Cause of Architecture*（1914），第 406 页。

7. 芒福德，*Sketches from Life*（1982），第 432 页。

8. 赖特，*Autobiography*（1943），第 165、167 页。

9. 同上，第 190 页。

10. 芒福德，*Sketches from Life*（1982），第 433 页。

11. 赖特写给刘易斯·芒福德的信，没有日期（1929 年秋？），来自 Pfeiffer 和 Wojtowicz，*Frank Lloyd Wright*（2001）。

12. 芒福德，*Sketches from Life*（1982），第 432 ~ 433 页。

13. 赖特写给芒福德的信，1926 年 8 月 7 日。

14. 赖特写给菲斯克·金贝尔的信，1928 年 4 月 30 日，菲斯克·金贝尔文献，费城艺术博物馆。

15. 芒福德，*Sketches from Life*（1982），第 433 页。

16. 汤姆森，*Virgil Thomson*（1966），第 220 页。

17. 巴尔写给 Dwright·麦克唐纳的信，1953 年，引自 Kantor，《Alfred H. Barr, Jr.》（2002），第 91 页。

18. 约翰逊，*Philip Johnson Tapes*（2008），第 24 页。

19. 舒尔茨，*Philip Johnson*（1994），第 43 页。

20. 阿尔弗雷德·巴尔写给凯瑟琳·Gauss 的信，1921 年 12 月 23 日，美国艺术档案馆。

21. 麦克唐纳，"Action on West Fifty-Third Street"（1953 年 12 月 12 日），第 81 页。

22. 和菲利普·约翰逊的访谈。汤姆金斯（Tomkins）文献，MoMA 档案室。

23. 希区柯克，*Architectural Work of J. J. P. Oud*（1928），第 97、98、102 页。

24. 阿尔弗雷德·巴尔写给保罗·萨克斯的信，1925 年 8 月 3 日，萨克斯文献，哈佛大学艺术博物馆档案室。

25. 坎特，*Alfred H. Barr, Jr.*（2002），第 92 页。

26. 巴尔写给 Dwright·麦克唐纳的信，1953 年，引自 Kantor, *Alfred H. Barr, Jr.*（2002），第 102 页。

27. 同上，第 105 页。

28. 希区柯克，*Modern Architecture*（1968），第 229 页。

29. 希区柯克，*Modern Architecture*（1929），第 106 页。

30. 巴尔，"NECCO Factory"（1928），第 292 ~ 295 页。

31. 卡尔文·汤姆金斯，"The Art World: Alfred Barr"，*New Yorker*，1981 年 11 月 16 日，第 184 页。

32. 小阿尔弗雷德·H. 巴尔，"A Modern Art Questionnaire"，*Vanity Fair 28*（1927 年 8 月）：第 85、96 ~ 98 页。

33. 艾达·路易丝·赫克斯特布尔写给卡尔文·汤姆金斯的信，1977，汤姆金斯文献。

34. 约翰逊引自汤姆金斯 *Forms Under Light*（1977），第 47 页。

第二章：图谋东山再起

1. 赖特写给亚历山大·伍尔科特的信，1932 年 1 月 23 日，伍尔科特文献，Houghton 图书馆，哈佛大学。

2. 亚当斯，*A. Woollcott*（1945），第 23 页。

3. 赖特，*An Autobiography*（1943），第 39 页。

4. 同上，第 25 页。

5. 亚历山大·伍尔科特写给赖特的信，1927 年 12 月 3 日，伍尔科特文献。

6. 伍尔科特，"Prodigal Father"（1930），第 24、25 页。

7. 赖特，*An Autobiography*（1943），第 171 页。

8. 伍尔科特，"Prodigal Father"（1930），第 25 页。

9. 赖特，*An Autobiography*（1943），第 259 页。

10. 同上，第 260 页。

11. 同上，第 263 页。

12. 伍尔科特，"Prodigal Father"（1930），第 25 页。

13. 赖特离开了锡尔斯比事务所，带着对日本版画的品位，就像那些陈列在办公室墙上的版画，这些版画是由东方学者，锡尔斯比的表兄欧内斯特·弗朗西斯科·费诺洛萨挑选的。

14. *Modern Architecture: International Exhibition*（1932），第 31 页。

15. "Surface and Mass-Again!"，*Architectural Record*，1929 年 7 月，重印在赖特，*Frank Lloyd Collected Writings*（1992），I，第 325 页。

16. 伍尔科特，"Prodigal Father"（1930），第 25 页。

17. 同上，第 22 页

18. 同上。

19. 亚当斯，*A. Woollcott*（1945），第 310 页。

20. 亚历山大·伍尔科特写给赖特的信，1937 年 9 月 15 日，伍尔科特 *Letters of Alexander Woollcott*（1944），第 193 页。

21. 塞克斯特，*Frank Lloyd Wright*（1992），第 374 页。

22. 约翰·豪和赫伯特·弗里茨与梅莱尔·塞克斯特的访谈，塞克斯特，*Frank Lloyd Wright*（1992），第 397 页。

23. 赖特写给亚历山大·伍尔科特的信，1929 年 1 月 1 日，伍尔科特文献。

24. 伍尔科特，"Prodigal Father"（1930），第 25 页。

25. 刘易斯·芒福德写给赖特的信，1926 年 8 月 23 日，来自 Pfeiffer 和 Wojtowicz，*Frank Lloyd Wright*（2001）。

26. 刘易斯·芒福德，*Brown Decades*（Mineola, NY：Dover, 1931, 1971），第 75 页。

27. 约翰逊引自米勒，*Lewis Mumford*（1989），第 487 页。

第三章：欧洲之旅

1. 约翰逊，*Philip Johnson Tapes*（2008），142n19。

2. 约翰逊写给霍默·约翰逊太太的信，1926 年 7 月 22 日。这封信以及后面引用的约翰逊和他母亲、家人以及朋友的往来信件都来自菲利普·约翰逊文献，特藏，盖蒂研究中心（Getty Research Institute）。

3. 约翰逊写给霍默·约翰逊太太的信，1930 年 6 月 20 日。

4. 约翰逊写给阿尔弗雷德·H. 巴尔的信，1929 年 10 月 16 日，巴尔文献，美国艺术档案馆。

5.　约翰逊写给路易斯·约翰逊的信，1929 年 10 月 3 日。

6.　约翰逊写给"亲爱的家人"的信，1929 年 11 月 18 日。

7.　舒尔茨，*Philip Johnson*（1994），第 54 页。

8.　约翰逊，"Whence and Whither"（1965），第 168 页。

9.　J. B. Neumann 写给阿尔弗雷德·H. 巴尔的信，引自 Roob，"Alfred H. Barr, Jr."（1987），第 13 页。

10.　罗布，"Alfred H. Barr, Jr."（1987），第 12 页。

11.　阿尔弗雷德·H. 巴尔，"Modern Art in London Museums"，*Arts 14*（1928 年 10 月）: 第 190 页。

12.　迈耶，*What Was Contemporary Art?*（2013），第 93 页。

13.　巴尔，"*Dutch Letter*"（1928），第 48 页。

14.　约翰逊写给"亲爱的家人"的信，1929 年 7 月 28 日。

15.　约翰逊写给路易斯·约翰逊的信，1929 年 9 月 22 日。

16.　约翰逊写给阿尔弗雷德·H. 巴尔的信，1929 年 10 月 16 日，巴尔文献，美国艺术档案馆。

17.　约翰逊写给路易斯·约翰逊的信，1929 年 9 月 22 日。

18.　巴尔，"*Dutch Letter*"（1928），第 49 页。

19.　沃尔特·格罗皮乌斯，*Program of the Staatliche Bauhaus*（Weimar），引自坎特，*Alfred H. Barr, Jr.*（2002），第 153 页。

20.　巴尔，"Preface"，引自 Herbert Bayer et al.，*Bauhaus, 1919-1928*（New York: MoMA，1938）。

21.　盖有 10 月邮戳的明信片；见舒尔茨，*Philip Johnson*（1994），第 55 页。

22.　约翰逊写给阿尔弗雷德·H. 巴尔的信，1929 年 10 月 16 日，巴尔文献，美国艺术档案馆。

23.　约翰逊写给路易斯·约翰逊的信，1929 年 11 月 8 日。

24.　阿尔弗雷德·巴尔写给保罗·萨克斯的信，1929 年 7 月 1 日，引自 Kantor，*Alfred H. Barr, Jr.*（2002），第 189 页。

第四章: 新博物馆

1.　A. 康格·古德伊尔，引自 Lynes，*Good Old Modern*（1973），第 9 页。

2.　仅仅十年后，高耸的洛克菲勒住宅将被拆除。在原来的位置上，1953 年将建造艾比·奥尔德里奇·洛克菲勒雕塑园，由菲利浦·约翰逊设计，位于当时已成为 MoMA 永久场馆的北侧。

3. 故事来源于莱恩斯，*Good Old Modern*（1973），第 4 及以后各页。

4. 巴尔，*Painting and Sculpture*》（1967），第 620 页。

5. 罗布，"*Alfred H. Barr, Jr.*"（1987），第 19 页。

6. 同上。

7. 阿尔弗雷德·巴尔夫人写给卡尔文·汤姆金斯的信，1976 年 6 月 2 日，汤姆金斯文献。

8. 莱利和萨克斯，"Philip Johnson：Act One，Scene One – the Museum of Modern Art?"，*Philip Johnson*（2009），第 60 页。

9. 玛格丽特·斯科拉里·巴尔，引自汤姆金斯，"Forms Under Light"（1977），第 47 页。

10. 菲勒，"Philip Johnson：Deconstruction Worker"（1988），第 105 页。

11. 希区柯克，"Modern Architecture"（1968），第 227 页。

12. 西林，"Henry-Russell Hitchcock"（1990）。

13. 希区柯克，"Modern Architecture"（1968），第 229 页。赞助者是詹姆斯·萨尔·索比，1935 年。

14. 莱恩斯，*Good Old Modern*（1973），第 85 ~ 86 页。

15. 约翰逊写给路易斯·约翰逊的信，1930 年 8 月 6 日。

16. 约翰逊写给路易斯·约翰逊的信，1930 年 7 月 7 日。

17. 巴尔，"Modern Architecture"（1930），第 435 页。

18. 约翰逊写给路易斯·约翰逊的信，1930 年 6 月。

19. 密斯·凡·德·罗，在 Vienna Werkebund 研讨会（1930）的讲演，引用自 Wolf Tegethoff，"A Modern Residence in Turbulent Times"，Hammer-Tugendhat 和 Tegethoff，*Ludwig Miës van der Rohe*（2000），第 46 页。

20. 菲利普·约翰逊写给路易斯·约翰逊的信，1930 年 9 月 1 日。

21. 布莱克，*Master Builders*（1960），第 203 页。

22. 格雷特·图根哈特（Grete Tugendhat）1969 年 1 月 17 日在捷克共和国 Brno 作的讲演，"关于图根哈特住宅的施工"，重印于 Hammer-Tugendhat 和 Tegethoff，*Ludwig Miës van der Rohe*》（2000），第 5 页。

23. Hammer-Tugendhat，"Living the Tugendhat House"，引自 Hammer-Tugendhat 和 Tegethoff，*Ludwig Miës van der Rohe*（2000），第 12 页。

24. 图根哈特，"关于图根哈特住宅的施工"，第 5 页。

25. 同上，第 6 页。

26. 和菲利普·约翰逊的访谈。汤姆金斯文献。

27. 布莱克，*Master Builders*（1960），第 155 页。

28. *Modern Architecture: International Exhibition*（1932），第 116 页。

29. 同上，第 116 页。

30. 舒尔茨和 Windhorst，*Miës van der Rohe*（2012），第 205 页。

31. 约翰逊，"Whence and Whither"（1965），第 172 页。

32. 赖特写给亨利 - 罗素·希区柯克的信，1930 年 9 月 2 日，希区柯克文献，美国艺术档案馆。

第五章: 发出邀请

1. Stern, Gilmartin, 和 Mellins, *New York 1930*（1987），第 469 页。

2. 1931 年 1 月 17 日，现代建筑展组委会会议纪要，第 15 页。

3. 巴尔，*Our Campaigns*（1987），第 25 页。

4. 阿尔弗雷德·巴尔夫人为卡尔文·汤姆金斯准备的手稿，附加在 1967 年 6 月 2 日的信一起，汤姆金斯文献。

5. Riley, *International Style*（1992），第 18 页。

6. *Modern Architecture: International Exhibition*（1932），第 13 页。

7. 和 Kantor 一起的访谈，*Alfred H. Barr, Jr.*（2002），第 291 页。

8. 巴尔为汤姆金斯准备的手稿。

9. 约翰逊写给路易斯·约翰逊的信，1930 年 8 月 6 日。

10. 约翰逊写给阿尔弗雷德·巴尔的信，没有日期，展览登记文件，第 15 页。

11. 展览登记文件，第 15 页。

12. 1931 年 1 月 17 日，现代建筑展组委会会议纪要，第 15 页。

13. 约翰逊，*Built to Live In*（1931），重印于约翰逊，*Philip Johnson: Writings*（1979），第 28 ~ 31 页。

14. Douglas Haskell, "The Column, the Globe, and the Box", *Arts 17*（1931 年 6 月），第 636 ~ 639 页。

15. *Rejected Architects*（1931），重印于 Riley, *International Style*（1992），第 215 页。

16. *New York Times*，1931 年 4 月 26 日。

17. Helen Appleton Read, *Brooklyn Eagle*，引自 Stern, *George Howe*（1975），153n35。

18. *Rejected Architects*（1931），第 433 ~ 435 页。

19. 刘易斯·芒福德写给赖特的信，1931 年 3 月 29 日。弗兰克·劳埃德·赖特的信件、电报和其他来往文书都是查询微胶片，由 Scottsdale 的弗兰克·劳埃德·赖特基金会出版，和索引放在一起，*Frank Lloyd Wright: An Index to the Taliesin Correspondence*，Anthony Alofsin 编辑（N.Y.: Garland, 1988）。除非有其他特殊说明，赖特的信件和其他档案文件，在这里和下面引用的，都来自这个收藏系列。

20. 约翰逊写给赖特的信，1931 年 4 月 1 日。

21. 赖特写给约翰逊的信，1931 年 4 月 3 日。

22. 约翰逊写给刘易斯·芒福德的信，1931 年 1 月 3 日，芒福德文献，宾夕法尼亚大学。

23. "peut-être le plus grand Américain du premier quart du XX siècle"：希区柯克，*Frank Lloyd Wright*（1928）。

24. 希区柯克，"Modern Architecture"（1968），第 230 页。

25. 赖特确实在一个比较温和的时刻对希区柯克寄予了一些希望："你知道，刘易斯，对不起，我把可怜的希区柯克叫作傻瓜……他至少是真诚的。如果他不知道怎么办？他可以学习。"赖特写给刘易斯·芒福德的信，1930 年 12 月 17 日。

26. 赖特写给刘易斯·芒福德的信，1931 年 4 月 7 日，来自 Pfeiffer 和 Wojtowicz，*Frank Lloyd Wright*（2001）。

27. Fistere，"Poets in Steel"（1931），第 58 页。

28. 赖特写给芒福德的信，1931 年 4 月 7 日。

29. 约翰逊写给赖特的信，1931 年 4 月 30 日。

30. 约翰逊写给赖特的信，1931 年 5 月 22 日。

第六章: 赖特 vs. 约翰逊

1. 阿尔弗雷德·H. 巴尔写给约翰逊的信，1931 年 8 月 19 日，来自 Riley，*International Style*（1992），第 52 页。

2. 约翰逊写给艾伦·布莱本的信，1931 年 8 月 15 日，来自 Riley，*International Style*（1992），第 56 页。

3. 约翰逊写给赖特的信，1931 年 12 月 14 日。

4. 赖特发给约翰逊的电报，1932 年 1 月 3 日，以及 1932 年 1 月 5 日的信件片断。

5. 赖特发给约翰逊的电报，1932 年 1 月 18 日。

6. 赖特写给约翰逊的信，1932 年 1 月 19 日。

第七章：展览必须继续

1. 约翰逊发给赖特的电报，1932 年 2 月 4 日。

2. Riley, *International Style*（1992），第 75 页；巴尔，"Our Campaigns"（1987），第 23 页。

3. Riley, *International Style*（1992），第 92 页。

4. *Modern Architecture: International Exhibition*（1932），第 12 ~ 17 页。

5. Douglas Haskell, "Architecture: What the Man About Town Will Build", *Nation*（1932 年 4 月 13 日），第 441 ~ 43 页。

6. 芒福德，"Sky Line: Organic Architecture"（1932），第 49 页。

7. William Adams Delano, "Man Versus Mass", *Shelter 2*（1932 年 5 月）：第 12 页。

8. 约翰逊写给 J. J. P. 奥德的信，1932 年 3 月 17 日。

9. *New York Sun*（1932 年 2 月 13 日）。

10. 赖 特，"The House on the Mesa/The Conventional House"，来 自 赖 特 *Frank Lloyd Wright Collected Writings*（1993），3：第 128 页。添加斜体。

11. 赖特，"The Disappearing Cave"，引自 *Denver Post*，1930 年 12 月 14 日，第 2 页；引自 Wojtowicz, "A Model House"（2005），第 523 页。

12. 赖特，"In the Cause of Architecture"（1925），重印于赖特，*Frank Lloyd Wright Collected Writings*（1992），1：第 212 页。

13. 赖特写给刘易斯·芒福德的信，1930 年 7 月 7 日。完整引文："虽然是学生，但我想我从来不是他的门徒。（正是那些门徒受到导师的阻碍。）根据记载，沙利文充满感激地承认了这一点。"

14. 斯库利，"Wright vs. The International Style"（1954），第 34 页。

15. 希区柯克和约翰逊，*International Style*（1932），第 25 ~ 26 页。

16. "Modern Architecture Exhibition by Museum of Modern Art"，没有日期的文稿，来自登记文件，MoMA 档案室。

17. 希区柯克和约翰逊，*International Style*（1932），第 38 页。

18. Ralph Flint, "Present Trends in Architecture in Fine Exhibit", *Art News*（1932 年 2 月 13 日），第 5 页。

19. *Modern Architecture: International Exhibition*（1932），第 15 页。

20. 赖特写给约翰逊的信，1932 年 2 月 11 日。

21. 写给约翰逊的信，1932 年 4 月 19 日。

22. 亨利 - 罗素·希区柯克写给赖特的信，1932 年 4 月 22 日。这封信的文字在 MoMA 档案室里，但是原稿没有出现在赖特文献中，这可以看出，希区柯克从来没有寄出这封信。不管怎样，希区柯克无疑希望向赖特转达他所表达的滚烫的感情，即使赖特从未感受到。

23. 约翰逊写给赖特的信，1932 年 4 月 25 日。

24. 约翰逊写给 J. J. P. 奥德的信，1932 年 4 月 16 日。

25. 赖特写给约翰逊的信，1932 年 3 月 24 日。

26. 赖 特，"In the Show Window at Macy's"，*Architectural Forum*，1933 年 11 月，重印于赖特 *Frank Lloyd Wright Collected Writings*（1993），3：第 146 页。

27. 引自汤姆金斯，《*Forms Under Light*》（1977）。

28. 和 George Goodwin 一起的访谈，1992 年 7 月 27 日，美国艺术档案馆。

29. *Early Modern Architecture: Chicago, 1870-1910*（1933），第 27 页。

30. 芒福德写给赖特的信，1932 年 1 月 10 日，来自 Pfeiffer 和 Wojtowicz，*Frank Lloyd Wright*（2001）。

31. 赖特写给亨利 - 罗素·希区柯克的信，1932 年 2 月 26 日。

32. 约翰逊，*Philip Johnson Tapes*（2008），第 41 页。

33. 舒尔茨，*Philip Johnson*（1994），第 61 页。

34. William Wesley Peters，*Taliesin Times* 引自 William Wesley Peters 的访谈，来自 Tafel，*About Wright*（1993），第 156 页。

35. 约翰逊和 George Goodwin 的访谈，1992 年 7 月 27 日，美国艺术档案馆。

36. 约翰逊写给 Louis·约翰逊的信，1930 年 7 月 7 日。

37. Filler，"Philip Johnson：Deconstruction Worker"（1988），第 105 页。

38. 赖特写给菲斯克·金贝尔的信，1928 年 4 月 30 日，来自 Pfeiffer 和 Wojtowicz，*Frank Lloyd Wright*（2001），第 51 页。

39. *New York Sun*，1934 年 3 月 10 日。

第八章：熊跑溪之岸

1. 约翰逊写给家人的信，1929 年 8 月 13 日。约翰逊后来回忆起这幅画是马奈在曼海姆的《处决马克西米利安》。见约翰逊，*Philip Johnson Tapes*（2008），第 49 页。

2. 麦克安德鲁引自 Lynes，*Good Old Modern*（1973），第 178 页。

3. 约翰逊写给路易斯·约翰逊的信，1929 年 9 月 22 日。

4. http://150.vassar.edu/histories/art/.

5. MoMA 新闻稿，http://www.moma.org/momaorg/shared/pdfs/docs/press_archives/ 395/releases/MOMA_1937_0035.pdf?2010.

6. 麦克安德鲁写给 Donald Hoffmann 的信，1975 年 12 月 5 日，引自 Hoffmann, *Frank Lloyd Wright's Fallingwater*（1978），第 91 页。

7. 麦克安德鲁引自 Lynes, *Good Old Modern*（1973），第 180 页。

8. Toker, *Fallingwater Rising*（2003），第 31 页。

9. 同上，第 30 页。

10. *Taliesin Fellowship Prospectus*（1932，1933），来自赖特，*Frank Lloyd Wright Collected Writings*（1993），3：第 159 ~ 166 页。

11. David G. De Long，"Kaufmann Family Letters：Edgar Kaufmann jr.，Frank Lloyd Wright，and Fallingwater"，来自 Waggoner, *Fallingwater*（2011），第 174 页。

12. Caroline Wagner 访谈，引自 Toker, *Fallingwater Rising*（2003），第 364 页。

13. Kaufmann, *Fallingwater*（1986），第 36 页。

14. 赖特, *Letters to Apprentices*（1982），第 204 页。

15. Kaufmann, *Fallingwater*（1986），第 36 页。

16. 赖特, *An Autobiography*（1943），第 151 页。

17. Henning, *At Taliesin*（1992），第 16 页。

18. E. J. 考夫曼写给赖特的信，1934 年 8 月 16 日。

19. 赖特写给 E. J. 考夫曼的信，1934 年 9 月 18 日。

20. Toker, *Fallingwater Rising*（2003），第 118 ~ 119 页。

21. 赖特写给 E.J. 考夫曼的信，1934 年 9 月 28 日。

22. Henning, *At Taliesin*（1992），1934 年 11 月 22 日。

23. Kaufmann, *Fallingwater*（1986），第 36 页。

24. E.J. 考夫曼写给赖特的信，1934 年 12 月 4 日。

25. E.J. 考夫曼，"遇到——了解——战斗——热爱——弗兰克·劳埃德·赖特"，来自 Reed 和 Kaizen, *Show to End All Shows*（2004），第 171 页。

26. 赖特, *Letters to Clients*（1986），第 83 页。

27. Max Putzel，"A House That Straddles a Waterfall"，*St. Louis Post-Dispatch Magazine*，1937 年 3 月 21 日，第 1、7 页。看起来赖特似乎是他的来源，但是 Putzel 没有引用他。

28. 刘易斯·芒福德，"The Sky Line"，*New Yorker*，1935 年 4 月 27 日，第 79、80 页。

29. 赖特写给 E. J. 考夫曼的信，1935 年 3 月 8 日，引自 Hoffmann，*Frank Lloyd Wright's Fallingwater*（1978），第 14 页。

30. E.J. 考夫曼写给赖特的信，1935 年 5 月 4 日，引自 Hoffmann，*Frank Lloyd Wright's Fallingwater*（1978），第 15 页。

31. 同上。

32. 赖特写给 E. J. 考夫曼的信，1935 年 6 月 15 日。

33. 赖特，"In the Cause of Architecture I: The Logic of the Plan"，*Architectural Record*，1928 年 1 月，重印于 *Frank Lloyd Wright Collected Writings*（1992），1：第 249 页。

34. Samuel Taylor Coleridge，*Biographia Literaria*（1817）。

35. 埃德加·考夫曼·jr.，"La Casa sulla Cascata di F. Lloyd Wright"（1962），重印于 Brooks，*Writings on Wright*（1981），第 69 页。

36. Hoppen，*Seven Ages of Frank Lloyd Wright*（1993），第 97 页。

37. 流水别墅的文书工作概念的故事经常被讲述，基于当时在场的人写的一些回忆，包括埃德加·塔菲尔、鲍勃·莫舍、和卡里·卡拉威（Cary Caraway）（见下文注释）。那些目击者的回忆受到人类记忆的难以捉摸的影响；这些版本在事件发生若干年后写下来，毫不奇怪，没有在每一个细节上达成一致。在四分之三个世纪后的那几页中，在还原事件的过程中，赖特对设计能力的戏剧性展示，在当时，没有特别在该社团的周报 *At Taliesin* 上提及，没有提供什么帮助。倒是，各种版本呈现的综合观点可能更接近真实。

38. 卡里·卡拉威（Cary Caraway），和梅莱尔·塞克斯特（Meryle Secrest）的访谈，来自 Secrest，*Frank Lloyd Wright*（1992），第 419 页。

39. 同上。

40. 赖特，*An Autobiography*（1943），第 239 页。

41. Tafel，*Years with Frank Lloyd Wright*（1979），第 3 页。

42. 同上，第 7 页。

43. 鲍勃·莫舍给 Donald Hoffmann 的信，1974 年 1 月 20 日，引自 Hoffmann，*Frank Lloyd Wright's Fallingwater*（1978），第 17 页。

44. 赖特给塔里埃森社团讲话，1955 年 5 月，引自 *Frank Lloyd Wright Quarterly 10*，No.3（1999 年夏）：第 11 页。

45. 和 Hugh Downs 的访谈，NBC 电视台，1953 年 5 月 8 日录制。

46. 莫里斯·诺尔斯写给 E.J. 考夫曼的信，1936 年 4 月 18 日，来自 Hoffmann，*Frank Lloyd Wright's Fallingwater*（1978），第 17 页。添加斜体。

47. Hoffmann，*Frank Lloyd Wright's Fallingwater*（1978），第 37 页。

48. 赖特 1936 年 8 月 27 日的信件和电报。

49. 赖特写给 E.J. 考夫曼的信，1936 年 8 月 31 日。

50. 设计缺陷、数十年的风化和自然沉降的累积效应导致在 2001—2002 年对该悬挑住宅进行了大修（将近 1200 万美元）。

51. Neil Levine 对与塔里埃森有关的这点事儿写得很有见地；见 Levine，*Architecture of Frank Lloyd Wright*（1996），第 99 页。

52. 约翰·豪（John H. Howe），引自 Hoffmann，*Frank Lloyd Wright's Fallingwater*（1978），第 26 页。

53. Putzel，"House That Straddles"，I，第 7 页。

54. 小埃德加·考夫曼和莉莉安娜·考夫曼写给赖特的信，引自 Hoffmann，*Frank Lloyd Wright's Fallingwater*（1978），第 87 页。

55. Hedrich，《Oral history》（1992），第 82 页。

56. 同上，第 83 页。

57. 同上，第 61 页。

58. 同上。

59. 同上，第 61 页。

60. 会议纪要，MoMA 档案室。

61. 赖特给约翰·麦克安德鲁的电报，1938 年 1 月 5 日。

62. *Time*，1938 年 1 月 17 日。

63. *Life*，1938 年 1 月 17 日。

64. Hoffmann，*Frank Lloyd Wright's Fallingwater*（1978），第 92 页。

65. McAndrew，*Guide to Modern Architecture*（1940），第 12 页。

66. 芒福德，"The Sky Line：At Home，Indoors and Out"（1938），第 59 页。

67. 同上，第 58 页。

68. 赖特，*Architectural Forum*（1938 年 1 月），第 36 页。

69. 建筑史学家文森特·斯库利（Vincent Scully）等对赖特将国际主义与他自己的有机建筑学融为一体的论述颇有说服力；特别参见斯库利，"Wright vs. the International Style"（1954），第 32 ~ 35 页、第 64 ~ 66 页。另外参见 *Art News* 1954 年 9 月刊里接下来的讨论，第 48、49 页。

70. Brierly，*Tales of Taliesin*（1999），第 5 页。

71. 什么时候赖特说出这些话，消息来源有矛盾，但自从 Brierly 直接告诉 Franklin Toker，那是在 1935 年 7 月 3 日，我就才用了他们的年表。见 Toker, *Fallingwater Rising*（2003），第 140、141 页；以及 "Exploring Wright Sites in the East", *Frank Lloyd Wright Quarterly 7*, No.2（1996 年春）。

72. 约翰逊, "Retreat from the International Style to the Present Scene"（讲演，耶鲁大学，1958 年 5 月 9 日），重印于约翰逊, *Philip Johnson*,（1979），第 93 页。

73. Kaufmann, *Fallingwater*（1986），第 56 页。

74. 约翰逊, *Philip Johnson*,（1979），第 269 页。

第九章：政治和艺术

1. Warburg 和卡尔文·汤姆金斯的访谈，汤姆金斯文献。

2. 舒尔茨, *Philip Johnson*（1994），第 106 页。

3. 巴尔, "Our Campaigns"（1987），第 34 页。

4. 约翰逊, "Architecture in the Third Reich"（1933），第 137 ~ 139 页。

5. Dennis, *Is Capitalism Doomed?*（1932），第 85、86 页。

6. *New York Times*（1934 年 12 月 18 日）。

7. 约翰逊, *Philip Johnson Tapes*（2008），第 19 页。

8. Blodrett, "Philip Johnson's Great Depression"（1987），第 9 页。

9. 同上，第 6 页。

10. 约翰逊写给 Bodenschatz 太太的信，1939 年 12 月，FBI 档案，来自舒尔茨，《Philip Johnson》（1994），第 139 页。

11. Shirer, *Berlin Diary*（1941），第 213 页。

12. Lynes, *Good Old Modern*（1973），第 93 页。

13. *Herald Tribune*，1934 年 12 月 18 日。

14. Sorkin, "Where Was Philip?"（1988），第 138、140 页。

15. Utley, *Odyssey of a Liberal*（1970），第 265 页。

16. 约翰逊写给 Frank D. Welch 的信，1993 年 1 月，来自 Welch, *Philip Johnson & Texas*（2000），第 18 页。

17. 阿尔弗雷德·巴尔写给密斯·凡·德·罗的信，1937 年 2 月 11 日，巴尔文献，MoMA。

18. Helen Resor 写给阿尔弗雷德·巴尔的信，1937 年 7 月 12 日，巴尔文献。

19. 密斯·凡·德·罗写给赖特的信，1937 年 9 月 8 日。

20. Goldberg 访谈，引自 Lambert，*Miës in America*（2001），第 61 页。

21. "Freiheit. Es Ist ein Reich!" Franz Schulze 对 William Wesley Peters 作的访谈，1982 年 10 月 12 日，来自 Schulze 和 Windhorst，*Miës van der Rohe*（2012），第 183 页。

22. Blake，*Master Builders*（1960），第 215 页。

23. 密斯·凡·德·罗，"A Tribute to Frank Lloyd Wright"，因一个未出版的目录而写，用于 1940 年 MoMA 的展览 *Frank Lloyd Wright: American Architect*，MoMA 档案室。

24. 格罗皮乌斯，*Apollo in the Democracy*（1968），第 167 页。

25. 同上，第 168 页。

26. *Usonian* 这个名称的起源仍在争论中；清楚的是，赖特在他美国风（Usonian）的思想框架下，试图以中等价格创造出高质量的设计。他在相当大程度上取得了成功——大约五十多座 Usonian 住宅中的多数都是赖特作品中非常昂贵的例子——尽管许多房子的成本比他们的主人预期的要高。

27. 赖特给约翰·麦克安德鲁的电报，1940 年 9 月 10 日。

28. 赖特给约翰·麦克安德鲁的电报，1940 年 9 月 16 日。

29. 约翰·麦克安德鲁给赖特的，1940 年 9 月 18 日。

30. 展览 *Frank Lloyd Wright: American Architect* 的邀请函，1940 年 11 月 12 日—1941 年 1 月 5 日，展览登记文件，展览 114，MoMA 档案室。

31. *New York Times*，1940 年 11 月 24 日。

32. Brown，"Frank Lloyd Wright's First Fifty Years"（1940），第 37 页。

33. 路德维西·密斯·凡·德·罗，"1940: Frank Lloyd Wright"，来自 Reed 和 Kaizen，*Show to End All Shows*（2004），第 169、170 页。

34. 约翰逊写给 Louis·约翰逊的信，1930 年 6 月 20 日。

35. 约翰逊，*Philip Johnson Tapes*（2008），第 77 页。

36. Lewis 和 O'Connor，*Philip Johnson*（1994），第 19 页。

37. Carter H. Manny Jr. 给家人的信，1940 年 10 月 10 日，Manny 文献，芝加哥艺术研究所。

38. 约翰·约翰森和 Frank D. Welch 的访谈，1992 年 1 月，来自 Welch，*Philip Johnson & Texas*（2000），第 19 页。

39. "Oral History of Carter Manny"，引自舒尔茨，*Philip Johnson*（1994），第 31 页。

40. 巴尔，"Foreword"，*Modern Architecture: International Exhibition*（1932），第 12 页。

41. *Cambridge Chronicle-Sun*，1942 年 4 月 23 日，http://www2.cambridgema.gov/historic/L94_evaluation.pdf.

42. 约翰逊，*Miës van der Rohe*（1947），第 96 页。

43. 汤姆金斯，"*Forms Under Light*"（1977），第 50 页。

44. *Architects Joural*，引自 Cambridge Historical Commisiion 报告，2010 年 5 月 28 日，http://www2.cambridgema.gov/historic/L94_evaluation.pdf.

45. 汤姆金斯，"*Forms Under Light*"（1977），第 50 页。

46. 同上。

47. Welch，*Philip Johnson & Texas*（2000），第 21 页。

48. 阿尔弗雷德·巴尔夫人写给卡尔文·汤姆金斯的信，1976 年 6 月 2 日，汤姆金斯文献。

第十章: 赖特的曼哈顿项目

1. 希拉·瑞贝写给赖特的信，1943 年 6 月 1 日。在此之后，除非另有说明，古根海姆博物馆的往来信件都源于赖特，*Frank Lloyd Wright: The Guggenheim Correspondence*（1986）。

2. Gill，*Many Masks*（1987），第 416 页。

3. 瑞贝写给赖特的信，1943 年 6 月 1 日。

4. 1943 年 6 月 29 日的书信协议，协议方为弗兰克·劳埃德·赖特基金会和所罗门·R. 古根海姆基金会，来自赖特，*Frank Lloyd Wright: The Guggenheim Correspondence*（1986），第 8、9 页。

5. 希拉·瑞贝，引自 Brigitte Salmen，"The path to Non-Objective Art"，来自 *Art of Tomorrow*（2005），第 62 页。

6. Lukach，*Hilla Rebay*（1983），第 45 页。

7. 希拉·瑞贝写给鲁道夫·鲍尔的信，1918 年 10 月 7 日，引自 *Art of Tomorrow*（2005），第 68 页。

8. 鲁道夫·鲍尔引自 *Art of Tomorrow*（2005），第 71 页。

9. 希拉·瑞贝，"The Power of Spiritual Rhythm"，来自 *Art of Tomorrow*（1939），第 8 页。

10. Ise Gropius 写给 Joan M. Lukach 的信，1977 年 10 月 19 日，来自 Lukach，*Hilla Rebay*（1983），第 75 页。

11. 希拉·瑞贝写给鲁道夫·鲍尔的信，1930 年 4 月 16 日，引自 Lukach，《Hilla

Rebay》（1983），第 63 页。

12. 同上。

13. 瑞贝原以为赖特在 1930 年代早期去世的说法是在 1967 年提出的；考虑到赖特在大萧条时期的知名度，有理由怀疑瑞贝很久以后回忆的准确性。见 Vail, *Museum of Non-Objective Painting*（2009），219n134。

14. Robert Delaunay 写给希拉·瑞贝的信，1930 年 6 月，引自 Lukach, *Hilla Rebay*（1983），第 69 页。

15. 希拉·瑞贝写给鲁道夫·鲍尔的信，1931 年 3 月 30 日，引自 Lukach, *Hilla Rebay*（1983），第 63 页。

16. 鲁道夫·鲍尔写给希拉·瑞贝的信，1937 年 2 月 19 日，引自 Vail, *Museum of Non-Objective Painting*（2009），第 187 页。

17. 鲁道夫·鲍尔写给希拉·瑞贝的信，1937 年 2 月 19 日，引自 Vail, *Museum of Non-Objective Painting*（2009），第 181 页。

18. *Modern European Art*（1933）和 *Modern Works of Art*（1934）。

19. *New York Times*，1939 年 6 月 4 日。

20. 赖特写给哈里·古根海姆的信，1956 年 1 月 20 日，http://www.guggenheim. org/new-york/collections/library-and-archives/archive-collections/A0006/.

21. Hilla Rebay to FLW, June 23, 1943, quoted in Vail, *Museum of Non-Objective Painting*（2009），204.

22. Solomon R. Guggenheim, quoted in FLW letter to Harry Guggenheim, May 14, 1952.

23. 希拉·瑞贝写给赖特的信，1943 年 6 月 23 日，引自 Vail,《Museum of Non-Objective Painting》（2009），第 204 页。

24. 所罗门·R. 古根海姆，引自赖特写给哈里·古根海姆的信，1952 年 5 月 14 日。

25. 艾万诺夫娜·赖特, *My Life*, n.p., 引自 Vail, *Museum of Non-Objective Painting*（2009），219n134。

26. 赖特, *Frank Lloyd Wright: The Guggenheim Correspondence*（1986），第 30 页。

27. 赖特写给希拉·瑞贝的信，1943 年 12 月 18 日。

28. 同上。

29. 赖特写给希拉·瑞贝的信，1943 年 12 月 30 日。

30. 赖特写给所罗门·古根海姆的信，1943 年 12 月 31 日。

31. 赖特 1952 年 9 月 1 日给塔里埃森会团作讲演，引自 Bruce Brooks Pfeiffer, "A Temple of the Spirit", 来自 Pfeiffer, *The Solomon R. Guggenheim Museum*

（1994），第 6 页。

32. 赖特写给 Russell Strugis 的信，1909 年，来自 Quinan，"Frank Lloyd Wright's Reply to Russell Sturgis"（1989），第 238 ~ 244 页。

33. 塔里埃森的高级学徒柯蒂斯·贝辛格（Curtis Besinger）回忆说，1951 年，瑞贝在访问斯普林格林时提出了这个想法；见 Besinger，*Working with Mr. Wright*（1995），295n88。

34. 赖特写给希拉·瑞贝的信，1944 年 1 月 20 日。

35. 为非客观艺术博物馆的早期图纸，保留下来的，很少有几幅是由赖特或他的学徒确定日期的。我依靠 Bruce Brooks Pfeiffer 和 Neil Levine 确定的顺序来叙述这个故事；见 Pfeiffer，"A Temple of the Spirit"（1994），和 Neil Levine，"The Guggenheim Museum's Logic of Inversion"，来自 Levine，*Architecture of Frank Lloyd Wright*（1996）。

36. 赖特写给希拉·瑞贝的信，1944 年 1 月 26 日。

37. 雅洛布斯和雅洛布斯，*Building with Frank Lloyd Wright*（1978），第 83 页。

38. 希拉·瑞贝写给赖特的信，1943 年 4 月 5 日。

39. 赖特写给希拉·瑞贝的信，1944 年 7 月 26 日。

40. 赖特写给希拉·瑞贝的信，1944 年 2 月 6 日。

41. 赖特在 1952 年 5 月 14 日写给哈里·古根海姆的信中，讲述了这个故事。

42. 所罗门·R.古根海姆写给赖特的信，1944 年 7 月 27 日。

43. *Life*，1945 年 10 月 8 日。

44. Pfeiffer，"A Temple of the Spirit"（1994），第 21 页。

45. 赖特写给希拉·瑞贝的信，1944 年 3 月 3 日；及赖特给所罗门·R.古根海姆的信，1945 年 10 月 1 日。

46. *Life*，1945 年 10 月 8 日。

47. *Architectural Forum*，1946 年 1 月，第 82 页。

48. "Optimistic Ziggurat"，*Time*，1945 年 10 月 1 日，第 74 页。

49. *Architectural Forum*，1946 年 1 月，第 82 页。

50. "Optimistic Ziggurat"，（1945），第 74 页。

51. *Architectural Forum*，1948 年 1 月，第 54 页。

52. 同上。

53. 同上，第 138 页。

54. 赖特写给希拉·瑞贝的信，1949 年 6 月 23 日。

55. 赖特写给 Albert E. Thiele 的信，1951 年 10 月 4 日。

第十一章: 菲利普走出古典

1. Manny oral history, http://digital-libraries.saic.edu/cdm/fullbrowser/collection/caohp/id/7663/rv/compoundobject/cpd/8196, 41。

2. 约翰逊写给 Carter H. Manny Jr. 的信, 1945 年 1 月 2 日, 引自舒尔茨, *Philip Johnson*（1994）, 第 167 页。

3. 和 George Goodwin 的访谈, 1992 年 7 月 27 日, 美国艺术档案馆。

4. 约翰逊写给赖特的信, 1945 年 9 月 25 日。

5. 约翰逊写给杰拉尔德·M. 勒伯的信, 1946 年 8 月 8 日, Exhibition Records, MoMA。

6. 约翰逊讲述的故事, 来自约翰逊, *Philip Johnson Tapes*（2008）, 第 109 页; 及赖特发给约翰逊的电报, 1946 年 9 月 25 日。

7. 赖特写给 Charles Duell 的信, 1941 年 6 月 1 日。

8. 赖特 *An Autobiography*（1943）的封底广告。

9. 约翰逊, "Frontiersman"（1949）, 第 105 页。

10. 舒尔茨, *Philip Johnson*（1994）, 第 223 页。

11. 这个故事并非所有版本在所有的细节上都能一致。见约翰逊和 George Goodwin 的访谈, 1992 年 7 月 27 日, 美国艺术档案馆。

12. Rodman, *Conversations with Artists*（1961）, 第 54 页。

13. Jon Stroup, 和舒尔茨（Franz Schulze）一起访谈, 见舒尔茨, *Philip Johnson*（1994）, 第 187 页。兰迪斯·戈尔斯（Landis Gores）提供了地段的详细描述, 来自他的回忆片段 "Philip Johnson Comes to New Canaan"（1986）, 第 4 页。

14. Earls, *Harvard Five*（2006）, 第 44 页。

15. Whitney 和 Kipnis, *Philip Johnson*（1993）, vii。

16. 戈尔斯, "Philip Johnson Comes to New Canaan"（1986）, 第 3 页。

17. 同上, 第 4 页。

18. Welch, *Philip Jonson & Texas*（2000）, 第 24 页。

19. Ely, "New Canaan Modern"（1967）, 第 16 页。

20. 同上, 第 15 页。

21. 马歇尔·布劳耶, 引自 Earls, *Harvard Five*（2006）, 第 38 页。

22. 约翰逊写给亨利 - 罗素·希区柯克的信, 1945 年 5 月 16 日, 亨利 - 罗素·希区柯克文献, 美国艺术档案馆。

23. 约翰逊写给亨利 - 罗素·希区柯克的信, 亨利 - 罗素·希区柯克文献。添加斜体。这封信没有日期, 但是从不同的当代文化参考看, 可能的日期看起来是 1946 年。

24. 戈尔斯，"Philip Johnson Comes to New Canaan"（1986），第 5 页。

25. 约翰逊写给 J. J. P. 奥德的信，1946 年 1 月 1 日。

26. 罗伯特・A. M. 斯特恩（Robert A. M. Stern）为这种与赖特的关联提供了案例，来自 "The Evolution of Philip Johnson's Glass House, 1947-1948"（1977）。

27. 戈尔斯，"Philip Johnson Comes to New Canaan"（1986），第 3 页。

28. 审判笔录 *van der Rohe v. Farnsworth*，No.9352，伊利诺伊州巡回法院，Kendall 县，30，引自舒尔茨和 Windhorst，*Miës van der Rohe*（2012），第 250 页。

29. Lambert，*Miës in America*（2001），第 338 页。

30. 卡尔文・汤姆金斯和 Ulrich Franzen 的访谈，1976 年 5 月 27 日，汤姆金斯文献。

31. 和 Eugene George 的访谈，1998 年 7 月，来自 Welch，*Philip Jonson & Texas*（2000），第 28 页。

32. 阿尔弗雷德・巴尔夫人为卡尔文・汤姆金斯准备的手稿，附加在 1967 年 6 月 2 日的信一起，汤姆金斯文献。

33. *New York Times*，1948 年 12 月，引自 Earls，*Harvard Five*（2006），第 43 页。

34. Mary Roche，"Living in a Glass House"，*New York Times Magazine*，1949 年 8 月 14 日。

35. "A Glass House in Connecticut"，*House & Garden*，1949 年 10 月，第 168 页。

36. H.I.Phillips，"The Sun Dial"，*New York Sun*，1949 年 1 月 7 日。

37. 约翰逊，"House at New Canaan"（1950），第 152 页，*编辑眉批*。

38. 同上，第 156 页。

39. 约翰逊，*Miës van der Rohe*（1947），第 162 页。

40. 约翰逊，"House at New Canaan"（1950），第 153 页。

41. 约翰逊，"Whence and Whither"（1965），第 32 页。

42. 约翰逊，"House at New Canaan"（1950），第 157 页。

43. Drexler，"Architecture Opaque"（1949），第 4 页。

44. 同上，第 6 页。

45. Ogden Gnash-Teeth，"Cantilever Heaven or Wearing Out Your Welcome"，*New Canaan Advertiser*，1952 年 3 月 13 日，第 1 页；重印于 Earls，*Harvard Five*（2006），第 164 页。

46. 尽管其他地方也有叙述，但本书引自 Paul Goldberger 的讲话，在 2006 年 5 月 24 日格拉斯大厦举行的国家历史保护信托委员会会议上。

47. 菲利普・约翰逊的访谈，来自 Lewis 和 O'Connor，*Philip Johnson*（1994），第 33 页。

48. 约翰逊，"100 Years，Frank Lloyd Wright and Us"（1957），第 193，194 页。

49. Welch，*Philip Jonson & Texas*（2000），第 18 页。

50. 约翰逊一而再地说起这件往事。两个稍有区别的版本出现在 Tafel，About Wright（1993），第 53 页；以及，约翰逊，*Philip Johnson Tapes*（2008），第 123 页。

51. Blake，*No Place Like Utopia*（1993），第 151 页。

52. 赖特和约翰逊的纳德尔曼雕塑的故事传下来不同的版本。最细致的讲述出现在 Gwen North Reiss，"Pedro Guerrero and Friend（Frank Lloyd Wright）and Their 1958 Visit to the Glass House"，Pedro Guerrero，*Glass House Blog*，2010 年 7 月 26 日发布，https://philipjohnsonglasshouse.wordpress.com/?s=wight.

53. 约翰逊，"House at New Canaan"（1950），第 159 页。

54. 约翰逊的拥护者罗伯特 A.M. 斯特恩提供了一个不同的妙语："[赖特] 不得不承认它在那里看起来很荒谬，应该回到它原来的地方去。"编辑注释于约翰逊，*Philip Johnson: Writings*（1979），第 192 页。

第十二章：威士忌酒瓶和茶壶

1. 赖特写给 Alan[原文如此] Bronfman 的信，1952 年 3 月 17 日及 4 月 19 日，来自兰伯特（Lambert），*Building Seagram*》（2013），第 28 页。

2. Ellis D. Slater，办公室备忘录，引自 Lambert，*Building Seagram*（2013），第 28 页。

3. Ludvigsen，"Baron of Park Avenue"（1972），第 165 页。

4. "Frank Lloyd Wright Designs a Commercial Installation"（1955），第 133 页。

5. 卡尔文·汤姆金斯和菲利普·约翰逊的访谈，汤姆金斯文献。

6. Peter Reed，"The Space and the Frame：Philip Johnson as the Museum's Architect"，来自 *Philip Johnson and the Museum of Modern Art*（1998），第 75 页。

7. 约翰逊，*Philip Johnson Tapes*（2008），第 112 页。

8. Ely，"New Canaan Modern"（1967），第 16 页。

9. *Architectural Forum*，引自 Stern，Mellins，和 Fishan，《New York 1960》（1995），第 342 页。

10. Phyllis Lambert 写给 Samuel Bronfman 的信，1954 年 6 月 28 日。Lambert 信件的传真件出现在 Lambert，*Building Seagram*（2013）附件 1，第 240 ~ 247 页。

11. 约翰逊, *Philip Johnson Tapes*（2008）, 第 137 页。

12. Phyllis Lambert 写给 Eve Borsook 的信, 1954 年 10 月 30 日, 引自 Lambert, "How a Building Gets Built"（1959）, 第 16 页。

13. Lambert, "How a Building Gets Built"（1959）, 第 14 页。

14. 同上, 第 36 页。

15. 同上, 第 122 页。

16. 这个故事被讲述多次。来源包括 Lambert, *Building Seagram*（2013）, 第 9 页; Scully, "Philip Johnson: The Glass House Revisited"（1986）, 第 154 页; 以及 Bjone, *Philip Johnson and His Mischief*（2014）, 第 23 页。

17. 约翰逊引自 Joseph Giovannini, "Johnson and His Glass House: Reflections", *New York Times*, 1987 年 7 月 16 日。

18. 约翰逊引自罗伯特·A. M. 斯特恩, "Encounters with Philip Johnson: A Partial Memoir", 来自约翰逊, *Philip Johnson Tapes*（2008）, 第 150 页。

19. 卡尔文·汤姆金斯和菲利普·约翰逊的访谈, 大约在 1976 年, 汤姆金斯文献。

20. Lambert 写给 Borsook 的信, 1954 年 10 月 30 日, 引自 Lambert, "How a Building Gets Built"（1959）, 第 17 页。

21. Seagram 笔记, 汤姆金斯文献, MoMA 档案室。

22. "Momument in Bronze", *Time 71*（1958 年 3 月 3 日）: 第 55 页。

23. Lambert, *Building Seagram*（2013）, 第 50 页。

24. Lambert 写给 Borsook 的信, 1954 年 10 月 30 日, 第 17 页。

25. Lambert, *Building Seagram*（2013）, 第 50 页。

26. Phyllis Lambert 写给 Anthony 和 Caroline Benn 的信, 1955 年 3 月 18 日, 引自 Lambert, *Building Seagram*（2013）, 262n39。

27. 赖特写给 Albert E. Thiele 的信, 1950 年 2 月 9 日。

28. Olgivanna·赖特, *Shining Brow*（1960）, 第 185～186 页。

29. 赖特写给哈里·F. 古根海姆的信, 1951 年 8 月 6 日。

30. Aline Louchheim, "Museum in Query", *New York Times*, 1952 年 4 月 22 日。

31. Arthur Cort Holden 写给赖特的信, 1952 年 2 月 26 日, Arthur Cort Holden 文献, 珍本书和特藏库（Rare Books and Special Collections）, Harvey S. Firestone 图书馆, 普林斯顿大学。

32. "House of Wright Is Previewd Here", *New York Times*, 1953 年 10 月 21 日。

33. *Usonian House: Souvenir of the Exhibition*（1953）。

34. Bruce Brooks Pfeiffer, "Frank Lloyd Wright in Manhattan", *Frank Lloyd*

Wright Quarterly 7，no.2（1996 年）: 第 8 页。

35. 芒福德，*Sketches from Life*（1982），第 437 页。

36. 引自 Pfeiffer，"Frank Lloyd Wright in Manhattan"，第 5 页。

37. Arthur C. Holden 访谈，1971 年 1 月 20 日，Arthur Cort Holden 文献。

38. Elizabeth Gordon，"Threat to the Next America"，*House Beautiful*，1953 年 4 月。

39. Kay Schneider，引自 Pfeiffer，*Frank Lloyd Wright: The Crowning Decade*（1989），第 188 页。

40. *Conversations with Elder Wise Men*，1952 年 5 月 17 日。

41. 哈里·古根海姆写给赖特的信，1956 年 7 月 2 日，引自 Lomask，*Seed Money*（1964），第 184 页。

42. Bruce Brooks Pfeiffer，"A Temple of the Spirit"（1994），第 21 页。其他来源确定为 7 套图纸。

43. Saarinen，"Tour with Mr. Wright"（1957），第 22 页。

44. 同上，第 69 页。

45. "一封公开信"，没有日期，来自赖特，*Frank Lloyd Wright: The Guggenheim Correspondence*（1986），第 242 页。虽然说起来复杂，但是这封信可能是或大概于 1957 年 5 月 1 日收到。

46. Curtis Besinger 写给 William Short 的信，1958 年 12 月 23 日，William H. Short 文献，特藏库，Firestone 图书馆，普林斯顿大学。

47. Pfeiffer，"Frank Lloyd Wright in Manhattan"，第 9 页。

48. 约翰逊，*Philip Johnson Tapes*（2008），第 144 页。

49. "Momument in Bronze"，第 55 页。

50. 舞台幕布保留在四季餐厅的那个位置 55 年，直到 2014 年，在西格拉姆大厦的新业主和纽约地标保护结构讨论后，被移走。今天，这幅保留的油画在新家纽约历史学会展出。

51. 西格拉姆注释，汤姆金斯文献，另见 Mariani 和 von Bidder，*Four Seasons*（1994），第 32、33 页。

52. 约翰逊，"100 Years，Frank Lloyd Wright and Us"（1957），第 196 ~ 198 页。

53. 约翰逊在耶鲁的讲演，1958 年 5 月 2 日，第 14 页，菲利普·约翰逊文献，MoMA 档案室。

54. *Yale Daily News*，1950 年 3 月 3 日。

55. 约翰逊，"Whence and Whither"（1965），第 151 页。

56. Rodman，*Conversations with Artists*（1961），第 58 页。

57. Mariani 和 von Bidder，*Four Seasons*（1994），第 39 页。

58. "The Four Seasons"，*Interiors*，1959 年 12 月，第 80 页。

59. Mariani 和 von Bidder，*Four Seasons*（1994），第 150 页。

60. Curtis Besinger 写给 William Short 的信，1958 年 11 月 17 日，William H. Short 文献。

61. Cranston Jones，"Pride and Prejudices of the Master"，*Life*，1959 年 4 月 27 日，第 54 页。

62. 芒福德，"The Sky Line：What Wright Hath Wrought"（1959），第 110 页。

63. 约翰逊，*Philip Johnson Tapes*（2008），第 147 页。

64. Saarinen，*Proud Possessors*（1958），第 282 页。

65. Robert Alden，"Art Experts Laud Wright's Design"，*New York Times*，1959 年 10 月 22 日。

66. 约翰逊，"Letter to the Museum Director"，来自 *Museum News*，1960 年 1 月 25 日。

67. Rodman，*Conversations with Artists*（1961），第 70 页。

68. 约翰逊，"Whence and Whither"（1965），第 151 页。

69. Ada Louise Huxtable，"That Museum Wright of Wrong?"，*New York Times*，1959 年 10 月 25 日。

70. Alden，"Art Experts Laud Wright's Design"。

71. Lomask，*Seed Money*（1964），第 185 页。

72. 芒福德，"The Sky Line：The Lesson of the Master"（1958），第 142、145、151 页。

73. 奥吉安娜·赖特，*Shining Brow*（1960），第 22 页。

后记：友好的争吵

1. 多年来人们都知道，机场俗称为 Idlewild——这个名字是从纽约牙买加湾的一个相邻的度假开发区借用来的——在总统被暗杀后，该机场于 1963 年底改称为约翰·F. 肯尼迪国际机场。

2. William H. Short，文件注释，1958 年 2 月 5 日，William H. Short 文献。

3. 亨利-罗素·希区柯克写给赖特的信，1958 年 3 月 2 日，美国艺术档案馆。

4. *Yale Daily News*，1957 年 5 月 7 日。

5. 约翰逊在耶鲁的讲演，1958 年 5 月 2 日，第 11、12 页，菲利普·约翰逊文献。

6. 约翰逊访谈，来自 Tafel，*About Wright*（1993），第 48、49、54 页。

7. 和 George Goodwin 一起的访谈，1992 年 7 月 27 日，美国艺术档案馆。

8. Neil Levine，"Afterword"，来自 Jenkins 和 Moheny，*Houses of Philip Johnson*（2001），第 270 页。

9. *Yale Daily News*，1959 年 2 月 16 日。

10. "The International Style – Death or Metamorphosis"，重印于 *Philip Johnson: Writings*（1979），第 122 页。

11. 约翰逊，*Architecture of Philip Johnson*（2002），第 21 页。

12. 约翰逊，"Full Scale False Scale"，《Show》（1963 年 6 月），重印于 Whitney 和 Kipnis，*Philip Johnson*（1993），第 24 页。

13. "David Whitney，66，Renowned Art Collector，Dies"，*New York Times*，2005 年 6 月 14 日。

14. Levine，*Architecture of Frank Lloyd Wright*（1996），第 426 页。

15. Scully，"Philip Johnson: The Glass House Revisited"（1986），来自 Whitney 和 Kipnis，*Philip Johnson*（1993），第 156 页。

16. 约翰逊，*Architecture of Philip Johnson*（2002），第 4 页。

17. 约翰逊，引自 MoMA，1975 年夏，未编页码。

18. Whitney 和 Kipnis，*Philip Johnson*（1993），vii。

19. 约翰逊，*Philip Johnson Tapes*（2008），第 133 页。

20. Louis Sullivan，"The Tall Office Building Artistically Considered"，*Lippincott's Magazine*，1896。

21. 约翰逊，*Philip Johnson Tapes*（2008），第 64 页。

22. Vincent Scully，*Modern Architecture of Democracy*（1961），第 118 页。

23. Andersen，"Philip the Great"（1993），第 137 页。

24. "What Makes Me Tick"（1975），重印于 Whitney 和 Kipnis，*Philip Johnson*（1993），第 49 页。

25. 约翰逊，*Philip Johnson Tapes*（2008），第 172 页。

26. 卡尔文·汤姆金斯和菲利普·约翰逊的访谈，汤姆金斯文献。

27. Tafel，*About Wright*（1993），第 47、48 页。

28. Filler，"Philip Johnson: Deconstruction Worker"（1988），第 105 页。

29. Tafel，*About Wright*（1993），第 55 页。

30. Lewis 和 O'Connor，*Philip Johnson*（1994），第 28 页。

31. 和 George Goodwin 一起的访谈，1992 年 7 月 27 日，美国艺术档案馆。

32. Lewis 和 O'Connor，*Philip Johnson*（1994），第 30 ~ 33 页。

33. 约翰逊，*Philip Johnson Tapes*（2008），第 107 页。

34. 汤姆金斯，"Forms Under Light"（1977），第 66 页。

35. 同上，第 60 页。

36. "Behind the Glass Wall"，*New York Times*，2007 年 6 月 7 日。

37. *Charlottesville Tapes*（1985），第 15、19 页。

38. 赖特，"Architecture，Architecture，and the Client"（1896），来自赖特，*Frank Lloyd Wright Collected Writings*（1992），I：第 31 页。

39. 在发展这行想法的过程中，我要感谢威廉·克罗农（William Cronon）和他的文章 "Inconstant Unity：The Passion of Frank Lloyd Wright"，来自 Riley，*Frank Lloyd Wright*（1994），第 8 ~ 31 页。

40. 芒福德，"The Sky Line：What Wright Hath Wrought"（1959），第 105 页。

41. 约翰逊，"Responsibility of the Architect"（1954），第 46 页。

42. 是的，是的，我可以明确地说，赖特塔里埃森中的任何一个——就只是引用他这两个最私人的项目——都同样可以被视作其本质特征的最佳体现。但在这里，我们是用世界的眼光来看待问题的——所以请接受这样一个前提，即世界将赖特（错误或正确）与更为广为人知和有口皆碑的考夫曼住宅最紧密地联系在一起。

43. *A Handbook for Travelers in North Wales* 第 3 版（London：John Murray，1868），v。

44. Jeffrey Kipnis，"Introduction"，来自 Whitney 和 Kipnis，*Philip Johnson*（1993），vi。

45. 见 John M. Jacobus Jr. 的文字，他的专著 *Philip Johnson*（1962），第 18 页。这让人想起了文森特·斯库利（Vincent Scully）关于约翰逊"存储大脑"的概念，如上文所述。

46. 约翰逊写给斯特恩（Stern）的信，来自约翰逊，*Philip Johnson Tapes*（2008），第 178 页。

出处

写一本这样的书意味着查阅文件。对于弗兰克·劳埃德·赖特来说，最重要的通信出处是加利福尼亚州洛杉矶的盖蒂研究所，那里有超过十万份原始文件存档。我为赖特材料咨询的其他库房包括曼哈顿现代艺术博物馆和哥伦比亚大学；后者的艾弗里图书馆已经成为他大部分图纸的储藏室。我在伦敦的维多利亚和阿尔伯特博物馆找到了珍贵的材料。我也借鉴了以前的一本关于赖特的书的相关研究，花了许多的时间，在弗兰克·劳埃德·赖特在伊利诺伊州橡树园的家和工作室，以及弗兰克·劳埃德·赖特基金会档案馆，该馆当时在亚利桑那州斯科茨代尔的西塔里埃森，他们最近迁到哥伦比亚和 MoMA 东边的馆址。对于菲利普·约翰逊来说，他的信件和论文的两个主要存储库是盖蒂研究所和 MoMA。

其他文件包括关于阿尔弗雷德·H.巴尔的，发现于华盛顿特区的美国艺术档案馆；彼得·布莱克，哥伦比亚大学艾弗里图书馆；亨利-罗素·希区柯克，美国艺术档案馆；阿瑟·科特·霍尔登，普林斯顿大学哈维·S.费尔斯通图书馆珍本和特别藏品；菲斯克·金贝尔，费城艺术博物馆；小卡特·H.曼尼，芝加哥艺术

学院；刘易斯·芒福德，宾夕法尼亚大学；希拉·凡·瑞贝，纽
约所罗门·R.古根海姆博物馆；塞尔登·罗德曼，耶鲁大学；保
罗·J.萨克斯，哈佛艺术博物馆档案馆；威廉·H.肖特，普林斯
顿大学哈维·S.费尔斯通图书馆；卡尔文·汤姆金斯，现代艺术
博物馆；亚历山大·伍尔科特，哈佛大学霍顿图书馆。

　　以下是参考的出版资料的精选书目。

Adams, Samuel Hopkins. *A. Woollcott: His Life and His World.* New York: Reynal & Hitchcock, 1945.

Andersen, Kurt. "Philip the Great." *Vanity Fair*, June 1993, 130–38, 151–57.

"Architectural Student Jonathan Barnett Interviews Architect Philip Johnson." *Architectural Record* 128, no. 6 (December 1960): 16.

Art of Tomorrow: Fifth Catalogue of the Solomon R. Guggenheim Collection of Non-Objective Paintings. New York: Guggenheim Foundation, 1939.

Art of Tomorrow: Hilla Rebay and Solomon R. Guggenheim. New York: Guggenheim Museum, 2005.

"Art Museum Designed as Continuous Ramp, New York City." *Architectural Forum* 88, no. 1 (January 1948): 136–38.

Barr, Alfred H., Jr. "Dutch Letter." *Arts*, January 1928, 48–49.

——. "Modern Architecture." *Hound and Horn*, June 1930, 431–35.

——. "The NECCO Factory." *Arts*, May 1928, 292–95.

——. *Painting and Sculpture in the Museum of Modern Art, 1929–1967.* New York: MoMA, 1967.

Barr, Margaret Scolari. "'Our Campaigns': Alfred H. Barr, Jr., and the Museum of Modern Art: A Biographical Chronicle of the Years 1930–1944." *New Criterion* (New York: Foundation for Cultural Review), special issue, Summer 1987, 23–74.

Besinger, Curtis. *Working with Mr. Wright.* New York: Cambridge University Press, 1995.

Bjone, Christian. *Philip Johnson and His Mischief: Appropriation in Art and Architecture.* Victoria, Australia: Images Publishing, 2014.

Blake, Peter. "The Guggenheim: Museum or Monument?" *Architectural Forum*, December 1959, 86–92.

——. *The Master Builders.* New York: Alfred A. Knopf, 1960.

——. *No Place Like Utopia.* New York: Alfred A. Knopf, 1993.

——. *Philip Johnson.* Basel: Birkhäuser Verlag, 1996.

——. "Philip Johnson Knows Too Much." *New York* 11 (May 15, 1978): 58–61.

Blodgett, Geoffrey. "Philip Johnson's Great Depression." *Timeline*, June–July 1987, 2–17.

Brierly, Cornelia. *Tales of Taliesin: A Memoir of Fellowship.* Tempe, AZ: Arizona State University, 1999.

Brooks, H. Allen. *Writings on Wright: Selected Comment on Frank Lloyd Wright.* Cambridge, MA: MIT Press, 1981.

Brown, Milton. "Frank Lloyd Wright's First Fifty Years," *Parnassus* 12, no. 8 (December 1940): 37–38.

Campbell, Robert. "The Joker: Philip Johnson, the Corporate Architect as Clown." *Lear's*, September 1989, 108–114, 178.

The Charlottesville Tapes. New York: Rizzoli, 1985.

Cleary, Richard L. *Merchant Prince and Master Builder: Edgar J. Kaufman and Frank Lloyd Wright.* Pittsburgh, PA: Heinz Architectural Center, 1999.

Cooke, Alistair. "Memories of Frank Lloyd Wright." *AIA Journal* 32 (October 1959): 42–44.

Corbusier, Le. *Towards a New Architecture.* Essex, UK: Butterworth Architecture, 1989.

Dennis, Lawrence. *Is Capitalism Doomed?* New York: Harper & Brothers, 1932.

Drexler, Arthur. "Architecture Opaque and Transparent." *Interiors & Industrial Design*, October 1949, 99–101. Reprinted in Whitney and Kipnis, *Philip Johnson* (1993).

——. *The Drawings of Frank Lloyd Wright.* New York: Horizon, 1962.

Earls, William D. *The Harvard Five in New Canaan: Midcentury Modern Houses by Marcel Breuer, Landis Gores, John Johansen, Philip Johnson, Eliot Noyes and Others.* New York: W. W. Norton, 2006.

Einbinder, Harvey. *An American Genius: Frank Lloyd Wright.* New York: Philosophical Library, 1986.

Ely, Jean. "New Canaan Modern: The Beginning, 1947–1952." *New Canaan Historical Society Annual*, 1967, 3–12.

Filler, Martin. *Makers of Modern Architecture.* New York: New York Review of Books, 2007.

——. "Philip Johnson: Deconstruction Worker." *Interview* 18 (May 1988): 102–6, 109.

——. "Philip Johnson: The Architect as Theorist." *Art in America* 67, no. 8 (December 1979): 16–19.

Fistere, John Cushman. "Poets in Steel." *Vanity Fair* 36 (December 1931): 58–59, 98.

Four Great Makers of Modern Architecture: Gropius, Le Corbusier, Miës van der Rohe, Wright. A Verbatim Record of a Symposium Held at the School of Architecture from March to May 1961. New York: Columbia University, 1961.

"The Four Seasons." *Interiors*, December 1959, 80–85.

"Frank Lloyd Wright: A Special Portfolio." *Architectural Forum* 110, no. 6 (June 1959): 117–46.

"Frank Lloyd Wright Designs a Commercial Installation: A Showroom in New York for Sports Cars." *Architectural Forum*, July 1955, 132–33.

Frank Lloyd Wright: From Within Outward. New York: Guggenheim Museum, 2009.

"Frank Lloyd Wright's Masterwork." *Architectural Forum* 96, no. 4 (April 1952): 141–44.

Friedman, Alice T. *Women and the Making of the Modern House.* New York: Harry N. Abrams, 1998.

Gill, Brendan. *Many Masks: A Life of Frank Lloyd Wright.* New York: G. P. Putnam's Sons, 1987.

"A Glass House in Connecticut." *House & Garden*, October 1949, 158–73.

Goldberger, Paul, ed. *Philip Johnson/Alan Ritchie Architects.* New York: Monacelli Press, 2002.

Goodyear, A. Conger. *The Museum of Modern Art: The First Ten Years.* New York: MoMA, 1943.

Gores, Landis. "Philip Johnson Comes to New Canaan." *New Canaan Historical Society Annual* 10, no. 2 (1986): 3–12.

Gropius, Walter. *Apollo in the Democracy: The Cultural Obligation of the Architect.* New York: McGraw-Hill, 1968.

The Guggenheim: Frank Lloyd Wright and the Making of the Modern Museum. New York: Guggenheim Museum, 2009.

Hammer-Tugendhat, Daniela, and Wofe Tegthoff, eds. *Ludwiig Miës Vander der Rohe: The Tugendhat House.* Vienna: Springer-Verlag, 2000.

Heckscher, Morrison K. "Outstanding Recent Accessions. 19th-Century Architecture for the American Wing: Sullivan and Wright." *Metropolitan Museum of Art Bulletin* 30, no. 6 (June–July, 1972): 300–304.

Hedrich, William C. Oral history, Betty J. Blum, interviewer. Chicago Architects Oral History Project, Art Institute of Chicago, 1992. http://www.artic.edu/research/archival-collections/oral-histories/william-c-hedrich-1912-2001.

Henken, Priscilla J. *Taliesin Diary: A Year with Frank Lloyd Wright.* New York: W. W. Norton, 2012.

Henning, Randolph C. *"At Taliesin": Newspaper Columns by Frank Lloyd Wright and the Taliesin Fellowship, 1934–1937.* Carbondale: Southern Illinois University Press, 1992.

Hession, Jane King, and Debra Pickrel. *Frank Lloyd Wright in New York: The Plaza Years, 1954–1959.* Layton, UT: Gibbs Smith, 2007.

Hitchcock, Henry-Russell, Jr. "The Architectural Work of J. J. P. Oud." *Arts* 13, no. 2 (February 1928): 97–103.

———. *The Architecture of H. H. Richardson and His Times.* Hamden, CT: Archon Books, 1961.

———. *Frank Lloyd Wright.* Paris: Cahiers d'Arts, 1928.

———. *In the Nature of Materials: The Buildings of Frank Lloyd Wright.* New York: Duell, Sloan and Pearce, 1942.

———. "Modern Architecture: A Memoir." *Journal of the Society of Architectural Historians* 27, no. 4 (December 1968): 227–33.

———. *Modern Architecture: Romanticism and Reintegration.* New York: Payson and Clarke, 1929.

Hitchcock, Henry-Russell, Jr., and Arthur Drexler. *Built in U. S. A. : Post-War Architecture.* New York: MoMA/Simon and Schuster, 1953.

Hitchcock, Henry-Russell, Jr. and Philip Johnson. *The International Style: Architecture Since 1922.* New York: W. W. Norton, 1932.

———. *Modern Architecture: International Exhibition.* New York: MoMA, 1932.

Hoffman, Donald. *Frank Lloyd Wright's Fallingwater.* New York: Dover Publications, 1978.

Hoppen, Donald W. *The Seven Ages of Frank Lloyd Wright.* Santa Barbara, CA: Capra Press, 1993.

Hoyt, Edwin P. *Alexander Woollcott: The Man Who Came to Diner.* London: Abelard-Schuman, 1968.

Jacobs, Herbert, and Katherine Jacobs. *Building with Frank Lloyd Wright: An Illustrated Memoir.* San Francisco, CA: Chronicle Books, 1978.

Jacobus, John M., Jr. *Philip Johnson.* New York: George Braziller, 1962.

Jenkins, Stover, and David Mohney. *The Houses of Philip Johnson.* New York: Abbeville, 2001.

Johnson, Philip. "Architecture in the Third Reich." *Hound and Horn* 5 (October–December 1933): 137–39.

———. "The Architecture of the New School." *Arts* 17, no. 6 (March 1931): 393–98.

———. *The Architecture of Philip Johnson*. Boston: Bulfinch Press, 2002.

———. "Beyond Monuments." *Architectural Forum* 138 (January–February 1973): 54–68.

———. "The Frontiersman." *Architectural Review* 106 (August 1949). Reprinted in Johnson, *Philip Johnson* (1979).

———. "Full Scale False Scale. *Show* 3 (June 1963).

———. "The German Building Exposition of 1931." *T-Square* 2, no. 1 (1932): 17–19, 26–27.

———. "House at New Canaan, Connecticut." *Architectural Review* 107, no. 645 (September 1950): 152–59. Reprinted in Johnson, *Philip Johnson* (1979).

———. Interview with George Goodwin, July 27, 1992. Archives of American Art.

———. "Letter to the Museum Director." *Museum News*, January 1960, 22–25.

———. *Miës van der Rohe*. New York: MoMA, 1947. Revised 1978.

———. "The Next Fifty Years." *Architectural Forum* 94 (June 1951): 167–70.

———. "100 Years, Frank Lloyd Wright and Us." *Pacific Architect and Builder* 13 (March 1957): 35–36.

———. *The Philip Johnson Tapes: Interviews by Robert A. M. Stern*. Edited by Kazys Varnelis. New York: Monacelli Press, 2008.

———. *Philip Johnson: Writings*. New York: Oxford University Press, 1979.

———. "The Responsibility of the Architect." *Perspecta* 2 (1954): 45–57.

———. "The Seven Crutches of Modern Architecture." *Perspecta* 3 (1955): 40–44.

———. "The Skyscraper School of Modern Architecture." *Arts* 17, no. 8 (May 1931): 569–75.

———. "Whence and Whither: The Processional Element in Architecture." *Perspecta* 9/10 (1965): 167–78.

Johnson, Philip, and Edgar Kaufmann Jr. "American Architect: Four New Buildings." *Horizon* 93–94 (October 1947): 62–65.

Jordy, William H. *The Impact of European Modernism in the Mid-Twentieth Century*. Vol. 5, *American Buildings and Their Architects*. New York: Oxford, 1972.

Kantor, Sybil Gordon. *Alfred H. Barr, Jr., and the Intellectual Origins of the Museum of Modern Art*. Cambridge, MA: MIT Press, 2002.

Kaufmann, Edgar, Jr. *Fallingwater: A Frank Lloyd Wright Country House*. New York: Abbeville, 1986.

———. "Frank Lloyd Wright's Architecture Exhibited: A Commentary by Edgar Kaufmann, Jr." *Metropolitan Museum of Art Bulletin* 40, no. 2 (Autumn 1982): 4–47.

——. "Frank Lloyd Wright's Years of Modernism, 1925–1935." *Journal of the Society of Architectural Historians* 24, no 1 (March 1965): 31–33.

——. *9 Commentaries on Frank Lloyd Wright.* Cambridge, MA: MIT Press, 1989.

——. "Precedent and Progress in the Work of Frank Lloyd Wright." *Journal of the Society of Architectural Historians* 39 (May 1980): 145–49.

Ketcham, Diana. "'I Am a Whore': Philip Johnson at Eighty." *New Criterion* 5, no. 4 (December 1986): 57–64.

Lambert, Phyllis. *Building Seagram.* New Haven, CT: Yale University Press, 2013.

——. "How a Building Gets Built." *Vassar Alumnae Magazine* 44, no. 3 (February 1959): 13–19.

——, ed. *Miës in America.* New York: Harry N. Abrams, 2001.

Levine, Neil. *The Architecture of Frank Lloyd Wright.* Princeton, NJ: Princeton University Press, 1996.

Lewis, Hilary, and John O'Connor. *Philip Johnson: The Architect in His Own Words.* New York: Rizzoli, 1994.

Lomask, Milton. *Seed Money: The Guggenheim Story.* New York: Farrar, Straus, 1964.

Ludvigsen, Karl E. "The Baron of Park Avenue." *Automobile Quarterly* 10, no. 2 (Second Quarter 1972): 152–67.

Lukach, Joan M. *Hilla Rebay: In Search of the Spirit in Art.* New York: George Braziller, 1983.

Lynes, Russell. *Good Old Modern: An Intimate Portrait of the Museum of Modern Art.* New York: Atheneum, 1973.

Macdonald, Dwight. "Action on West Fifty-Third Street." *New Yorker,* 2 parts, December 12, 1953, 49–82, and December 19, 1953, 35–72.

Manny, Carter H. "Oral History of Carter Manny." Franz Schulze, interviewer. Chicago: Art Institute of Chicago, 1994. http://digital-libraries.saic.edu/cdm/fullbrowser/collection/caohp/id/7663/rv/compoundobject/cpd/8196.

Manson, Grant Carpenter. *Frank Lloyd Wright to 1910: The First Golden Age.* New York Reinhold Publishing, 1958.

Mariani, John, and Alex von Bidder. *The Four Seasons: A History of America's Premier Restaurant.* New York: Crown Publishers, 1994.

Marquis, Alice Goldfarb. *Alfred H. Barr, Jr.: Missionary for the Modern.* Chicago: Contemporary, 1989.

McAndrew, John. "Architecture in the United States." *Bulletin of the Museum of Modern Art* 6, no. 102 (February 1939): 9–10.

——, ed. *Guide to Modern Architecture: Northeast States.* New York: MoMA, 1940.

Mendelsohn, Eric. *Eric Mendelsohn: Letters of an Architect*. Edited by Oscar Beyer. New York: Abelard-Schuman, 1967.

Menocal, Narciso G., ed. *Fallingwater and Pittsburgh*. Carbondale: Southern Illinois University Press, 2000.

Meyer, Richard. *What Was Contemporary Art?* Cambridge, MA: MIT Press, 2013.

Miller, Donald. *Lewis Mumford: A Life*. New York: Weidenfeld and Nicolson, 1989.

Modern Architecture: International Exhibition, New York, February 10 to March 23, 1932. New York: MoMA, 1932.

"The Modern Gallery: The World's Greatest Architect, at 74, Designs the Boldest Building of his Career." *Architectural Forum* 84, no. 1 (1946): 81–88.

Mumford, Lewis. "Frank Lloyd Wright and the New Pioneers." *Architectural Record* 65 (April 1929): 414–16.

——. "New York *vs.* Chicago in Architecture." *Architecture* 56, no. 5 (November 1927): 241–44.

——. "The Poison of Good Taste." *American Mercury* 6 (September 1925): 92–94.

——. *Sketches from Life: The Autobiography of Lewis Mumford, the Early Years*. New York: Dial Press, 1982.

——. "The Sky Line: A Phoenix Too Infrequent." *New Yorker*, 2 parts, November 28, 1953, 133–39, and December 12, 1953, 116–27.

——. "The Sky Line: At Home, Indoors and Out." *New Yorker*, February 12, 1938, 58–59.

——. "The Sky Line: Organic Architecture." *New Yorker*, February 27, 1932, 49–50.

——. "The Sky Line: The Lesson of the Master." *New Yorker*, September 13, 1958, 141–48, 151–52.

——. "The Sky Line: What Wright Hath Wrought." *New Yorker*, December 5, 1959, 105–30.

——. "The Sky Line: Windows and Gardens." *New Yorker*, October 2, 1932, 121–24, 127–29.

——. *Sticks and Stones: A Study of American Architecture and Civilization*. New York: Boni and Liveright, 1924.

Nelson, James, ed. *Wisdom: Conversations with the Elder Wise Men of Our Day*. New York: W. W. Norton, 1958.

Petit, Emmanuel, ed. *Philip Johnson: The Constancy of Change*. New Haven, CT: Yale University Press, 2009.

Pfeiffer, Bruce Books. *Frank Lloyd Wright: The Crowning Decade*. Fresno: Press at California State University, 1989.

——. *Frank Lloyd Wright: The Heroic Years, 1920–1932.* New York: Rizzoli, 2009.

Pfeiffer, Bruce Brooks, and Robert Wojtowicz, eds. *Frank Lloyd Wright & Lewis Mumford: Thirty Years of Correspondence.* Princeton, NJ: Princeton Architectural Press, 2001.

Philip Johnson. Charles Noble, introduction. Yukio Futagawa, photographs. New York: Simon and Schuster, 1972.

Philip Johnson and the Museum of Modern Art. New York: MoMA/Harry N. Abrams, 1998.

Philip Johnson: Architecture, 1949–1965. Henry-Russell Hitchcock, introduction. New York: Holt, Rinehart and Winston, 1966.

Philip Johnson: Processes. The Glass House, 1949, and the AT&T Corporate Headquarters, 1978. New York: Institute for Architecture and Urban Studies, 1978.

Quinan, Jack. "Frank Lloyd Wright's Guggenheim Museum: A Historian's Report." *Journal of the Society of Architectural Historians* 52, no 4 (December 1993): 466–82.

——. "Frank Lloyd Wright's Reply to Russell Sturgis." *Journal of the Society of Architectural Historians* 41 (1989): 238–44.

Rebay, Hilla. Oral history interview, 1966. Archives of American Art. http://www.aaa.si.edu/collections/interviews/oral-history-interview-hilla-rebay-11723.

Reed, Peter, and William Kaizen, eds. *The Show to End All Shows: Studies in Modern Art 8.* New York: MoMA, 2004.

Riley, Terence, ed. *Frank Lloyd Wright: Architect.* New York: MoMA, 1994.

——. *The International Style: Exhibition 15 and the Museum of Modern Art.* New York: Rizzoli, 1992.

Rodman, Selden. *Conversations with Artists.* New York: Capricorn Books, 1961.

Roob, Rona. "Alfred H. Barr, Jr.: A Chronicle of the Years 1902–1929." *New Criterion* (New York: Foundation for Cultural Review), special issue, Summer 1987, 1–19.

Saarinen, Aline B. *The Proud Possessors: The Lives, Times and Tastes of Some Adventurous American Art Collectors.* New York: Random House, 1958.

——. "Tour with Mr. Wright." *New York Times Magazine,* September 22, 1957, 22–23, 69–70.

Scarlett, Rolph. *The Baroness, the Mogul, and the Forgotten History of the First Guggenheim Museum.* New York: Midmarch Arts Press, 2003.

Schulze, Franz. *Philip Johnson: Life and Work.* Chicago: University of Chicago Press, 1994.

Schulze, Franz, and Edward Windhorst. *Mies van der Rohe.* Rev. ed. Chicago: University of Chicago Press, 2012.

Scully, Vincent. *Frank Lloyd Wright.* New York: George Braziller, 1960.

——. "Frank Lloyd Wright and Philip Johnson at Yale." *Architectural Digest*, March 1986, 90, 94.

——. "Philip Johnson: The Glass House Revisited." *Architectural Digest*, November 1986. Reprinted in Whitney and Kipnis, *Philip Johnson* (1993).

——. *The Shingle Style: Architectural Theory and Design from Richardson to the Origins of Wright.* New Haven, CT: Yale University Press, 1955.

——. "Wright vs. the International Style." *Art News* 53 (March 1954), 32–35, 64–66.

Searing, Helen. "Henry-Russell Hitchcock: The Architectural Historian as Critic and Connoisseur." In *The Architectural Historian in America*, edited by Elisabeth Blair MacDougall. Washington, DC: National Gallery of Art, 1990.

——, ed. *In Search of Modern Architecture: Tribute to Henry-Russell Hitchcock.* Cambridge, MA: MIT Press, 1982.

——. "International Style: The Crimson Connections." *Progressive Architecture* 63 (February 1982): 88–91.

Secrest, Meryle. *Frank Lloyd Wright.* New York: Alfred A. Knopf, 1992.

Shirer, William L. *Berlin Diary: The Journal of a Foreign Correspondent, 1934–1941.* New York: Alfred A. Knopf, 1941.

The Solomon R. Guggenheim Museum. Architect: Frank Lloyd Wright. New York: Horizon, 1960.

The Solomon R. Guggenheim Museum. New York: Solomon R. Guggenheim Foundation, 1994.

Sorkin, Michael. "Where Was Philip?" *Spy*, October 1988, 138, 140.

"Speaking of Pictures . . . New Art Museum Will Be New York's Strangest." *Life*, October 8, 1945, 12–14.

Staniszewski, Mary Anne. *The Power of Display: A History of Exhibition Installations at the Museum of Modern Art.* Cambridge, MA: MIT Press, 1998.

Stern, Robert A. M. "The Evolution of Philip Johnson's Glass House, 1947–1948." *Oppositions*, Fall 1977, 56–67.

——. *George Howe: Toward a Modern Architecture.* New Haven, CT: Yale University Press, 1975.

Stern, Robert A. M., Gregory Gilmartin, and Thomas Mellins. *New York 1930: Architecture and Urbanism between the Two World Wars.* New York: Rizzoli, 1987.

Stern, Robert A. M., Thomas Mellins, and David Fishman. *New York 1960: Architecture and Urbanism between the Second World War and the Bicentennial.* New York: Monacelli Press, 1995.

Tafel, Edgar. *About Wright: An Album of Recollections by Those Who Knew Frank Lloyd Wright.* New York: John Wiley and Sons, 1993.

———. *Years with Frank Lloyd Wright: Apprentice to Genius.* New York: Dover, 1979.

Teichmann, Howard. *Smart Aleck: The Wit, World, and Life of Alexander Woollcott.* New York: Morrow, 1976.

Tell, Darcy. "An Atmosphere Instead of a Frame." *Archives of American Art Journal* 51, nos. 1–2 (2012): 70–73.

Thomson, Virgil. *Virgil Thomson: An Autobiography.* New York: Alfred A. Knopf, 1966.

Toker, Franklin. *Fallingwater Rising: Frank Lloyd Wright, E. J. Kaufmann, and America's Most Extraordinary House.* New York: Alfred A. Knopf, 2003.

Tomkins, Calvin. "Forms Under Light." *New Yorker,* May 23, 1977, 43–80.

The Usonian House: Souvenir of the Exhibition: 60 Years of Living Architecture, the Work of Frank Lloyd Wright. New York: Guggenheim Museum, 1953.

Utley, Freda. *Odyssey of a Liberal.* Washington, DC: Washington National Press, 1970.

Vail, Karole, ed. *The Museum of Non-Objective Painting: Hilla Rebay and the Origins of the Solomon R. Guggenheim Museum.* New York: Guggenheim Museum, 2009.

Waggoner, Lynda, ed. *Fallingwater.* New York: Rizzoli, 2011.

———. *Fallingwater: Frank Lloyd Wright's Romance with Nature.* New York: Universe Books, 1996.

Watkin, David. "Frank Lloyd Wright & the Guggenheim Museum." *AAA Files* 21 (Spring 1991): 40–48.

Welch, Frank D. *Philip Johnson & Texas.* Austin: University of Texas Press, 2000.

What Is Happening to Modern Architecture? A Symposium at the Museum of Modern Art, February 11, 1948. Reprinted in *Museum of Modern Art Bulletin* 15, no. 3 (Spring 1948): 1–21.

Whitney, David, and Jeffrey Kipnis, eds. *Philip Johnson: The Glass House.* New York: Pantheon Books, 1993.

Wiseman, Carter. *Shaping a Nation.* New York: W. W. Norton, 1998.

Wojtowicz, Robert. "Lewis Mumford: The Architectural Critic as Historian." In *The Architectural Historian in America,* edited by Elisabeth Blair MacDougall. Washington, D.C.: National Gallery of Art, 1990.

———. "A Model House and a House's Model: Reexamining Frank Lloyd Wright's House on the Mesa Project." *Journal of the Society of Architectural Historians* 64, no. 4 (December 2005): 522–51.

Woollcott, Alexander. *The Letters of Alexander Woollcott.* Edited by Beatrice Kaufman and Joseph Hennessey. New York: Viking Press, 1944.

———. "The Prodigal Father." *New Yorker*, July 19, 1930, 22–25.

Wright, Frank Lloyd. *An Autobiography.* New York: Duell, Sloan and Pearce, 1943.

———. *Frank Lloyd Wright Collected Writings.* 5 vols. New York: Rizzoli, 1992–95.

———. *Frank Lloyd Wright: The Guggenheim Correspondence.* Edited by Bruce Brooks Pfeiffer. Fresno: Press at California State University, 1986.

———. "In the Cause of Architecture: Second Paper." *Architectural Record* 35 (May 1914): 405–13.

———. *Letters to Apprentices.* Edited by Bruce Brooks Pfeiffer. Fresno: Press at California State University, 1982.

———. *Letters to Architects.* Edited by Bruce Brooks Pfeiffer. Fresno: Press at California State University, 1984.

———. *Letters to Clients.* Edited by Bruce Brooks Pfeiffer. Fresno: Press at California State University, 1986.

———. "Sullivan Against the World." *Architectural Record* 105, no. 630 (June 1949): 295–98.

Wright, Olgivanna Lloyd. *The Shining Brow: Frank Lloyd Wright.* New York: Horizon, 1960.

关于作者

休·霍华德之丰富著述包括《画家的座椅》《金贝尔博士和杰弗逊先生》《麦迪逊夫妇的战争》和回忆录《住宅梦》。他还著有《建国之父们的住宅》《莱特为莱特》《总统们的住宅》《内战时期的美国住宅》和《托马斯·杰弗逊：建筑师》，所有这些都是和摄影师罗杰·施特劳斯三世合作的。